城市扩张及气候变化对植被活动的影响研究

裴凤松　黎　夏　刘小平　著

江苏高校“青蓝工程”项目
国家自然科学基金项目（41401438）资助出版
江苏高校优势学科建设工程

科学出版社
北　京

内 容 简 介

联合国政府间气候变化专门委员会指出，2006～2015年全球陆地表面平均气温比1850～1900年上升了1.53℃，未来几十年可能呈现加速上升趋势。随着城市人口的急剧增多，城市用地不断增加，这深刻改变了地表景观及植被碳循环过程，对于维护生态系统碳平衡及气候稳定也具有重要影响。

本书开展城市扩张及气候变化分析，探讨二者对植被活动的影响；提出利用极限学习机方法获取元胞自动机的转换规则。本书对于城市扩张、气候变化和陆地碳循环研究具有一定的科学价值，也可以为政府相关部门提供决策参考。

本书可供从事气候变化、土地利用变化、陆地碳循环和相关跨学科研究的高校教师和科研院所研究人员，以及地理学、生态学、地理信息系统专业的本科生和研究生等阅读参考。

审图号：GS（2021）3283号

图书在版编目（CIP）数据

城市扩张及气候变化对植被活动的影响研究／裴凤松，黎夏，刘小平著．—北京：科学出版社，2021.8

ISBN 978-7-03-069534-5

Ⅰ.①城…　Ⅱ.①裴…　②黎…　③刘…　Ⅲ.①城市扩展－影响－植被－研究　②气候变化－影响－植被－研究　Ⅳ.①Q948.52

中国版本图书馆CIP数据核字（2021）第158774号

责任编辑：曾佳佳　黄　梅　石宏杰／责任校对：杨聪敏
责任印制：师艳茹／封面设计：许　瑞

科学出版社出版
北京东黄城根北街16号
邮政编码：100717
http://www.sciencep.com
北京九天鸿程印刷有限责任公司印刷
科学出版社发行　各地新华书店经销

*

2021年8月第　一　版　开本：720×1000　1/16
2021年8月第一次印刷　印张：14 1/2
字数：290 000

定价：199.00元

（如有印装质量问题，我社负责调换）

前　言

工业革命以来，人类活动的范围和强度不断增大，导致大气成分比例发生了明显变化。其中，大气中二氧化碳（CO_2）浓度从 1750 年的 280 ppm[①]增加到 2019 年的 411 ppm，增加了近二分之一。尤其是 2000 年以来，全球平均 CO_2 浓度以每 10 年 20 ppm 的速度增加。大气中 CO_2 含量的迅速增加，对区域乃至全球气候产生了显著的影响。根据联合国政府间气候变化专门委员会（Intergovernmental Panel on Climate Change，IPCC）2019 年发布的特别评估报告 *Climate Change and Land*，2006～2015 年全球陆地表面平均气温比 1850～1900 年上升了 1.53℃，未来几十年可能加速上升。

植被是陆地生态系统的重要组成部分，它对于降低大气 CO_2 浓度、调节全球碳平衡、维持气候稳定具有重要作用。以往研究表明，气候变化、土地利用变化对植被活动产生显著影响。然而，二者对植被活动的相对影响认识仍然具有一定的不足之处。探讨气候变化及土地利用变化对植被活动的影响，有利于深入理解陆地碳循环的作用机理，从而解决陆地碳源/碳汇的不确定性问题。本书在地理学、生态学相关理论支撑下，利用基于广义帕累托分布的超门限峰值模型（POT-GPD）、标准化降水指数（SPI）方法实现识别、监测极端气候事件；结合卫星遥感方法，分析其对陆地植被活动的影响；基于降尺度技术，对广东省未来气候变化进行分析；提出利用极限学习机（ELM）算法来获取元胞自动机（CA）的转换规则；结合空间相互作用模型，进行大尺度条件下多个城市空间相互作用的城市扩张模拟；结合地理信息系统（GIS）探讨城市用地开发的植被净初级生产力（NPP）效应；最后，探讨城市扩张及气候变化因子对植被 NPP 的相对影响。

本书共由 10 章组成，涵盖了气候诊断、气候模拟、城市扩张模拟及植被活动变化等方面，内容主要来自我们以往的研究成果。第 1 章首先介绍问题的提出、国内外研究进展、主要内容和主要框架。第 2～10 章介绍气候变化、城市扩张及植被 NPP 相关理论、方法及应用研究。其中，第 2 章和第 3 章介绍土地利用和气候变化的理论、方法和应用。具体地，第 2 章介绍基于 CA 模型的城市扩张模拟方法，并提出了用 ELM 算法来获取 CA 的转换规则（ELM-CA）；第 3 章利用 POT-GPD 方法识别 1961～2012 年长江流域或部分地区发生的极端降水事件，分析极端降水

① 1 ppm = 10^{-6}。

事件的时空变化及其可能原因。第 4～6 章介绍植被活动监测的原理。其中，第 4 章介绍植被健康指数数据集［植被健康指数（VHI）和植被状态指数（VCI）］用于植被活动监测时的不确定性问题及其在中国的应用；第 5 章介绍利用基于归一化植被指数（NDVI）的植被初级生产力监测植被活动，进一步分析长江三角洲植被活动的时空变化；第 6 章介绍利用植被 NPP 来监测植被活动的变化，以及不同植被 NPP 模型原理和应用。第 7～10 章分别介绍气候变化、城市扩张及其对植被活动的影响。具体地，第 7 章运用 SPI 识别 2000～2010 年我国的气候干旱事件，分析气候干旱对植被活动的影响；第 8 章探讨中国东部南北样带极端气温变化及其对植被活动的影响；第 9 章利用 CASA 模型和邻域代理方法估算城市化前后我国植被 NPP 的时空分布，探讨城市土地开发对植被 NPP 变化的影响；第 10 章以广东省为例，开展未来多种发展情景下气候变化和城市用地扩张对植被 NPP 时空分布的影响研究。气候变化方面，运用统计降尺度方法及变化因子方法，结合 IPCC 排放情景特别报告（SRES）B2 情景下 HADCM3 模式的预测输出，进行未来气候变化分析；在此基础上，模拟当前及将来植被 NPP 的变化，进一步探讨气候变化和城市用地扩张对植被 NPP 时空分布的相对影响。

本书的部分内容来自我与我的博士生导师黎夏教授合作研究的成果。此外，本书的顺利出版还要感谢我在江苏师范大学的多位学生的协助：周义、吴长江参与了本书部分资料的收集整理和专题研究工作；周义、仲锐、乔莹娟对本书的格式和编排做了大量的辅助工作。

由于时间和作者水平有限，书中难免存在不足之处，恳请读者批评指正。

裴凤松
2020 年 8 月
于江苏师范大学

目　　录

第1章　概　　述

1.1　问题的提出

1.1.1　陆地碳源/碳汇功能的不确定性

工业革命以来，人类活动的范围和强度不断增大，对地球大气中气体和气溶胶组成产生了深远的影响。其中，二氧化碳（CO_2）浓度从 1750 年的 280 ppm 升高到 2019 年的 411 ppm，上升了近三分之一（Dlugokencky and Tans，2020）。另外，根据仪器观测记录，1906～2005 年全球陆地表面平均温度升高了 0.74℃，预计未来几十年全球会持续加速变暖。其中，大部分已观测到的地球平均温度升高现象可能是由人为排放温室气体的增加导致的（IPCC，2007b）。大气中以 CO_2 为代表的温室气体含量的迅速增加，对区域甚至全球气候变化产生了显著影响。

碳汇指从空气中清除二氧化碳的过程、活动、机制。植被碳汇可以反映植被吸收并储存二氧化碳的能力。当生态系统所固定的碳多于排放的碳时，就成为大气 CO_2 的汇；反之，则为碳源。生态系统的碳源/碳汇功能具有较大的不确定性。根据 Houghton 和 Hackler（2003）对全球碳收支的研究，20 世纪 80 年代，全球矿物燃料燃烧和水泥生产的碳排放为（5.4±0.3）$Pg\ C\cdot a^{-1}$（$1\ Pg\ C = 10^{15}\ g\ C$），由土地利用造成的碳排放为 1.7$Pg\ C\cdot a^{-1}$；其中，大气碳增加（3.3±0.1）$Pg\ C\cdot a^{-1}$，海洋碳吸收为（1.9±0.5）$Pg\ C\cdot a^{-1}$，陆地碳吸收为（–0.2±0.7）$Pg\ C\cdot a^{-1}$。进而，尚未确定的“遗漏”碳汇约为–1.9$Pg\ C\cdot a^{-1}$，全球碳收支核算出现了“失汇”现象（Popkin，2015）。尽管多方面证据表明，北半球中高纬度的陆地生态系统固定了全球碳循环中大部分“去向不明”的 CO_2，从而表现为巨大的碳汇（Pacala et al.，2001；Schimel et al.，2001）。然而，陆地生态系统表现为碳汇的数量及其空间分布仍然未得到科学家的广泛共识，特别是由于各种生态系统扰动如土地利用变化、森林滥伐等因素的影响，陆地生态系统可能会由碳汇转变为碳源。综上，陆地生态系统碳源/碳汇功能仍存在较大的不确定性（Ciais et al.，2005；Kurz et al.，2008）。

1.1.2　陆地碳循环与全球变化关系密切

全球变化是指由自然和人为因素而导致的全球环境变化，主要包括大气组成变化、气候变化及土地利用变化等方面（周广胜等，2004）。联合国政府间气候变化专门委员会（IPCC）排放情景特别报告（SRES）指出：未来几十年全球温度将以大约每 10 年 0.2℃的速率增加，之后则取决于温室气体排放情景。如果全球平均温度增幅超过 1.5～2.5℃（与 1980～1999 年相比），则全球生态系统的结构和功能、物种的相互作用及地理范围会出现巨大变化，20%～30%的物种可能面临增加的灭绝风险（IPCC，2007b）。

另外，工业革命以来，人类活动对地球系统的影响引起社会及学术界的广泛关注。以往研究发现，剧烈的人类活动尤其是化石燃料的大量使用和水泥生产导致大气中温室气体特别是 CO_2 浓度激增，打破了长期以来的碳循环动态平衡，从而极大地改变了全球碳循环过程，对全球气候也产生深远的影响。根据 Liu 等（2015）的研究，由于化石燃料的燃烧和水泥生产的影响，2000～2013 年我国排放了约 2.9 Pg C 进入大气中。全球碳循环是发生在地球大气圈、水圈、生物圈等各圈层间最大的物质和能量的迁移及转化过程。通常，大气中 CO_2 成分多少取决于地球各个碳库间通量的变化。长期以来，全球碳循环处于一种动态平衡状态。其中，陆地碳循环起着关键作用，已成为国际学术界广泛关注的研究热点和学术前沿。

一方面，植被通过光合作用过程，把大气中的 CO_2 固定成有机物质，将太阳能固定成化学能，产生人类赖以生产和生活的物质与能量基础；另一方面，人类通过土地开垦、森林砍伐等，向大气中不断释放 CO_2。以往热带地区的森林砍伐及温带地区的农业垦殖得到了科学家更多的注意，并取得了大量的研究成果（Houghton et al.，2001）。然而，作为人类活动导致的土地利用变化的另一种重要表现形式，城市用地的增加对陆地生态系统碳循环的影响却鲜被学术界关注，成为区域乃至全球碳循环研究中的瓶颈。城市是对自然环境作用最剧烈和最深刻的区域，城市扩张深刻改变了地表景观，对生态系统碳循环乃至全球变化产生了重要影响（Grimm et al.，2008）。土地利用与土地覆盖变化（LUCC），尤其是城市扩张，极大地改变了陆地生态系统碳循环的过程、功能，是当前极受关注的全球变化重要问题之一（Buyantuyev and Wu，2009）。另外，Kurz 等（2008）认为加拿大的森林可能由碳汇转变为碳源，这主要与林火及病虫害对自然植被的影响有关。LUCC 是陆地生态系统的碳源和碳汇功能研究中最大的不确定因素。

1.1.3　当前国际政治经济环境背景

气候变化问题在国际政治和经济中日益受到关注。1988 年，世界气象组织（WMO）和联合国环境规划署（UNEP）联合成立了 IPCC，主要负责对世界范围内现有的涉及气候变化问题的科学、技术、社会、经济等方面的资料做出与政策有关的评估。IPCC 的成立推动了《联合国气候变化框架公约》和《京都议定书》

的签署。1992 年通过的《联合国气候变化框架公约》是世界上第一个旨在全面控制 CO_2 等温室气体排放以应对气候变化的国际公约，也是为了应对全球气候变化问题进行国际合作的一个基本框架。1997 年 12 月，《京都议定书》获得通过，它首次为 41 个工业化国家规定了具有法律效力的 CO_2 减排目标。另外，《京都议定书》还提出允许各国通过人为的管理活动来增加碳汇，以此抵消本国的温室气体减排指标。《京都议定书》还规定两个国家之间可以进行排放额度买卖的“排放权交易”，即难以完成削减任务的国家，可以从超额完成任务的国家买进超出部分的额度。2015 年 12 月 12 日，《联合国气候变化框架公约》近 200 个缔约方在巴黎气候变化大会上达成《巴黎协定》。它是继《京都议定书》后第二份有法律约束力的气候协议，为 2020 年后全球应对气候变化行动做出了安排。2020 年 9 月 22 日，习近平在第七十五届联合国大会上提出：“中国将提高国家自主贡献力度，采取更加有力的政策和措施，二氧化碳排放力争于 2030 年前达到峰值，努力争取 2060 年前实现碳中和”①。因而，实现这样的目标是我国应对气候变化的一个重要战略任务。Piao 等（2009）研究指出，20 世纪 80 年代至 90 年代我国陆地生态系统固定了 0.19～0.26 Pg C，大约占同期化石燃料燃烧排放 CO_2 总量的 28%～37%。加强森林资源的规划和科学管理、提高森林覆盖率，提高陆地生态系统对大气中碳的吸收固定是应对气候变化的一个关键措施，对于增加陆地生态系统碳汇发挥着不可替代的作用。开展气候变化及 LUCC 过程中植被活动的量化和归因研究，不仅有利于深化对我国生态系统结构和功能的理解和认识，而且可以为国家层面上实现对碳循环的合理调控，制定 CO_2 的减排政策提供科学依据，也是我国积极开展环境外交的迫切要求，还将为我国政府作为签约国履行《联合国气候变化框架公约》和《京都议定书》，应对气候变化与制定环境外交策略提供重要依据。

1.2 国内外研究进展

1.2.1 气候变化与极端气候研究

气候变化是全球变化研究的核心问题和重要内容之一。IPCC 等国际组织推动了气候变化的全球治理，也促进了全球气候变化研究的深入。到目前为止，IPCC 已经出版了五次评估报告和许多与此有关的特别报告、技术报告等，分析了全球

① 中国政府网. 习近平在第七十五届联合国大会一般性辩论上发表重要讲话. http://www.gov.cn/xinwen/2020-09/22/content_5546168.htm[2020-12-25].

气候变化及其可能影响，以及应对策略。IPCC 历次报告对气候变化及其影响的评估引发了人们对全球气候变化的日益关注。

气候模拟是研究气候变化规律的有力实验手段，它用气候模式复制气候系统的平均状态及其时空变化，用以探索气候系统外的因子对气候系统的影响，以及气候系统内各成员之间的相互作用。气候模式可以分为四类：能量平衡模式、辐射对流模式、统计动力模式及三维总环流模式（王绍武，1994）。作为一种重要的三维总环流模式，海气耦合气候模式（AOGCM）能相当好地模拟出大尺度范围的平均气候特征，特别是能较好地模拟高层大气场、近地面温度和大气环流，是目前预估大尺度未来全球气候变化的最重要也是最可行的方法之一（范丽军等，2005）。然而，由于空间分辨率较低（一般为几百千米），AOGCM 很难对区域气候情景做出有效预估。

目前，解决这个问题主要有两类办法：一类是发展更高分辨率的气候模式，其缺点是需要很大的计算量；另一类是降尺度法，主要包括统计降尺度法（SDSM）和动力降尺度法两大类（IPCC，2007b）。Wilby 和 Wigley（1997）比较了不同降尺度技术对降水的模拟效果，他们认为环流分形降尺度模型能够较好地模拟较大尺度的降水分布特征；Harpham 和 Wilby（2005）认为统计降尺度技术比人工神经网络（ANN）技术能够更好地模拟大尺度的降水变化情况。Caldwell 等（2009）运用动力降尺度方法，基于天气预报模式（WRF）和 CCSM3 模型模拟了美国加利福尼亚州的降水、2 m 高度处的气温和积雪分布。总体来说，动力降尺度方法计算量大，耗费大量的计算机资源，而统计降尺度法因其计算量小、易于操作、模拟精度较高等优势被广泛用于欧洲、北美和东南亚等地的气象、水文及环境评价等诸多领域（Diaz-Nieto and Wilby，2005；Zhang et al.，2011）。

我国的降尺度研究工作起步较晚。范丽军等（2007）采用基于多元线性回归模型的统计降尺度方法对我国华北地区 1 月和 7 月平均温度变化开展了情景研究。赵芳芳和徐宗学（2007）同时运用统计降尺度方法（SDSM）和 Delta 方法模拟了黄河源区的降水和日最高、最低气温。董旭光等（2011）通过结合第五代美国国家大气研究中心/宾夕法尼亚州立大学的中尺度模式（MM5）和再分析资料，运用动力降尺度方法对山东省近海风能资源进行动力降尺度模拟研究，他们认为动力降尺度方法可用于较高分辨率的风能资源数值模拟。虽然降尺度方法在我国逐渐得到重视，但是，对于降尺度模型的区域适应性及其对水文、生态响应等的影响研究还明显不足，与欧美等国家相比，我国气候变化降尺度研究还有待深入。

除了对长期气候变化的降尺度研究，极端降水、气候干旱等极端气候事件也引起了越来越多的关注（Alexander et al.，2006；Orlowsky and Seneviratne，2012）。

随着气候变暖的加剧，预计将产生更多的极端天气（或气候）事件（Houghton et al.，2001；Cai et al.，2014；IPCC，2019）。例如，Kunkel 和 Frankson（2015）分析了全球范围内极端降水事件的变化趋势，他们指出，最近对极端降水事件的研究没有覆盖北半球中高纬度以外的足够大的区域，因而无法得出极端降水事件的一般性认识；Singh 等（2013）量化了逐日尺度上美国大陆季节性极端降水事件的瞬时变化，他们发现大部分研究区域降水事件较少但较重；Rajczak 等（2013）发现欧洲北部的降水量和雨天频率有所增加，欧洲南部则有所减少。Ghosh 等（2012）认为印度各地的极端降水事件缺乏一致的变化趋势，且其空间变异性越来越大；Wu 等（2016）对东亚夏季极端降水进行了评价和预测。有关气候干旱事件，McKee 等（1993）利用典型的气象干旱指数——标准化降水指数（SPI）量化了科罗拉多州多个时间尺度的干旱现象。此外，根据全球气候模型模拟，在温室气体浓度上升的条件下未来气候干旱事件呈现出增强的趋势（Gregory et al.，1997；Burke et al.，2006）。尤其是在 21 世纪，世界上许多地区的干旱频率和强度会增加和增强（IPCC，2019）。因而，在当前全球气候变暖背景下，极端降水、气候干旱等极端事件变化在区域尺度和全球尺度上表现出高度的复杂性。

1.2.2 LUCC 和城市扩张研究

LUCC 是一个复杂的过程，反映了自然与人文因素的交叉和相互作用，也是关系到区域和全球可持续发展的关键问题。LUCC 研究始于 20 世纪 90 年代。1990 年，美国国家科学研究委员会（USNRC）提出了全球性土地利用的研究框架。1992 年联合国制定的《二十一世纪议程》中明确提出将加强 LUCC 研究作为 21 世纪研究工作的重点。随后，国际地圈生物圈计划（IGBP）和国际全球环境变化人文因素计划（IHDP）于 1995 年联合提出“土地利用/土地覆被变化”研究计划，就 LUCC 的研究方法提出了概念性框架。全球土地计划（GLP）是 IGBP 与 IHDP 的又一个新的联合核心计划，该计划的目的是深化对地球系统演化背景下耦合的人类-陆地环境系统的理解。LUCC 研究成为众多国际组织及国家和地区全球变化研究的核心领域。

目前，国内外 LUCC 研究涉及的内容非常广泛，主要包括以下 4 个方面（刘纪远和邓祥征，2009）：①LUCC 时空过程探讨，即采用遥感技术并结合传统调查方法，积累时空连续的土地利用/覆被数据，通过数学模型描述 LUCC 时空分异规律；②驱动机理分析，通过研究 LUCC 时空过程的原因、影响因素的作用途径及其驱动机制，为预测其未来可能的发展变化提供基础；③过程刻画与模拟，主要指在把握影响 LUCC 时空过程的驱动因子及其作用机理的基础上，刻画与模拟 LUCC 的时空过程；④宏观生态效应评价，它是理解 LUCC 时空过程对地球系统影响的重要内容，也是 LUCC 时空过程研究的重要核心课题之一。LUCC 涉及的因素繁多，变化过程错综复杂，且各影响因子之间共同作用、互相影响。因此，建立 LUCC 模拟模型是进行 LUCC 研究的有效且十分重要的手段，对于理解和预测 LUCC 的时空格局及其动态演化具有不可代替的作用。

李月臣（2008）将 LUCC 时空模拟模型概括为 4 种主要类型：经验统计模型、随机模型、主体行为模型和动力学模型。经验统计模型的外推能力较差，对于研究区以外的区域，该方法模拟和预测能力不足；随机模型的应用对于 LUCC 过程要求有严格的前提假定，如系统处于稳态、时空互不相扰等，而这些假设在大部分情况下并不成立；主体行为模型更加关注人类的决策活动，该模型非常容易与地理信息系统（GIS）结合来表达空间，然而，目前该类模型只能模拟比较简单的、理论化的 LUCC；动力学模型主要有两种代表方向，一种是自上而下的基于微分方程的动力学模型，另一种是自下而上的离散动力学模型（周成虎等，1999），前者代表性的模型有系统动力学（SD）模型，后者则以元胞自动机（CA）模型为典型代表。

GIS 是在计算机软硬件的支持下，以空间数据库为基础，综合运用系统工程和信息科学等理论对地理空间数据进行科学管理和综合分析，从而为规划、决策、管理和研究提供信息的系统。20 世纪 60 年代末诞生了世界上第一个 GIS 系统——加拿大地理信息系统（CGIS）。近几十年来，GIS 广泛应用于资源调查、环境评估、区域发展规划、公共设施管理、交通安全等领域，成为一个跨学科、多方向的研究领域。空间分析是 GIS 的核心和灵魂，是 GIS 区别于一般的信息系统、计算机辅助设计（CAD）或电子地图系统的主要标志之一，往往被用来解决传统地学模型中的空间问题。GIS 的空间分析技术能提供强大、丰富的空间数据查询、分析功能。然而，到目前为止，传统 GIS 还沉溺于描述和处理静态的空间数据信息，难以有效地表达、分析时空动态数据，复杂时空过程的处理分析能力薄弱。而复杂地理现象，如土地利用变化、城市发展、火灾蔓延、荒漠化等都表现为复杂的时空动态过程，这些地理现象的发展过程往往比其最终形成的空间格局更为重要，GIS 现有的空间分析功能受到了挑战（黎夏等，2007）。

CA 模型具有传统 GIS 不可比拟的优势（Li and Yeh，2002a）。CA 模型是一种时间、空间和状态都离散，空间相互作用和时间因果关系都为局部的网格动力学模型（周成虎等，1999），体现了“复杂系统来自简单子系统的相互作用”这一复杂性科学的精髓（黎夏等，2007）。作为一种自下而上的动态模拟框架，CA 模型能够模拟地理复杂系统的时空演变过程。例如，Clarke（1997）用 CA 模型模拟了美国旧金山地区的城市发展；Li 和 Liu（2006）将 CA 模型应用于珠江三角洲地区并模拟了该地区的城市扩张现象；Li 和 Yeh（2002a）用 CA 模型模拟了多种土地利用类型的时空变化；另外，CA 模型被应用于辅助城市规划和农田保护区的生成等（Li and Yeh，2001，2002b）。这些研究均表明CA模型对土地利用变化及城市扩张具有强大的空间建模能力。

通常情况下，CA模型和GIS的集成可以相互弥补各自存在的缺陷：一方面，GIS可以为CA模型提供较为丰富的地理空间信息和数据，如可以通过GIS来采集获取各类数据，或者使用GIS的空间分析功能得到适合CA模型所需使用的空间化变量数据；另一方面，CA模型的动态模拟功能大大地弥补了GIS空间分析能力较弱的缺陷。国内外学者在CA模型与GIS集成方面做了大量的工作，Xie（1994）用ArcView自带的Avenue开发了城市动态演化DUEM模型；赵晶等（2007）和徐昔保等（2009）对神经网络CA模型进行了深入探讨。总体来说，CA模型与GIS常用的集成方式可以分为三大类型：耦合型（coupling）、嵌入型（embedding）和综合集成型（integrating）（徐昔保，2007）。国外CA模型研究中3种类型的集成方式均具备；而国内主要集中在耦合型和嵌入型，综合集成型将是未来CA模型研究与开发模式的一种新趋势。

1.2.3 城市扩张及气候变化对植被活动的影响

陆地植被对陆地生态系统的能量收支、水循环和生物地球化学循环等产生重要影响。因而，陆地植被在陆地-大气相互作用、陆地碳循环乃至全球气候变化中起着关键作用。探讨气候变化及土地利用变化等对植被活动的影响，对把握陆地作为碳源/碳汇的不确定性具有重要意义。本书中，植被活动指植被与周围环境之间的相互作用，包括光合作用、呼吸和蒸腾作用等（Piao et al.，2014）。以往研究中往往使用NDVI、植被NPP、植被叶面积指数（LAI）等指标来反映植被活动的变化（Piao et al.，2014；Zhu et al.，2016；Gao et al.，2017；Jiang et al.，2020）。

NDVI通常被用来作为一个重要指标监测植被活动的变化（Peng et al.，2011；de Jong et al.，2013）。例如，de Jong等（2013）利用NDVI分析了1981～2011年全球植被活动的变化；Zhao等（2018）利用NDVI分析了全球植被活动的变化及其可能驱动因素；Coluzzi等（2019）以意大利的巴斯利卡塔大区（Basilicata）为例，利用NDVI分析了局地气候条件与植被活动之间的关系。

除了NDVI，植被初级生产力也被广泛应用于植被活动的动态监测。以往研究发现，基于时间集成的植被NDVI与植被初级生产力存在线性相关关系，常常被用来反映植被初级生产力的大小（Goward et al.，1985；Prince，1991）。生物生产力是指从个体、群体到生态系统、区域乃至生物圈等不同生命层次的物质生产能力（方精云等，2001），它们决定着系统的物质循环和能量流动过程，被广泛应用于评估陆地植被初级生产水平（Imhoff et al.，2000；Milesi and Running，2001；Plant et al.，2001）。

植被 NPP 是指绿色植物在单位时间和单位面积上所积累的有机干物质总量，其是在植物所固定的有机碳中扣除本身呼吸消耗的部分，反映了植物群落在自然环境条件下的生产能力。植被 NPP 用于植物自身的生长、发育和繁殖，是生态系统中其他成员生存和繁衍的物质基础。植被 NPP 不仅是碳循环的原动力，而且是判定陆地生态系统碳源/碳汇及调节生态过程的主要因子之一（Field et al.，1998；朴世龙等，2001）。Gao 等（2017）用植被 NPP 作为指标分析了气候变化对中国植被活动的影响。Yin 等（2020）用植被 NPP 作为指标，分析了气候变化、人类活动对我国横断山区植被活动动态变化的影响。植被 NPP 受到植被特征、气候条件和土地利用变化等多方面因子的交互影响和制约。在气候变化研究方面，朱文泉等（2007）运用 1982～1999 年气象数据研究了气候变化对中国植被 NPP 的影响；Ciais 等（2005）研究了 2003 年欧洲干旱对植被生产力的影响；Pei 等（2013）运用 SPI，评价了 2001～2010 年中国植被 NPP 对气候干旱的响应；Mu 等（2008）分析了气候和 CO_2 浓度变化对中国植被 NPP 的影响，并预测了 2071～2110 年植被 NPP 的变化。

另外，土地利用变化对陆地植被 NPP 的影响也具有较大的不确定性。Milesi 等（2003）研究了美国东南部城市土地利用对植被 NPP 的影响；Imhoff 等（2004）基于 DMSP-OLS 夜间灯光数据，结合 CASA 模型，探讨了美国城市土地利用对植被 NPP 的影响；Zaehle 等（2007）基于动态全球植被模型（LPJ-DGVM）研究了当前欧盟地区陆地生态系统碳储量及其在将来的潜在变化。然而，当前在未来城市土地模拟方面研究存在较大的不足，这势必会影响其模拟结果。另外，Trusilova 和 Churkina（2008）通过设计 6 组情景，探讨了城市土地利用、城市局地气候、CO_2 浓度升高、大气氮沉积增加等多因子影响下城市植被 NPP 的生态响应；Xu 等（2007）研究了 1991～2002 年江苏省江阴市城市土地扩张对植被 NPP 的影响；Yu 等（2009）以深圳市为例，估算了其城市蔓延对植被 NPP 的影响。然而，以往研究还较少关注未来城市扩张及气候变化对植被 NPP 的影响方面，城市扩张和气候变化对植被活动的影响还存在较大不确定性。

综上，城市扩张及气候变化对植被 NPP 的影响具有较大的不确定性，是当前全球变化领域的一个重要研究方向。

1.3 主要内容

针对 LUCC、气候变化及其对植被活动影响的复杂性，本书开展了 CA 模型的城市扩张应用研究、极端气候变化诊断分析、未来气候的降尺度分析、植被碳循环研究，以及城市扩张及气候变化对植被活动影响的研究等。

1.3.1 基于 CA 模型的城市扩张模拟分析

LUCC 过程复杂，时空差异大，是当前全球变化领域研究的热点问题之一。通常情况下，土地利用模型模拟方法是分析土地利用时空演变、认识其生态环境效应、支持土地利用规划和决策的有力工具，是土地利用变化的主要研究方法。土地利用模型可以分为空间统计模型、系统动力学模型、CA 模型、基于主体的模型及综合模型等（唐华俊等，2009）。作为典型的离散时空动力学模型，CA 模型具有 GIS 不可比拟的优势。它不仅可以用来模拟和分析一般的复杂系统，还适合具有空间特征的地理复杂系统。

作为一种重要的土地利用方式，城市扩张不仅对 LUCC 产生剧烈的影响，其对资源环境、生态系统也产生了深刻的影响。虽然学者已经关注到城市扩张模拟研究的重要性，但针对较大尺度的城市扩张研究却明显不足，许多方面的研究仍有待于进一步深化。事实上，对大尺度城市群的土地利用变化时空过程进行模拟具有重要的意义。本书通过引入空间相互作用因素到 CA 模型中，并利用 ELM 来自动获取 CA 模型的转换规则，提出了 ELM-CA 模型。在此基础上，以广东省为例，分别开展了基于 Logistic-CA 模型和 ELM-CA 模型的城市扩张时空模拟实验。

1.3.2 极端降水事件监测分析

相比长期气候变化，极端气候对自然和人类社会的影响更为严重。开展极端气候的动态变化及其归因研究有重要意义。本书分别从极端降水事件的频率和强度两个方面探讨了 1961～2012 年长江流域部分地区极端降水事件的时空变化。同时，基于 Poisson 回归、线性回归和 Pettitt 检验分析了研究区极端降水频率和强度的变化，以及极端降水的渐变和突变特征；在此基础上，进一步从东亚夏季风、水利工程、地形地貌等方面开展了极端降水事件变化的归因研究。

1.3.3 基于卫星遥感的植被活动监测分析

近几十年来，基于卫星遥感的植被活动监测及其多学科应用是学术界关注的一个重要问题。Kogan（1990）、Kogan 和 Sullivan（1993）、Seiler 等（1998）提出了 VCI 用以分离 NDVI 中的短期气象相关信息和长期生态本底信息的方法。在此基础上，Kogan（1995）、Kogan 等（2011）将 VCI 和植物冠层的温度相结合，提出了 VHI 并用以监测气象干旱的方法。VCI 和 VHI 在评估植被健康与农作物生产等方面得到广泛应用（Kogan，1990；Orlovsky et al.，2011）。本书探讨了利用VCI和VHI监测植被活动动态的可靠性；在此基础上，利用VCI和VHI对1982～2013年我国植被活动时空变化进行了深入分析；从空间格局和区域总量两个方面对VCI和VHI的效率进行了比较；进一步分析了1982～2013年我国植被活动的变化趋势。

1.3.4 极端气候事件及对植被活动的影响分析

利用NDVI、日光诱导叶绿素荧光（SIF）和植被NPP作为指示因子，本书分别探讨了极端高温事件、极端低温事件和气候干旱事件对植被活动的影响。具体地，基于2000～2018年中国东部南北样带地面气象站的日值数据，选取了6个温度指标，分析样带极端气候事件的时空格局；此外，基于NDVI和SIF数据评估2000～2018年样带植被活动的时空分异特征；最后，采用相关性分析探究中国东部南北样带极端气候事件对植被活动的潜在影响（Zhou et al.，2019）。除了极端降水事件，本书还开展了干旱事件的识别及其对植被NPP的影响研究。首先，以SPI为指标，对2001～2010年我国发生的干旱事件进行了识别；其次，利用陆地NPP来反映植被活动动态，分析了植被活动与若干因素之间的年际变化；最后，基于统计分析方法，分析了干旱强度、干旱时长对植被活动的影响。

1.3.5 城市土地利用及城市扩张对植被活动的影响分析

随着世界工业化和城市化进程加快，城市土地利用需求量也随之增加。近几十年来，我国的城市扩张呈现不断加快趋势，城市用地数量呈现指数增加，城市用地增加量超过原来城市用地量的2倍（Wang et al.，2012），城市用地面积也居于世界前列（汪军，2012a，2012b）。Liu等（2005）研究认为1990～2000年的新增城市用地来源中，农用地转换部分占新增城市用地总量的比例超过了一半。城市扩张过程中农用地的损失对于粮食安全及应对气候变化产生了一定的威胁。另外，土地利用变化导致的碳排放是大气CO_2浓度不断升高的主要原因之一。LUCC尤其是城市土地利用变化对生态系统碳平衡产生重大影响。

植被NPP作为陆地碳循环的原动力，在陆地碳循环和植被活动中占据重要的地位。除了各种自然条件（如气候变化因素）外，其他类型的生态系统扰动，如城市扩张、森林滥伐等人类活动对植被活动也产生较大影响。因此，以植被NPP为植被活动的指示因子，研究快速城市化地区植被活动的时空演变趋势，是全球变化研究的重要趋势之一。目前，学者的研究焦点主要集中于少数快速城市化地区城市土地利用的植被NPP效应案例研究（Xu et al.，2007；Yu et al.，2009），而对国家尺度城市土地利用的植被NPP效应关注还较少，大尺度城市土地利用对植被NPP时空分布的影响还具有较大的不确定性。本书通过运用CASA模型计算出我国的植被NPP时空分布。在GIS的支持下，Pei等（2013）研究了我国城市土地开发前后植被NPP的时空响应。

1.3.6 城市扩张及气候变化对植被活动的影响

广东省是我国人口稠密、经济发展极快的地区之一，也是我国土地利用变化极为剧烈的地区之一。近年来，广东省城市化水平加速发展。植被NPP主要受太阳辐射、气温、降水、大气CO_2浓度变化等多方面因素交互影响、共同作用（Cramer et al.，1999），是对气候变化和土地利用变化因素反应最为敏感的生态环境因素之一。因此，城市扩张及气候变化条件下植被活动，尤其是植被NPP的时空变化具有较大的不确定性，有重要的研究价值。Pei等（2015）通过设计多种不同的气候变化和城市土地利用情景，探讨2010～2039年广东省植被NPP的时空动态变化。在此基础上，进一步剖析不同影响因子对植被NPP变化的相对贡献，这对于深入理解气候变化、城市扩张及植被碳循环的相互作用和反馈机制，辅助政府部门应对气候变化及进行城市规划决策方面具有重要意义。

1.4 主要框架

本书的主要框架结构如图1-1所示。针对当前研究中城市扩张及气候变化对植被活动影响的不确定性问题，本书以气候学、生态学、地理学和复杂性科学相关理论为基础，探讨了极值理论、降尺度技术（SDSM和CF）、CA模型、植被NPP等模型方法的应用；提出运用极限学习机算法（ELM）来获取CA模型的转换规则，进而比较了ELM-CA模型和Logistic-CA模型的城市用地扩张模拟效果，探讨了省尺度下城市用地扩张的植被NPP效应研究；基于POT-GPD、SPI方法开展了极端气候事件的识别、监测，分析了其对陆地植被活动的影响；分析了植被健康指数（VHI和VCI）在反映植被活动时的不足之处及应用建议；探讨了BIOME-BGC模型、CASA模型的改进应用及其在植被活动监测方面的案例研究；基于降尺度技术，对广东省未来气候变化进行了分析；在此基础上，利用情景分析方法探讨了城市扩张及气候变化对植被NPP的相对影响。

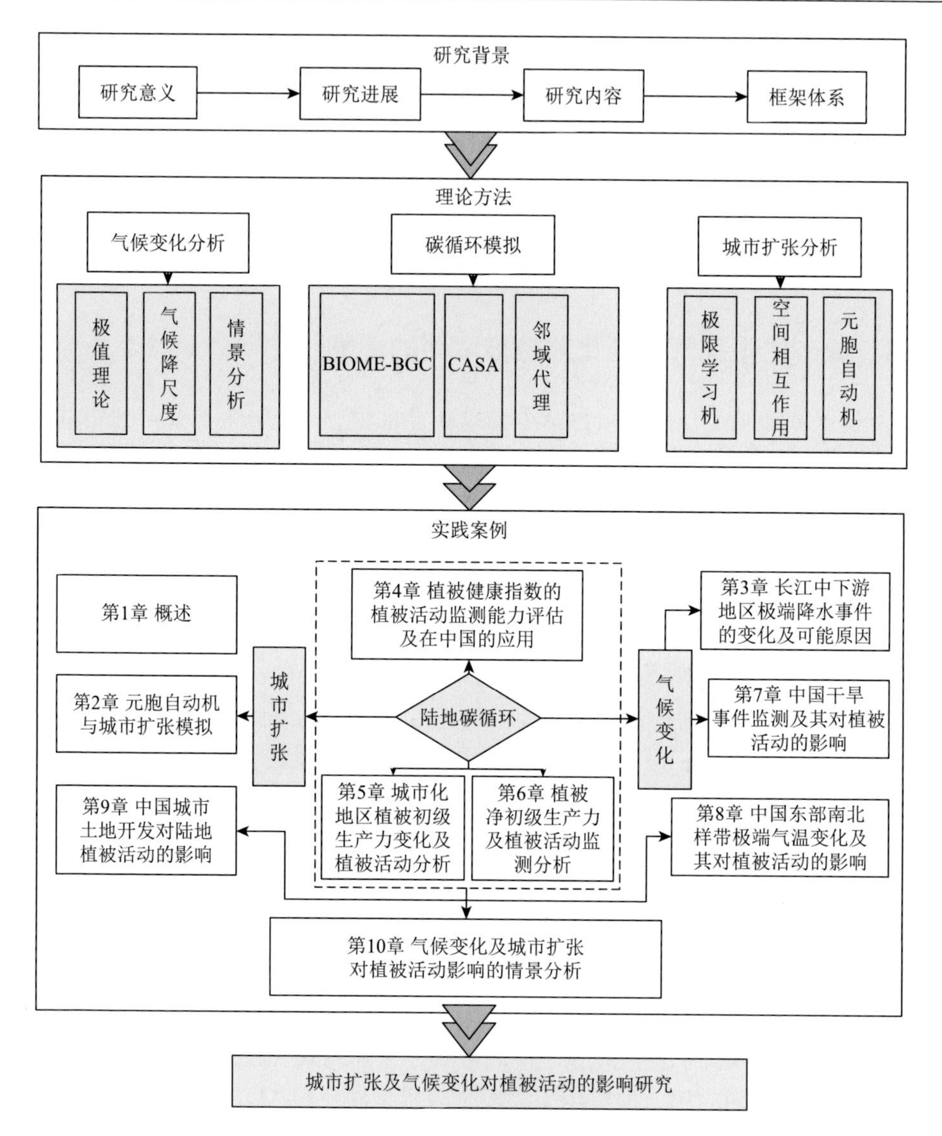

图 1-1 本书的主要框架结构

参 考 文 献

董旭光，刘焕彬，曹洁，等. 2011. 山东省近海区域风能资源动力降尺度研究及储量估计. 资源科学，33(1)：178-183.

范丽军，符淙斌，陈德亮. 2005. 统计降尺度法对未来区域气候变化情景预估的研究进展. 地球科学进展，20（3）：320-329.

范丽军，符淙斌，陈德亮. 2007. 统计降尺度法对华北地区未来区域气温变化情景的预估. 大气科学，31(5)：887-897.

方精云，柯金虎，唐志尧. 2001. 生物生产力的 4P 概念、估算及其相互关系. 植物生态学报，25（4）：414-419.

何春阳，史培军，陈晋，等. 2005. 基于系统动力学模型和元胞自动机模型的土地利用情景模型研究. 中国科学 D

辑，35（5）：464-473.
胡建华，刘利平，卢伶俊. 2010. 40年来广东省雨量、暴雨随气候变化趋势分析. 水文，30（6）：85-87.
黎夏，叶嘉安. 2005. 基于神经网络的元胞自动机及模拟复杂土地利用系统. 地理研究，24（1）：19-27.
黎夏，叶嘉安，刘小平，等. 2007. 地理模拟系统：元胞自动机和多智能体. 北京：科学出版社.
李丹，黎夏，刘小平，等. 2012. GPU-CA模型及大尺度土地利用变化模拟. 科学通报，57（11）：959-969.
李月臣. 2008. 中国北方土地利用/覆盖变化问题研究. 重庆：重庆大学出版社.
刘纪远，邓祥征. 2009. LUCC时空过程研究的方法进展. 科学通报，54（21）：3251-3258.
刘智勇，张鑫，周平. 2011. 广东省未来温度、降水及陆地生态系统NPP预测分析. 广东林业科技，27（1）：59-65.
朴世龙，方精云，郭庆华. 2001. 利用CASA模型估算我国植被净第一性生产力. 植物生态学报，（5）：603-608，644.
施小英，徐祥德，徐影. 2005. 中国600个站气温和IPCC模式产品气温的比较. 气象，31（7）：49-53.
唐华俊，吴文斌，杨鹏，等. 2009. 土地利用/土地覆被变化（LUCC）模型研究进展. 地理学报，（4）：74-86.
涂小松，濮励杰，吴骏，等. 2008. 基于SLEUTH模型的无锡市区土地利用变化情景模拟. 长江流域资源与环境，17（6）：860-870.
汪军. 2012a. 审视中国的城市蔓延——兼对我国城市建设用地控制标准的回顾. 现代城市研究，（8）：51-58.
汪军. 2012b. 中国城市为何会蔓延式发展——地级市的实证分析. 中国科技论坛，（11）：134-140.
王绍武. 1994. 气候模拟研究进展. 气象，20（12）：9-19.
徐昔保. 2007. 基于GIS与元胞自动机的城市土地利用动态演化模拟与优化研究. 兰州：兰州大学.
徐昔保，杨桂山，张建明. 2009. 基于神经网络 CA 的兰州城市土地利用变化情景模拟. 地理与地理信息科学，24（6）：80-83.
徐影，丁一汇，赵宗慈. 2002. 近30年人类活动对东亚地区气候变化影响的检测与评估. 应用气象学报，13（5）：513-525.
张永民，赵士洞，Verburg P H. 2003. CLUE-S模型及其在奈曼旗土地利用时空动态变化模拟中的应用. 自然资源学报，18（3）：310-318.
赵芳芳，徐宗学. 2007. 统计降尺度方法和Delta方法建立黄河源区气候情景的比较分析. 气象学报，65(4)：653-662.
赵晶，陈华根，许惠平. 2007. 元胞自动机与神经网络相结合的土地演变模拟. 同济大学学报（自然科学版），35（8）：130-134.
周成虎，孙战利，谢一春. 1999. 地理元胞自动机研究. 北京：科学出版社.
周广胜，许振柱，王玉辉. 2004. 全球变化的生态系统适应性. 地球科学进展，（4）：642-649.
朱文泉，潘耀忠，阳小琼，等. 2007. 气候变化对中国陆地植被净初级生产力的影响分析. 科学通报，52（21）：2535-2541.
Alexander L V，Zhang X B，Peterson T C，et al. 2006. Global observed changes in daily climate extremes of temperature and precipitation. Journal of Geophysical Research：Atmospheres，111：D05109.
Burke E J，Brown S J，Christidis N. 2006. Modeling the recent evolution of global drought and projections for the twenty-first century with the Hadley Centre climate model. Journal of Hydrometeorology，7：1113-1125.
Buyantuyev A，Wu J G. 2009. Urbanization alters spatiotemporal patterns of ecosystem primary production：A case study of the Phoenix metropolitan region，USA. Journal of Arid Environments，73（4-5）：512-520.
Cai W，Borlace S，Lengaigne M，et al. 2014. Increasing frequency of extreme El Niño events due to greenhouse warming. Nature Climate Change，4（2）：111-116.
Caldwell P，Chin H N S，Bader D C，et al. 2009. Evaluation of a WRF dynamical downscaling simulation over California. Climatic Change，95（3）：499-521.

Chen X L，Zhao H M，Li P X，et al. 2006. Remote sensing image-based analysis of the relationship between urban heat island and land use/cover changes. Remote Sensing of Environment，104（2）：133-146.

Ciais P，Reichstein M，Viovy N，et al. 2005. Europe-wide reduction in primary productivity caused by the heat and drought in 2003. Nature，437（7058）：529-533.

Clarke K C. 1997. A self-modifying cellular automaton model of historical urbanization in the San Francisco bay area. Environment and Planning B：Planning and Design，24：247-261.

Coluzzi R，Emilio M D，Imbrenda V，et al. 2019. Investigating climate variability and long-term vegetation activity across heterogeneous Basilicata agroecosystems. Geomatics，Natural Hazards and Risk，10（1）：168-180.

Cramer W，Kicklighter D W，Bondeau A，et al. 1999. Comparing global models of terrestrial net primary productivity（NPP）：Overview and key results. Global Change Biology，5（S1）：1-15.

de Jong R，Verbesselt J，Zeileis A，et al. 2013. Shifts in Global Vegetation Activity Trends. Remote Sensing，5（3）：1117-1133.

Diaz-Nieto J，Wilby R L. 2005. A comparison of statistical downscaling and climate change factor methods：Impacts on low flows in the River Thames，United Kingdom. Climatic Change，69（2）：245-268.

Dlugokencky E，Tans P. 2020. Mauna Loa CO_2 annual mean data（CSV）. https：//www.esrl.noaa.gov/gmd/ccgg/trends/data.html[2020-10-7].

Field C B，Behrenfeld M J，Randerson J T，et al. 1998. Primary production of the biosphere：Integrating terrestrial and oceanic components. Science，281（5374）：237.

Field C B，Randerson J T，Malmstorm C M. 1995. Global net primary production：Combining ecology and remote sensing. Remote Sensing of Environment，51（1）：74-88.

Gao J B，Jiao K W，Wu S H，et al. 2017. Past and future effects of climate change on spatially heterogeneous vegetation activity in China. Earth's Future，5（7）：679-692.

Ghosh S，Das D，Kao S，et al. 2012. Lack of uniform trends but increasing spatial variability in observed Indian rainfall extremes. Nature Climate Change，2（2）：86-91.

Gong P. 2011. China needs no foreign help to feed itself. Nature，474（7349）：7.

Goward S N，Tucker C J，Dye D G. 1985. North American vegetation patterns observed with the NOAA-7 advanced very high resolution radiometer. Vegetatio，64（1）：3-14.

Gregory J M，Mitchell J F B，Brady A J. 1997. Summer drought in northern Midlatitudes in a time-dependent CO_2 climate experiment. Journal of Climate，10（4）：662-686.

Grimm N B，Faeth S H，Golubiewski N E，et al. 2008. Global change and the ecology of cities. Science，319（5864）：756.

Harpham C，Wilby R L. 2005. Multi-site downscaling of heavy daily precipitation occurrence and amounts. Journal of Hydrology，312（1）：235-255.

Houghton J T，Ding Y，Griggs D J，et al. 2001. Climate change 2001：The scientific basis. Contribution of working group I to the third assessment report of the international panel on climate change. Cambridge：Cambridge University Press.

Houghton R A，Hackler J L. 2003. Sources and sinks of carbon from land-use change in China. Global Biogeochemical Cycles，17（2）：1034.

Imhoff M L，Bounoua L，DeFries R，et al. 2004. The consequences of urban land transformation on net primary productivity in the United States. Remote Sensing of Environment，89（4）：434-443.

Imhoff M L，Tucker C J，Lawrence W T，et al. 2000. The use of multisource satellite and geospatial data to study the effect of urbanization on primary productivity in the United States. IEEE Transactions on Geoscience and Remote Sensing，

38：2549-2556.

IPCC. 2007a. Climate Change 2007：Synthesis Report. Contribution of Working Groups Ⅰ，Ⅱ and Ⅲ to the Fourth Assessment Report of the Intergovernmental Panel on Climate Change. IPCC，Geneva，Switzerland：53.

IPCC. 2007b. Summary for Policymakers//Climate Change 2007：The Physical Science Basis. Contribution of Working Group I to the Fourth Assessment Report of the Intergovernmental Panel on Climate Change. Cambridge：Cambridge University Press.

IPCC. 2019. Summary for Policymakers//Shukla P R，Skea J，Calvo Buendia E，et al. Climate Change and Land：An IPCC Special Report on Climate Change，Desertification，Land Degradation，Sustainable Land Management，Food Security，and Greenhouse Gas Fluxes in Terrestrial Ecosystems. Cambridge：Cambridge University Press.

Jiang H L，Xu X，Guan M X，et al. 2020. Determining the contributions of climate change and human activities to vegetation dynamics in agro-pastural transitional zone of northern China from 2000 to 2015. Science of The Total Environment，718：134871.

Kogan F N. 1990. Remote sensing of weather impacts on vegetation in non-homogeneous areas. International Journal of Remote Sensing，11（8）：1405-1419.

Kogan F N. 1995. Application of vegetation index and brightness temperature for drought detection. Advances in Space Research，15（11）：91-100.

Kogan F，Sullivan J. 1993. Development of global drought-watch system using NOAA/AVHRR data. Advances in Space Research，13（5）：219-222.

Kogan F，Vargas M，Ding H，et al. 2011. VHP algorithm theoretical basis document. NOAA NESDIS Center for Satellite Applications and Research.

Kunkel K E，Frankson R M. 2015. Global land surface extremes of precipitation：Data limitations and trends. Journal of Extreme Events，2（2）：1550004.

Kurz W A，Stinson G，Rampley G J，et al. 2008. Risk of natural disturbances makes future contribution of Canada's forests to the global carbon cycle highly uncertain. Proceedings of the National Academy of Sciences，105（5）：1551.

Li X，Liu X P. 2006. An extended cellular automaton using case-based reasoning for simulating urban development in a large complex region. International Journal of Geographical Information Science，20（10）：1109-1136.

Li X，Yeh A G O. 2001. Zoning land for agricultural protection by the integration of remote sensing，GIS，and cellular automata. Photogrammetric Engineering and Remote Sensing，67（4）：471-478.

Li X，Yeh A G O. 2002a. Neural-network-based cellular automata for simulating multiple land use changes using GIS. International Journal of Geographical Information Science，16（4）：323-343.

Li X，Yeh A G O. 2002b. Urban simulation using principal components analysis and cellular automata for land-use planning. Photogrammetric Engineering and Remote Sensing，68（4）：341-352.

Liu X P，Li X，Shi X，et al. 2010. Simulating land-use dynamics under planning policies by integrating artificial immune systems with cellular automata. International Journal of Geographical Information Science，24（5）：783-802.

Liu J Y，Liu M L，Tian H Q，et al. 2005. Spatial and temporal patterns of China's cropland during 1990-2000：An analysis based on Landsat TM data. Remote Sensing of Environment，98（4）：442-456.

Liu Z，Guan D，Wei W. et al. 2015. Reduced carbon emission estimates from fossil fuel combustion and cement production in China. Nature，524：335-338.

McKee T B，Doesken N J，Kleist J. 1993. The relationship of drought frequency and duration to time scales// Eighth Conference on Applied Climatology. Anaheim，California：American Meteorological Society Boston，MA.

Milesi C，Running S W. 2001. Global Vegetation Production and Population Distribution. Boston：American Geophysical

Union.

Milesi C，Elvidge C D，Nemani R R，et al. 2003. Assessing the impact of urban land development on net primary productivity in the southeastern United States. Remote Sensing of Environment，86（3）：401-410.

Mu Q Z，Zhao M S，Running S W，et al. 2008. Contribution of increasing CO_2 and climate change to the carbon cycle in China's ecosystems. Journal of Geophysical Research，113：G01018.

Orlovsky L，Kogan F，Eshed E，et al. 2011. Monitoring droughts and pastures productivity in mongolia using NOAA-AVHRR data. Use of Satellite and In-Situ Data to Improve Sustainability：69-79.

Orlowsky B，Seneviratne S I. 2012. Global changes in extreme events：Regional and seasonal dimension. Climatic Change，110，669-696.

Pacala S W，Hurtt G C，Baker D，et al. 2001. Consistent land-and atmosphere-based US carbon sink estimates. Science，292（5525）：2316-2320.

Parton W J，Scurlock J M O，Ojima D S，et al. 1993. Observations and modeling of biomass and soil organic matter dynamics for the grassland biome worldwide. Global Biogeochemical Cycles，7（4）：785-809.

Pei F S，Li X，Liu X P，et al. 2013. Assessing the impacts of droughts on net primary productivity in China. Journal of Environmental Management，114：362-371.

Pei F S，Li X，Liu X P，et al. 2015. Exploring the response of net primary productivity variations to urban expansion and climate change：A scenario analysis for Guangdong Province in China. Journal of Environmental Management，150：92-102.

Peng S S，Chen A P，Xu L，et al. 2011. Recent change of vegetation growth trend in China. Environmental Research Letters，6（4）：44027.

Peterson T，Folland C，Gruza G，et al. 2001. Report on the activities of the working group on climate change detection and related rapporteurs. World Meteorological Organization，Geneva，Switzerland，143.

Piao S L，Fang J Y，Ciais P，et al. 2009. The carbon balance of terrestrial ecosystems in China. Nature，458（7241）：1009-1013.

Piao S L，Nan H J，Huntingford C，et al. 2014. Evidence for a weakening relationship between interannual temperature variability and northern vegetation activity. Nature Communications，5（1）：1-7.

Plant R E，Munk D S，Roberts B R，et al. 2001. Application of remote sensing to strategic questions in cotton management and research. Journal of Cotton Science，（1）：30-41.

Popkin G. 2015. The hunt for the world's missing carbon. Nature，523（7558）：20-22.

Potter C S，Randerson J T，Field C B，et al. 1993. Terrestrial ecosystem production：A process model based on global satellite and surface data. Global Biogeochemical Cycles，7（4）：811-841.

Prince S D. 1991. A model of regional primary production for use with coarse resolution satellite data. International Journal of Remote Sensing，12（6）：1313-1330.

Prince S D，Goward S N. 1995. Global primary production：A remote sensing approach. Journal of Biogeography，22（4/5）：815-835.

Raich J W，Rastetter E B，Melillo J M，et al. 1991. Potential net primary productivity in South America：Application of a global model. Ecological Applications，1（4）：399-429.

Rajczak J，Pall P，Schar C. 2013. Projections of extreme precipitation events in regional climate simulations for Europe and the Alpine Region. Journal of Geophysical Atmospheres，118（9）：3610-3626.

Rojstaczer S，Sterling S M，Moore Nathan J. 2001. Human appropriation of photosynthesis products. Science，294（5551）：2549-2552.

Running S W，Thornton P E，Nemani R. 2000. Global terrestrial gross and net primary productivity from the earth observing system. Methods in Ecosystem Science：44-57.

Schimel D S，House J I，Hibbard K A，et al. 2001. Recent patterns and mechanisms of carbon exchange by terrestrial ecosystems. Nature，414（6860）：169-172.

Seiler R A，Kogan F，Sullivan J. 1998. AVHRR-based vegetation and temperature condition indices for drought detection in Argentina. Advances in Space Research，21（3）：481-484.

Singh D，Tsiang M，Rajaratnam B，et al. 2013. Precipitation extremes over the continental United States in a transient，high-resolution，ensemble climate model experiment. Journal of Geophysical Research：Atmospheres，118：7063-7086.

Trusilova K，Churkina G. 2008. The response of the terrestrial biosphere to urbanization：Land cover conversion，climate，and urban pollution. Biogeosciences，5（6）：1505-1515.

Vitousek P M，Ehrlich P R，Ehrlich A H，et al. 1986. Human appropriation of the products of photosynthesis. Bioscience，36（6）：368-373.

Wang L，Li C C，Ying Q，et al. 2012. China's urban expansion from 1990 to 2010 determined with satellite remote sensing. Chinese Science Bulletin，57（22）：2802-2812.

Wilby R L，Wigley T M. 1997. Downscaling general circulation model output：A review of methods and limitations. Progress in Physical Geography，21（4）：530-548.

Wu F T，Wang S Y，Fu C B，et al. 2016. Evaluation and projection of summer extreme precipitation over East Asia in the Regional Model Inter-comparison Project. Climate Research，69（1）：45-58.

Xie Y C. 1994. Analytical Models and Algorithms for Cellular Urban Dynamics. Buffalo：State University of New York.

Xu C，Liu M，An S，et al. 2007. Assessing the impact of urbanization on regional net primary productivity in Jiangyin County，China. Journal of Environmental Management，85（3）：597-606.

Yin L，Dai F，Zheng D，et al. 2020. What drives the vegetation dynamics in the Hengduan Mountain region，southwest China：Climate change or human activity？Ecological Indicators，112：106013.

Yu D Y，Shao H B，Shi P J，et al. 2009. How does the conversion of land cover to urban use affect net primary productivity？A case study in Shenzhen city，China. Agricultural and Forest Meteorology，149（11）：2054-2060.

Zaehle S，Bondeau A，Carter T R，et al. 2007. Projected changes in terrestrial carbon storage in Europe under climate and land-use change，1990-2100. Ecosystems，10（3）：380-401.

Zhang X C，Liu W Z，Li Z，et al. 2011. Trend and uncertainty analysis of simulated climate change impacts with multiple GCMs and emission scenarios. Agricultural and Forest Meteorology，151（10）：1297-1304.

Zhao L，Dai A，Dong B. 2018. Changes in global vegetation activity and its driving factors during 1982-2013. Agricultural and Forest Meteorology，249：198-209.

Zhou Y，Pei F S，Xia Y，et al. 2019. Assessing the impacts of extreme climate events on vegetation activity in the North South Transect of Eastern China（NSTEC）. Water，11（11）：1-19.

Zhu Z C，Piao S L，Myneni R B，et al. 2016. Greening of the earth and its drivers. Nature Climate Change，6（8）：791-795.

第 2 章　元胞自动机与城市扩张模拟

城市地区是人类活动最集中、人类对自然环境作用最剧烈和最深刻的区域（Foley，2005；Seto et al.，2012）。随着社会经济的快速发展，我国城市化水平呈指数增长，城市建成区急剧增加（王雷等，2012）。预计到 2030 年，我国城镇化率将达到 70%（潘家华和单菁菁，2019）。剧烈的人类活动及快速的城市扩张对城市地区气候产生了深远的影响。同时，还带来了一系列的资源短缺、环境污染和生态破坏等问题。例如，Chen 等（2006）研究指出，在典型的快速城市化地区——珠江三角洲，出现了明显的“城市热岛”效应。尤其是在当前全球变化背景下，城市化及其产生的人口、资源环境与发展问题相互影响、相互作用，城市扩张演化过程日益复杂（宋小冬和廖雄赴，2003；梅志雄等，2012；Surya et al.，2020）。

作为全球变化的一种重要形式，土地利用变化，尤其是城市扩张对地球物质循环、能量流动过程产生了显著影响（Grimm et al.，2008；Buyantuyev and Wu，2009）。准确把握城市扩张的动态过程，对于深化全球变化认识具有重要作用。开展土地利用变化和城市扩张模拟研究，不仅可以阐释土地利用变化过程，还可以为地表水文过程、陆地碳循环等其他相关研究提供基础。LUCC 模型是分析土地利用的时空演变，认识土地利用生态环境效应，支持土地利用规划和政策分析的有力工具（IIISA，1998；何春阳等，2004）。众学者已开展了大量的城市扩张模拟研究，而针对省和国家等大尺度条件多个城市空间相互作用下的城市扩张研究则明显不足，许多方面的研究仍有待进一步深化，这对城市空间相互作用下土地利用变化的时空过程进行模拟具有重要的意义（柯新利等，2010；李丹等，2012）。

地理元胞自动机（CA）模型具有模拟复杂系统时空演化的能力（周成虎等，1999；黎夏等，2007）。近几十年来，地理 CA 模型被广泛用于土地利用变化和城市扩张模拟、辅助城市规划及农田保护区划定等领域（Li and Yeh，2001；黎夏和叶嘉安，2005；Li and Liu，2006；Liu et al.，2010；刘辉等，2017）。本章介绍了利用多准则判断方法、逻辑回归方法来获取地理 CA 模型的转换规则；提出结合空间相互作用模型，利用极限学习机（ELM）算法来获取地理 CA 模型的转换规则，用以开展不同城市空间相互作用下的城市扩张模拟；基于地理 CA 模型模拟了广东省城市扩张过程。具体地，分别开展了基于 Logistic-CA 和 ELM-CA 的广东省城市扩张时空演变模拟实验。通过引入城市空间相互作用因素到地理 CA 模型，并利用 ELM 来自动获取地理 CA 模型的转换规则，ELM-CA 方法无须人工确定各参数的权重大小（裴凤松等，2015）。本章研究可为相关部门制定城市协同发展策略、进行城市用地发展的合理调控及实现可持续发展提供参考。

2.1　元胞自动机概述

20 世纪 30 年代，Alan Turing 提出了一个典型的计算模型：图灵机（Turing machine）模型。到了 20 世纪 40 年代末，为了构造一个能够自我复制的机器，在图灵机、人工神经网络与自动机理论影响下，著名数学家冯·诺伊曼提出了元胞自动机的概念（von Neumann and Burks，1966）。在递归和自动机概念有机结合基础上，冯·诺伊曼从逻辑数学角度出发构造了一个具有 29 个状态、以 5 个自动器（元胞）为邻域的能自我复制的自动机系统，即最早的基于元胞的自动机模型。冯·诺伊曼这一开创性的研究在当时并未引起学术界足够的重视。从 20 世纪 50 年代到 60 年代，Ulam、Burks、Codd 等对冯·诺伊曼元胞自动机作了有效简化和整理。同时，在理论上也进行了更为深入的探讨，元胞自动机模型逐渐为人们所关注。

20 世纪 60 年代末，Conway 提出了著名的元胞自动机模型：生命游戏（the game of life）（Gardner，1971），初步显示了元胞自动机对于复杂系统的模拟潜力，元胞自动机引起了物理学、数学及计算机等诸多学科领域研究者的广泛兴趣。80 年代是元胞自动机理论的大发展时期。Wolfram 详细研究了一维元胞自动机，特别是初等元胞自动机（即状态个数为 2，邻域半径为 1，元胞下一时刻的状态完全由该元胞及相邻的两个元胞当前状态所决定的一维元胞自动机）。Wolfram（1983）指出，经过一定时间，有的元胞自动机生成一种稳定状态，或静止，或产生周期性结构；有的元胞自动机产生自组织、自相似的分形结构。在大量的数值模拟和理论分析基础上，一方面，Wolfram 从动力系统角度对元胞自动机模型做了系统理论描述；另一方面，他按动力学行为对元胞自动机模型进行了分类，这些开创了元胞自动机理论研究的新阶段。

20 世纪 90 年代，随着人们对元胞自动机兴趣的提高，元胞自动机模型受到学术界的广泛重视。元胞自动机在多个领域得到了迅猛的发展，集中表现在社会学、生物学、生态学、计算机科学、物理学、化学、地理、环境、军事等现象的模拟（黎夏等，2007）。例如，物理学中元胞自动机是离散的、无穷维的动力学系统；数学上它是描述产生连续现象的偏微分方程的对立体，是一个时空离散的数学模型；计算机领域则将其视为新兴的人工智能、人工生命的一个分支；而生物学家则认为它是生命现象的一种抽象（周成虎等，1999）。

CA 在地理学上具有明显优势。地理 CA 模型主要是通过扩展标准 CA 模型，并与 GIS 相耦合的网格动力学模型。通过引入地理邻域、转换规则等要素，地理 CA 模型能够较好地模拟城市扩张、土地利用变化等复杂地理现象。近些年来，地理 CA 模型被广泛用来模拟城市扩张、自然保护区生成、土地利用优化及城市规划应用等方面（Li and Yeh，2001；Li and Liu，2006；柯新利和边馥苓，2010；汤燕良和詹龙圣，2018）。例如，张永民等（2003）基于经典的 CA 模型——CLUES 模型模拟了奈曼旗土地利用时空动态变化；黎夏和叶嘉安（2005）基于神经网络 CA 模型模拟了东莞市土地利用变化情况；何春阳等（2005）基于 LUSD 模型对中国北方 13 省未来 20 年土地利用变化的情景模拟；涂小松等（2008）基于 SLEUTH 模型对无锡市区土地利用变化进行了多情景模拟；李丹等（2012）利用 GPU-CA 模型模拟了广东省土地利用变化情况；柯丽娜等（2018）则以锦州湾附近海域为例，基于多源遥感数据，利用 CA 模型来提取海岸线的变化。

2.2　地理元胞自动机

CA 模型是一种时间、空间、状态都离散，（空间上的）相互作用和（时间上的）因果关系皆局部的格网动力学模型（黎夏等，2007），它“自下而上”的研究思路、强大的复杂计算功能、固有的并行计算能力、高度动态特征及具有空间概念等特征，使得它在模拟空间复杂系统的时空演变方面具有很强的能力，在地理学研究中具有天然优势（周成虎等，1999）。地理 CA 模型的一个主要特征是其与 GIS 的耦合（黎夏等，2007）。CA 模型本身具有的“自下而上”特点给 GIS 带来了机遇。CA 有 4 个基本要素：元胞、状态、邻域和转换规则。最普通的 CA 可以表示为

$$S_{ij}^{t+1} = f(S_{ij}^{t}, N) \tag{2-1}$$

式中，S_{ij}^{t} 和 S_{ij}^{t+1} 分别为时刻 t 和 $t+1$ 时刻元胞 ij 的元胞单元状态；N 为元胞单元的邻域，作为 CA 转换函数的一个输入变量；f 为一个转换函数，定义元胞状态从 t 时刻到 $t+1$ 时刻的转换。

地理 CA 模型是在二维元胞空间上运行的，根据不同的应用领域，S_{ij}^{t} 可以有多种不同的类型，如城市元胞、交通元胞等。但是，有时也用“灰度”和“模糊集”来表示元胞的状态（Li and Yeh，2000）。标准 CA 模型只考虑邻域的作用，元胞受邻域元胞的影响很大，最常用的邻域结构有 Neumann 邻域和 Moore 邻域。因研究对象特征各异，也有学者利用其他的邻域（Li and Yeh，2000；Batty and Xie，1994）。Neumann 邻域是由中心元胞相邻的周围 4 个元胞组成［图 2-1（a）］；Moore 邻域则是由中心元胞周围相邻的 8 个元胞组成［图 2-1（b）］。

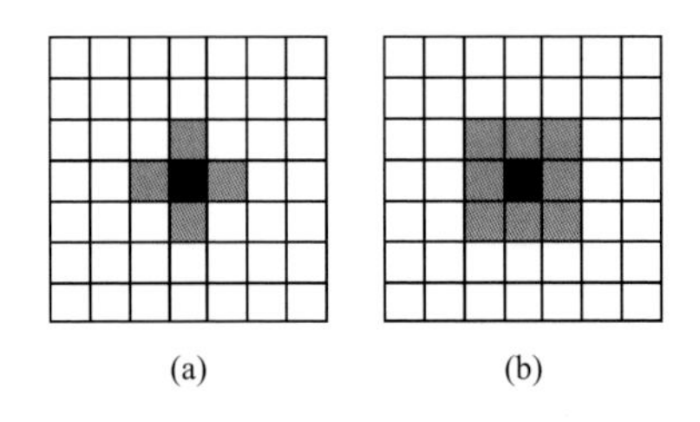

(a)　　(b)

图 2-1　CA 邻域类型

（a）Neumann 邻域；（b）Moore 邻域

下面以城市扩张 CA 模型为例来说明地理 CA 模型的组成（黎夏等，2007）。考虑到邻近城市土地利用单元对中心元胞的影响，基于 Moore 邻域定义邻域作用因子为

$$\Omega_{ij}^{t}=\frac{\sum_{3\times3}\text{con}(S_{ij}=\text{urban})}{3\times3-1} \tag{2-2}$$

式中，Ω_{ij}^{t} 为 t 时刻处理元胞 (i,j) 周围 3×3 邻域内城市元胞对中心元胞的影响；$\text{con}()$ 为条件函数，如果元胞为城市元胞，则取值为 1，否则取值为 0。传统的 Moore 邻域及 Neumann 邻域均有一定的局限性，难以反映真实情形下中心元胞对周围影响程度。据此，Liao 等（2014）提出了邻域衰减的 CA 模型来模拟城市用地的扩张。此外，刘伟玲等（2018）则提出了不规则邻域的 CA 模型。

特殊情况下，地理 CA 模型模拟时有些用地类型不适宜转化为城市用地，这样就需要加入一些约束条件 $\text{con}(S_{ij}^{t})$。约束条件可分为限制性约束和非限制性约束。对于河流、道路、陡峭的山地等被发展为城市用地的概率较小，属于限制性约束条件；而优质农田、生态敏感区等用地类型属于非限制性约束条件。

为了反映城市系统的不确定性，使模型的运算结果更接近实际情况，学者往往更倾向于用概率转换规则代替确定性的转换规则，通过引入一个随机变量项来说明局部元胞转换的不确定性性（Wu and Webster，1998；Li et al.，2008）。White 和 Engelen（1993）建议通过引入服从偏态分布的函数能够较好地表示扰动的影响，其随机扰动项（RA）可以表示为

$$\text{RA}=1+(-\ln\gamma)^{\alpha} \tag{2-3}$$

式中，γ 为（0，1）之间的随机数；α 为控制随机扰动程度的参数。

除此以外，空间距离变量（DIS），包括离市中心的距离（d_{centre}）、离工业中心的距离（$d_{\text{industrial}}$）、离铁路的距离（d_{railway}）、离公路的距离（d_{road}）等因素往往被认为对城市用地扩张产生重要影响。因而，有必要将以上因素嵌入城市扩张 CA 模型中。

CA 模型的核心是定义转换规则（黎夏等，2007）。t 时刻土地利用单元 (i,j) 处

开发为城市用地的概率 p_{ij}^t 可表示为

$$p_{ij}^t = f(\mathrm{RA}, \Omega_{ij}^t, \mathrm{con}(S_{ij}^t), \mathrm{DIS}) \tag{2-4}$$

式中，f 用来定义某一元胞从 t 时刻到 $t+1$ 时刻元胞状态的转换。

CA 模型的模拟是通过若干次迭代来完成的。为了表达城市演化的不确定性，在每次迭代过程中，通过把土地利用单元 (i, j) 处非城市用地转化为城市用地的概率 p_{ij}^t 与给定的阈值 $p_{\text{threshold}}$ 相比较，最终确定该元胞是否转变为城市用地，即

$$S_{ij}^{t+1} = \begin{cases} \text{Converted}, & p_{ij}^t \geqslant p_{\text{threshold}} \\ \text{NotConverted}, & p_{ij}^t < p_{\text{threshold}} \end{cases} \tag{2-5}$$

2.3　地理元胞自动机的转换规则获取

CA 模型的一个核心问题是定义模型的转换规则。地理 CA 模型的转换规则与传统 CA 模型的转换规则有一定的区别。地理 CA 模型往往对传统 CA 模型的限制条件做了适当的放宽，以使得地理 CA 模型的元胞转换规则定义更加符合现实情况（黎夏等，2007）。目前 CA 模型的转换规则有多种形式，根据不同的应用目的需要定义不同的转换规则。例如，Clarke 等（1997）提出了利用肉眼判断的方法来获取模型参数值，该方法受主观因素影响很大，可靠程度有限，当空间变量较多时，有非常多的参数值组合方案；Wu 和 Webster（1998）提出基于多准则判断方法，利用层次分析法（AHP）来确定模型参数值，进而确定 CA 模型的转换规则；Wu（2002）提出应用逻辑回归方法来提取 CA 模型的转换规则，并模拟了广州的城市用地转换过程；Li 和 Yeh（2002a，2002b）提出了利用人工神经网络和主成分分析方法提取 CA 模型的转换规则；黎夏和叶嘉安（2005）综合考虑了包括离市中心、铁路、公路等距离，以及单元自然属性如坡度、土壤类型，利用人工神经网络来分析土地利用变化转换规则；黎夏（2004）、黎夏等（2007）提出利用 See 5.0 决策树及案例推理的方法来获取 CA 模型的参数值；刘小平和黎夏（2006）提出利用核学习机在高维特征空间中提取 CA 模型非线性转换规则的方法；刘小平等（2007）和李立等（2018）则利用蚁群算法来获取 CA 模型的转换规则；杨青生和黎夏（2006，2007a，2007b）提出用贝叶斯概率方法、遗传算法（GA）、支持向量机（SVM）方法来获取 CA 模型转换规则；Liu 等（2008，2010）提出应用蚁群算法、人工免疫算法来获取元胞自动机的转换规则；Arsanjani 等（2013）集成逻辑回归方法、马尔可夫模型和 CA 模型模拟了德黑兰的城市扩张过程。本章分析了常见的多准则判断 CA、Logistic-CA 方法的原理；另外，提出运用极限学习机算法来获取地理 CA 模型的转换规则。

2.3.1　多准则判断方法

基于多准则判断的元胞自动机（MCE-CA）使用多准则判断方法来获取元胞自动机的转换规则。MCE-CA 模型最早是由 Wu 和 Webster（1998）提出的，并广泛应用于城市扩张模拟。MCE-CA 模型中元胞 j 在 $t+1$ 时刻的状态由其对应元胞 i 及其邻域在 t 时刻的状态决定。其状态的转换由转换规则来确定。MCE-CA 的转换规则可用式（2-6）～式（2-8）表示：

$$S_i^{t+1} = f(P_i^t) \tag{2-6}$$

$$P_i^t = \exp\left[\alpha \times \left(\frac{r_i^t}{r_{\max}} - 1\right)\right] \tag{2-7}$$

式中，S_i^{t+1} 为元胞 i 在 $t+1$ 时刻的状态；P_i^t 为元胞 i 在 t 时刻的转换概率，转换概率由元胞 i 的位置属性 r_i^t 来确定；$r_{\max}$ 为最高的属性值；α 为扩散系数。元胞位置属性 r_i^t 由一系列的空间化要素决定。

$$r_i^t = (w_1 v_1 + w_2 v_2 + w_3 v_3 + \cdots + w_n v_n) \times R_i \tag{2-8}$$

式中，v_n 为空间变量；w_n 为权重；R_i 为限制性因素，即元胞 i 处于限制发展区域时，R_i 取值为 0，否则为 1。

通常情况下，式(2-9)中各参数权重的值可由 AHP 获取。基于 AHP 的 MCE-CA 模型利用专家打分方法校正 CA 模型参数，而不需严格依赖于历史数据，这在模拟未来的城市发展，尤其是规划情景下的城市扩张时具有重要优势。

AHP 是由 Saaty（1977）提出的，该方法通过将变量进行两两比较，以各自的重要性来确定各变量的权重。先根据变量建立一个比较矩阵［式（2-9)］，将变量两两对比后得到的重要性得分输入相应位置。

$$\boldsymbol{A} = \begin{array}{c|cccc} & A_1 & A_2 & \cdots & A_n \\ \hline A_1 & w_1/w_1 & w_1/w_2 & \cdots & w_1/w_n \\ A_2 & w_2/w_1 & w_2/w_2 & \cdots & w_2/w_n \\ \vdots & \vdots & \vdots & & \vdots \\ A_n & w_n/w_1 & w_n/w_2 & \cdots & w_n/w_n \end{array} \tag{2-9}$$

式中，$A_1, A_2, \cdots, A_n$ 为要素；w_n / w_n 为变量 A 与变量 B 相比的重要性得分，其取值范围包括：1/9、1/8、1/7、1/6、1/5、1/4、1/3、1/2、1、2、3、4、5、6、7、8、9。其中，1/9 表示变量 A 与变量 B 相比极不重要，9 则表示变量 A 与变量 B 相比极重要，1 则表示两者同等重要。当输入的得分值能够通过一致性检验时，则产生各个变量的权重值；否则需要重新进行重要性评分以通过一致性检验。

2.3.2 逻辑回归方法

Wu 和 Webster（1998）提出将 MCE 方法应用于 CA 的转换规则获取。其中，城市开发的适宜性指数定义如下：

$$z_{ij}^t = a_0 + a_1 x_1^t + a_2 x_2^t + \cdots + a_m x_m^t \tag{2-10}$$

式中，z_{ij}^t 为 t 时刻城市单元 (i, j) 处城市土地利用的适宜性指数；a_0 是一个常量；$x_1^t, x_2^t, \cdots, x_m^t$ 为区域空间变量，如距铁路、公路、行政中心的最短距离等对城市土地利用的影响；$a_1, a_2, \cdots, a_m$ 为空间变量的系数。

在 MCE-CA 的基础上，Wu（2002）使用 Logistic 函数来获取 CA 的转换规则：

$$p_{ij}^t = \frac{\exp(z_{ij}^t)}{1+\exp(z_{ij}^t)} = \frac{1}{1+\exp(-z_{ij}^t)} \tag{2-11}$$

式中，p_{ij}^t 为 t 时刻城市单元 (i, j) 处城市土地利用概率。

2.3.3 极限学习机算法

极限学习机（ELM）是 Huang 等（2004，2006）提出的一种简单易用、有效的单隐含层前馈神经网络（SLFN），ELM 在训练过程中无须调整输入层与隐含层间的连接权值及隐含层神经元的阈值，具有不需要反复训练、学习速度快的优点。

设输入矩阵 $\boldsymbol{X}$ 和输出矩阵 $\boldsymbol{Y}$ 分别为

$$\boldsymbol{X} = [x_1, x_2, \cdots, x_n], \boldsymbol{Y} = [y_1, y_2, \cdots, y_n] \tag{2-12}$$

给定隐含层神经元的激活函数 $g(x)$，连接权值 w，隐含层神经元的阈值 b，则网络的输出为

$$\boldsymbol{T} = [t_1, t_2, \cdots, t_n]_{m\times n} = \begin{bmatrix} \sum_{i=1}^{l} \beta_{i1} g(w_i x_j + b_i) \\ \sum_{i=1}^{l} \beta_{i1} g(w_i x_j + b_i) \\ \vdots \\ \sum_{i=1}^{l} \beta_{i1} g(w_i x_j + b_i) \end{bmatrix} \quad j = 1, 2, \cdots, n \tag{2-13}$$

定义隐含层输入矩阵为

$$H(w_1,w_2,\cdots,w_l;b_1,b_2,\cdots,b_l;x_1,x_2,\cdots,x_l)$$
$$\begin{bmatrix} g(w_1x_1+b_1) & g(w_2x_1+b_2) & g(w_lx_1+b_l) \\ g(w_1x_2+b_1) & g(w_2x_2+b_2) & g(w_lx_2+b_l) \\ \vdots & & \\ g(w_1x_n+b_1) & g(w_2x_n+b_2) & g(w_lx_n+b_l) \end{bmatrix}_{n\times l} \tag{2-14}$$

则

$$H\beta = T \tag{2-15}$$

对于一个任意区间无限可微的激活函数 $g(x)$，给定任意小误差 $\varepsilon > 0$，则总存在一个含有 $K(K \leqslant L)$ 个隐含层神经元的 SLFN，在任意赋值 $w_i \in \boldsymbol{R}$ 和 $b \in \boldsymbol{R}$ 情况下，有 $\| \boldsymbol{H}\beta - \boldsymbol{T}' \| < \varepsilon$。即当激活函数 $g(x)$ 无限可微时，SLFN 的参数并不需要全部进行调整，w 和 b 在训练前可以随机选择，且在训练的过程中保持不变，而隐含层与输出层间的连接权值 β 可以通过求解以下方程组的最小二乘法解获得

$$\min_{\beta} \| \boldsymbol{H}\beta - \boldsymbol{T}' \| \tag{2-16}$$

从而，

$$\hat{\beta} = \boldsymbol{H}^{+}\boldsymbol{T}' \tag{2-17}$$

2.4　顾及空间相互作用的城市扩张模拟

CA 模型的一个核心问题是定义模型的转换规则和模型的结构。CA 模型在模拟城市扩张方面取得了较好效果。然而，对于多个城市，城市间的相互作用过程对城市用地扩张的时空演变具有重要影响。柯新利和边馥苓（2010）、柯新利等（2010）提出了分区异步元胞自动机模型，以解决常用地理 CA 模型存在的统一转换规则和相同演化速率问题。He 等（2013）引入城市空间相互作用-城市流模型，并应用于 CA 模型的城市模拟中。然而，其权重因子大小通常较难获取。本章通过将城市空间相互作用因素引入 CA 模型中，并利用 ELM 来自动获取 CA 模型的转换规则（裴凤松等，2015）。

2.4.1　空间相互作用模型

引力模型被广泛用来分析和预测工业、商业、旅游业等空间相互作用形式，并且被不断拓展。引力模型可写为

$$T_{ij} = KW_iW_jf(c_{ij}) \tag{2-18}$$

式中，T_{ij} 为 i 地到 j 地的空间相互作用强度；W_i 为从 i 地产生社会经济活动的需求

水平或发生力，使用城市人口数量来表示；W_j 为 j 位置的社会经济活动的供应机会或吸引力，使用城市 GDP 来表示；$f(c_{ij})$ 为距离影响函数，这里使用负指数函数形式；K 为经验常数。特别地，对于源区（O_i）和汇区（D_j）双约束的情况有（Wilson，1970）

$$T_{ij} = A_i B_j O_i D_j f(c_{ij}) \tag{2-19}$$

其中，A_i、B_j 为平衡因子，

$$\sum_j T_{ij} = O_i \tag{2-20}$$

$$\sum_i T_{ij} = D_j \tag{2-21}$$

$$A_i = \frac{1}{\sum_j B_j D_j f(c_{ij})} \tag{2-22}$$

$$B_j = \frac{1}{\sum_i A_i O_i f(c_{ij})} \tag{2-23}$$

2.4.2 ELM-CA 模型原理

地理 CA 模型具有空间化、强大的复杂计算能力及高度动态特征，这使得它在模拟空间复杂系统的时空演变方面具有很强的能力。因而，地理 CA 模型在地理学研究中具有独特优势。CA 模型的转换规则本质上相当于状态转移函数。目前，CA 转换规则的定义没有统一的方法，但其目的是要尽量使得模拟结果更接近真实，并能揭示被模拟对象的内在规律（黎夏等，2007）。

利用 ELM 算法获取地理 CA 模型的转换规则，即 ELM-CA 模型（图 2-2）。ELM 算法通过随机产生输入层与隐含层间的连接权值 w 及隐含层神经元的阈值 b，便可应用 ELM 算法计算城市用地转换概率 $p(i,j)$。结合邻域和随机性因素，t 时刻城市单元 i、j 处城市土地利用概率 p_{ij}^t 可表示为

$$p_{ij}^t = [1 + (-\ln\gamma)^\alpha] \times p(i,j) \times \Omega_{ij}^t \tag{2-24}$$

式中，$1 + (-\ln\gamma)^\alpha$ 反映城市发展受到的随机性因素影响部分，γ 为（0，1）之间的随机数，α 为控制随机扰动程度的参数；Ω_{ij}^t 为 t 时刻处理元胞 (i,j) 周围 3×3 邻域内城市元胞对中心元胞的影响。每次循环运算，ELM-CA 模型计算出每一个元胞的城市发展概率，并将其与预定阈值相比较，以确定该元胞是否发生用地状态的改变。

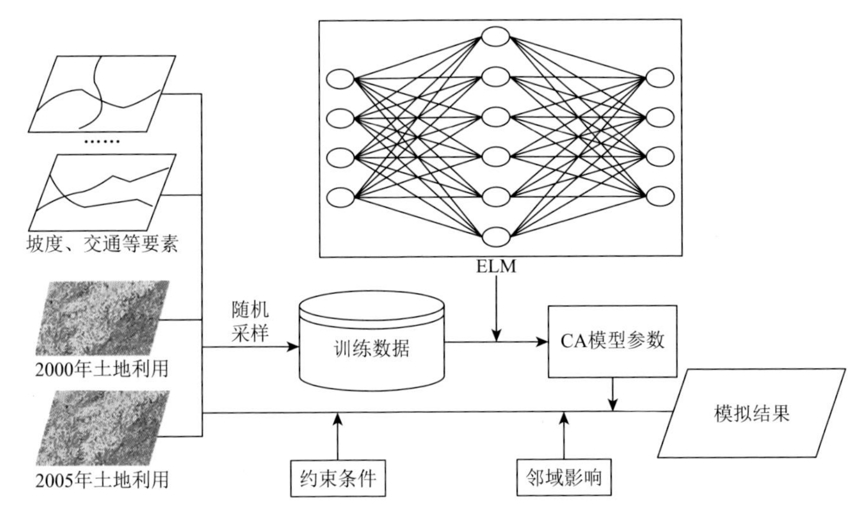

图 2-2　基于 ELM 的 CA 模型原理

2.4.3　耦合 ELM-CA 和空间相互作用的城市扩张模拟案例

1. 研究区和数据

广东省位于 20°09′N～25°31′N、109°45′E～117°20′E。全省地势总体上北高南低，地貌类型复杂多样，有山地、丘陵、台地和平原，其面积分别占全省土地总面积的 33.7%、24.9%、14.2%和 21.7%，河流和湖泊等占全省土地总面积的 5.5%（冯亚芬等，2017）。空间分布上，东部地区为山地丘陵区；西部地区主要包括珠江三角洲以西的广大地区和雷州半岛；北部山区主要由连绵起伏的山脉和大丘陵组成；南部则多分布平原和台地。近年来，广东省的社会经济发展取得了显著成就。据《广东统计年鉴 2006》和《广东统计年鉴 2019》，地区生产总值从 2005 年的 22 723.29 亿元上升到 2018 年的 97 277.77 亿元。另外，广东省人口分布也呈现出明显的地域不均衡现象。2018 年末，珠江三角洲的常住人口数为 6300.99 万人，北部山区为 1687.12 万人；珠江三角洲地区城镇人口占常住人口的比例为 85.91%。由于区位和资源禀赋等条件的不同，广东省社会经济条件呈现出区域发展极不平衡现象。

本章所使用的数据主要包括：土地利用数据、社会经济统计数据及其他基础地理信息数据。首先，本章收集了 2000 年、2005 年和 2008 年土地利用数据。2000 年的土地利用数据主要来源于 Landsat TM/ETM＋遥感影像解译结果（Liu et al., 2005）。其次，本章还收集了 30 m 分辨率的 2005 年和 2008 年广东省土地利用数据，并对原始土地利用数据进行地图重投影和重采样处理。在此基础上，利用 GIS

分别提取了相应年份城市用地的范围。广东省人口、经济发展等统计数据来自《广东统计年鉴》。最后，本章还收集了广东省基础地理信息矢量数据，主要包括：广东省铁路分布数据，广东省高速公路分布数据，广东省省道等公路分布数据，广东省地级市、县行政中心分布数据，以及广东省河流、湖泊、地形等分布数据。在 GIS 的支持下，计算驱动 CA 模型的各空间化变量（图 2-3）。

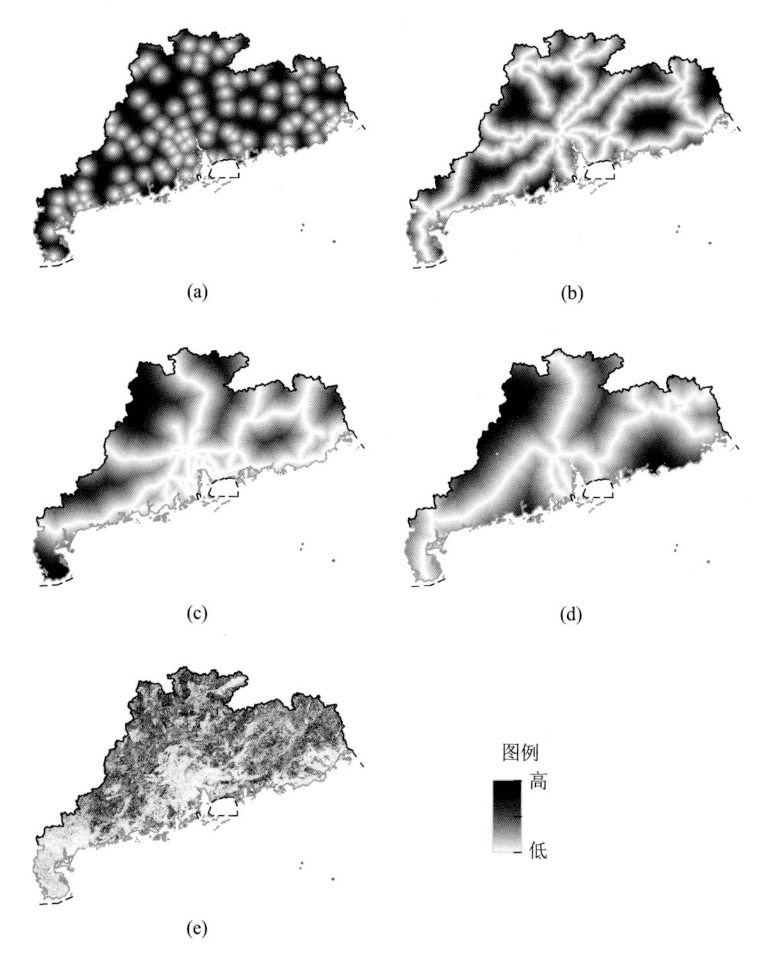

图 2-3　CA 模型的空间化变量

（a）离行政中心的距离；（b）离道路的距离；（c）离高速公路的距离；（d）离铁路的距离；（e）地形坡度

2. 研究方法

引力模型以往被广泛用于分析和预测工业、商业、旅游业空间相互作用，并且被不断拓展。通过应用双约束空间相互作用模型，可以实现对各城市空间相互作用强度进行测算。另外，相对传统的单隐含层前馈神经网络，ELM 无须反复训练，学习速度快。通过引入城市空间相互作用模型，并利用 ELM 来自动获取 CA 模型的转换规则，实现空间相互作用和 ELM-CA 模型的耦合，裴凤松等（2015）提出了顾及不同城市空间相互作用的城市扩张模拟改进方法。

利用 GIS 获取空间距离变量、坡度、城市间相互作用强度等输入变量（X），将城市土地利用等变量作为输出变量（Y）。利用 ELM 算法来表示城市扩张用地转换规则的复杂性，构建基于 ELM 的 CA 模型（ELM-CA 模型）。本节中，ELM-CA 使用 6 个输入变量，具体见表 2-1。

表 2-1　ELM-CA 模型的输入变量

变量类型	变量名称
城市空间因子	离行政中心的距离
	离道路的距离
	离高速公路的距离
	离铁路的距离
城市空间相互作用	城市空间相互作用强度
单元自然属性	地形坡度

3. 不同城市空间相互作用强度及模型精度

通过应用双约束空间相互作用模型，对广东省各城市空间相互作用强度进行测算，结果如图 2-4 所示。研究表明，广东省各城市空间相互作用强度空间分异明显，特别是珠江三角洲附近地区各城市连接紧密，相互作用强度较大。

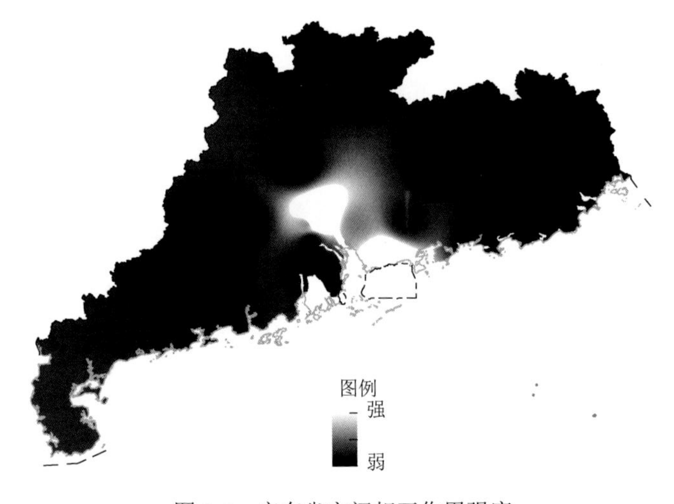

图 2-4　广东省空间相互作用强度

城市土地利用演化过程具有高度复杂性，它受到许多不确定因素的影响。将CA模型应用于城市扩张过程时，进行模型精度的检验是十分必要的。评价CA模拟精度的方法主要包括：基于点对点对比的检验方法和基于整体格局的对比检验方法。通过对基于人工神经网络的元胞自动机（ANN-CA）和ELM-CA模型进行比较（表2-2），发现后者对城市用地的模拟精度高于前者。另外，使用国际上通用的混淆矩阵法和Kappa系数来进行模型精度的检验(表2-3)，结果表明ELM-CA模型能够较好地模拟广东省城市用地扩张过程。

表2-2　2005年广东省城市扩张的CA模拟精度对比　　（单位：%）

精度	ANN-CA	ELM-CA模型
城市用地	73	77
非城市用地	99	99

表2-3　广东省城市扩张ELM-CA模型模拟混淆矩阵

项目	2005年			2008年		
	模拟城市用地元胞数	模拟非城市用地元胞数	正确百分比/%	模拟城市用地元胞数	模拟非城市用地元胞数	正确百分比/%
实际城市用地	13 656	4 087	76.97	19 112	6 203	75.50
实际非城市用地	4 110	688 748	99.41	2 894	681 419	99.58
Kappa系数		0.76			0.77	

图2-5和图2-6显示了利用ELM-CA模型模拟的2005年和2008年广东省的城市土地利用分布。我们对2005年和2008年的土地利用模拟结果分别进行了验证。根据计算，基于ELM-CA模型的2005年广东省城市用地模拟正确率为76.97%，Kappa系数为0.76。另外，2008年广东省城市用地模拟正确率为75.50%，Kappa系数为0.77，其模拟精度是可以接受的。这表明ELM-CA模型能够较好地模拟广东城市用地的动态变化。另外，对于较小的城市斑块模拟（如广东省北部、东部及西南部区域），考虑空间相互作用的模拟效果好于无空间相互作用的模拟方式，这也说明了CA模型中加入空间相互作用因素的必要性。

4. 基于ELM-CA模型和空间相互作用的城市扩张模拟

按2000～2005年广东省城市扩张趋势，利用ELM-CA模型模拟得到2020年广东省城市用地分布特征。根据计算，新增城市用地主要集中在现有城市边缘且资源禀赋相对好的大城市周围地区（如图2-7中的A、B位置），城市用地的合理规划对于实现经济社会的可持续发展具有重要意义。

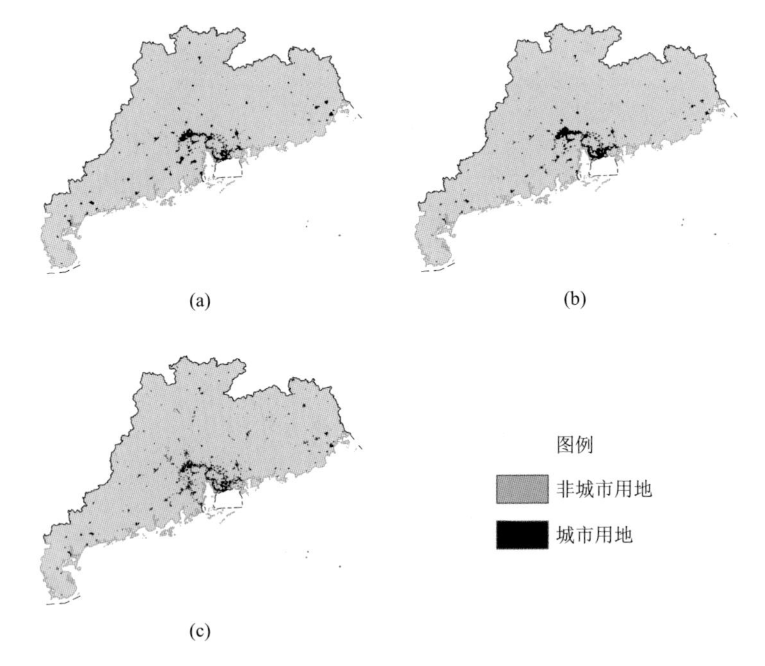

图 2-5　2005 年模拟和真实土地利用分布对比

（a）无空间相互作用；（b）空间相互作用模拟；（c）真实分布

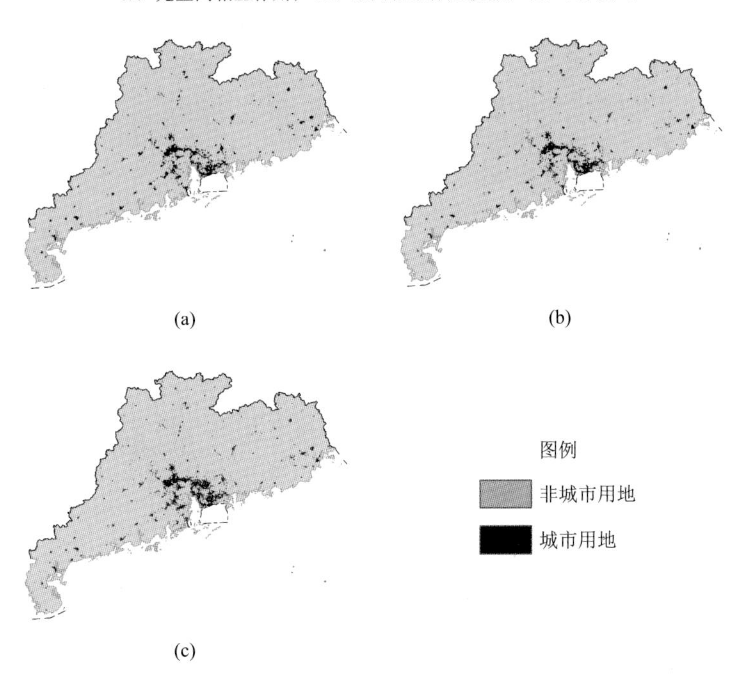

图 2-6　2008 年模拟和真实土地利用分布

（a）无空间相互作用；（b）空间相互作用模拟；（c）真实分布

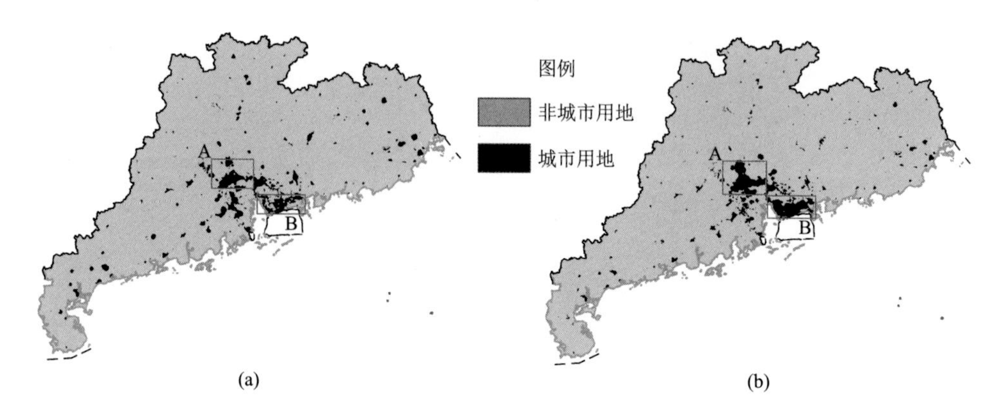

图 2-7　模拟的 2020 年广东省城市土地利用分布

（a）无空间相互作用；（b）考虑空间相互作用

过去几十年来，地理 CA 模型在城市扩张模拟方面得到了广泛应用。本章运用逻辑回归与 ELM 方法获取了地理 CA 模型的转换规则。相对传统的单隐含层前馈神经网络，ELM 算法不用人工确定输入变量的权重大小，同时无须反复训练，学习速度快。另外，不同城市空间相互作用的大小深刻影响城市扩张时空演变过程。本章提出结合空间相互作用模型，运用 ELM 算法来自动获取地理 CA 模型的转换规则（ELM-CA 模型）。与 ANN-CA 方法相比，ELM-CA 模型获得了较高的模拟精度，有一定的可靠性。针对 ELM-CA 模型容易产生的稳定性不理想问题，ELM 算法的选择性集成学习（ensemble learning）优化值得关注（Zhou et al.，2002）。

参 考 文 献

冯亚芬，俞万源，雷汝林. 2017.广东省传统村落空间分布特征及影响因素研究. 地理科学，（2）：236-243.

何春阳，史培军，陈晋，等. 2005. 基于系统动力学模型和元胞自动机模型的土地利用情景模型研究. 中国科学 D 辑，35（5）：464-473.

何春阳，史培军，李景刚，等. 2004. 中国北方未来土地利用变化情景模拟. 地理学报，59（4）：599-607.

柯丽娜，曹君，武红庆，等. 2018. 基于多源遥感影像的锦州湾附近海域围填海动态演变分析. 资源科学，40（8）：153-165.

柯新利，边馥苓. 2010. 基于空间数据挖掘的分区异步元胞自动机模型研究. 中国图象图形学报，15（6）：921-930.

柯新利，邓祥征，刘成武. 2010. 基于分区异步元胞自动机模型的耕地利用布局优化——以武汉城市圈为例. 地理科学进展，29（11）：1442-1450.

黎夏. 2004. 知识发现及地理元胞自动机. 中国科学 D 辑，34（9）：865-872.

黎夏，刘小平. 2007. 基于案例推理的元胞自动机及大区域城市演变模拟. 地理学报，62（10）：1097-1109.

黎夏，叶嘉安. 2005. 基于神经网络的元胞自动机及模拟复杂土地利用系统. 地理研究，24（1）：19-27.

黎夏，叶嘉安，刘小平，等. 2007. 地理模拟系统：元胞自动机和多智能体. 北京：科学出版社.

李丹，黎夏，刘小平，等. 2012. GPU-CA 模型及大尺度土地利用变化模拟. 科学通报，57（11）：959-969.

李立，邢婷婷，王佳. 2018. 基于改进蚁群算法的 CA 的应用——以土地利用模拟为例. 计算机工程与应用，54(20)：

253-258.
刘辉，张志赟，税伟，等. 2017. 资源枯竭型城市增长边界划定研究——以淮北市为例. 自然资源学报，32（3）：391-405.
刘伟玲，张育庆，杨俊. 2018. 不规则邻域CA的城市增长边界研究——以大连市经济技术开发区为例. 测绘通报，（8）：93-96.
刘小平，黎夏. 2006. 从高维特征空间中获取元胞自动机的非线性转换规则. 地理学报，61（6）：663-672.
刘小平，黎夏，叶嘉安，等. 2007. 利用蚁群智能挖掘地理元胞自动机的转换规则. 中国科学D辑，37（6）：824-834.
梅志雄，徐颂军，欧阳军，等. 2012. 近20年珠三角城市群城市空间相互作用时空演变. 地理科学，（6）：694-701.
潘家华. 单菁菁. 2019. 城市蓝皮书：中国城市发展报告NO.12.北京：社会科学文献出版社.
裴凤松，黎夏，刘小平，等. 2015. 城市扩张驱动下植被净第一性生产力动态模拟研究——以广东省为例. 地球信息科学学报，17（4）：469-477.
宋小冬，廖雄赴. 2003. 基于 GIS 的空间相互作用模型在城镇发展研究中的应用. 城市规划汇刊，（3）：46-51.
汤燕良，詹龙圣. 2018. 基于耦合神经网络与元胞自动机的城镇开发边界划定——以惠州市为例. 规划师，34（4）：101-106.
涂小松，濮励杰，吴骏，等. 2008. 基于SLEUTH模型的无锡市区土地利用变化情景模拟. 长江流域资源与环境，17（6）：860-870.
王雷，李丛丛，应清，等. 2012. 中国1990～2010年城市扩张卫星遥感制图. 科学通报，57（18）：1588-1599.
杨青生，黎夏. 2006. 基于支持向量机的元胞自动机及土地利用变化模拟. 遥感学报，10（6）：836-846.
杨青生，黎夏. 2007a. 贝叶斯概率与元胞自动机的非线性转换规则. 中山大学学报（自然科学版），46（1）：105-109.
杨青生，黎夏. 2007b. 基于遗传算法自动获取CA模型的参数——以东莞市城市发展模拟为例. 地理研究，26（2）：229-237.
张永民，赵士洞，Verburg P H，等. 2003. CLUE-S模型及其在奈曼旗土地利用时空动态变化模拟中的应用. 自然资源学报，18（3）：310-318.
周成虎，孙战利，谢一春. 1999. 地理元胞自动机研究. 北京：科学出版社.
Arsanjani J J，Helbich M，Kainz W，et al. 2013. Integration of logistic regression，Markov chain and cellular automata models to simulate urban expansion. International Journal of Applied Earth Observation and Geoinformation，21：265-275.
Batty M，Xie Y. 1994. From cells to cities. Environment and Planning B：Planning and Design，21（7）：S31-S48.
Buyantuyev A，Wu J G. 2009. Urbanization alters spatiotemporal patterns of ecosystem primary production：A case study of the Phoenix metropolitan region，USA. Journal of Arid Environments，73（4-5）：512-520.
Chen X L，Zhao H M，Li P X. et al. 2006. Remote sensing image-based analysis of the relationship between urban heat island and land use/cover changes. Remote Sensing of Environment，104（2）：133-146.
Clarke K C，Hoppen S，Gaydos L. 1997. A self-modifying cellular automaton model of historical urbanization in the San Francisco Bay area. Environment and Planning B：Planning and Design，24（2）：247-261.
Foley J A. 2005. Global consequences of land use. Science，309（5734）：570-574.
Gardner M. 1971. On cellular automata，self-reproduction，the garden of eden，and the game of life. Scientific American，224（2）：112-117.
Grimm N B，Faeth S H，Golubiewski N E，et al. 2008. Global change and the ecology of cities. Science，319（5864）：756-760.
He C Y，Zhao Y Y，Tian J，et al. 2013. Modeling the urban landscape dynamics in a megalopolitan cluster area by incorporating a gravitational field model with cellular automata. Landscape and Urban Planning，113：78-89.
Huang G B，Zhu Q Y，Siew C K. 2004. Extreme learning machine：A new learning scheme of feedforward neural

networks. Neural Networks，2004 IEEE International Joint Conference，2：985-990.

Huang G B，Zhu Q Y，Siew C K. 2006. Extreme learning machine：Theory and applications. Neurocomputing，70（1-3）：489-501.

IIISA. 1998. Modeling land use/cover change in Europe and Northern Asia. Research Plan：14-21.

Li X，Liu X P. 2006. An extended cellular automaton using case-based reasoning for simulating urban development in a large complex region. International Journal of Geographical Information Science，20（10）：1109-1136.

Li X，Yeh A G O. 2000. Modelling sustainable urban development by the integration of constrained cellular automata and GIS. International Journal of Geographical Information Science，14（2）：131-152.

Li X，Yeh A G O. 2001. Zoning land for agricultural protection by the integration of remote sensing，GIS，and cellular automata. Photogrammetric Engineering and Remote Sensing，67（4）：471-478.

Li X，Yeh A G O. 2002a. Neural-network-based cellular automata for simulating multiple land use changes using GIS. International Journal of Geographical Information Science，16（4）：323-343.

Li X，Yeh A G O. 2002b. Urban simulation using principal components analysis and cellular automata for land-use planning. Photogrammetric Engineering and Remote Sensing，68（4）：341-352.

Li X，Yang Q S，Liu X P. 2008. Discovering and evaluating urban signatures for simulating compact development using cellular automata. Landscape and Urban Planning，86（2）：177-186.

Liao J F，Tang L，Shao G F，et al. 2014. A neighbor decay cellular automata approach for simulating urban expansion based on particle swarm intelligence. International Journal of Geographical Information Science，28（4）：720-738.

Liu J Y，Liu M L，Tian H Q，et al. 2005. Spatial and temporal patterns of China's cropland during 1990-2000：An analysis based on Landsat TM data. Remote Sensing of Environment，98（4）：442-456.

Liu X P，Li X，Liu L，et al. 2008. A bottom-up approach to discover transition rules of cellular automata using ant intelligence. International Journal of Geographical Information Science，22（11-12）：1247-1269.

Liu X P，Li X，Shi X，et al. 2010. Simulating land-use dynamics under planning policies by integrating artificial immune systems with cellular automata. International Journal of Geographical Information Science，24（5）：783-802.

Saaty T L. 1977. A scaling method for priorities in hierarchical structures. Journal of Mathematical Psychology，15（3）：234-281.

Seto K C，Güneralp B，Hutyra L R. 2012. Global forecasts of urban expansion to 2030 and direct impacts on biodiversity and carbon pools. Proceedings of the National Academy of Sciences，109（40）：16083-16088.

Surya B，Ahmad D N A，Sakti H H，et al. 2020. Land use change，spatial interaction，and sustainable development in the metropolitan urban areas，South Sulawesi Province，Indonesia. Land，9（3）：95.

von Neumann J，Burks A W. 1966. Theory of Self-reproducing Automata. Chicago：University of Illinois Press.

White R，Engelen G. 1993. Cellular automata and fractal urban form：A Cellular modelling approach to the evolution of urban land-use patterns. Environment and Planning A，25：1175-1175.

Wilson A G. 1970. Entropy in urban and regional modelling. London：Pion Press.

Wolfram S. 1983. Statistical mechanics of cellular automata. Reviews of Modern Physics，55（3）：601.

Wu F L. 2002. Calibration of stochastic cellular automata：the application to rural-urban land conversions. International Journal of Geographical Information Science，16（8）：795-818.

Wu F，Webster C J. 1998. Simulation of land development through the integration of cellular automata and multicriteria evaluation. Environment and Planning B，25：103-126.

Zhou Z H，Wu J X，Tang W. 2002. Ensembling neural networks：Many could be better than all. Artificial Intelligence，137（1-2）：239-263.

第3章 极端降水事件的变化及可能原因

3.1 概 述

全球变化是学术界为应对全球性环境变化而提出的一个重大研究课题，它是指由自然和人为因素导致的全球环境变化，主要包括大气组成变化、气候变化及土地利用变化等方面(周广胜等,2004)。根据2019年IPCC发布的*Climate Change and Land*特别报告，2006～2015年全球陆地表面平均气温比1850～1990年上升了1.53℃（1.38～1.68℃），未来几十年甚至可能加速上升（IPCC，2019），并可能产生更多的极端天气（或气候）事件（Houghton et al.，2001；Cai et al.，2014；IPCC，2019）。与长期气候变化因素相比，极端气候事件对自然和人类社会的影响更为严重（Easterling et al.，2000；Dorothea et al.，2015）。开展极端气候事件动态变化及其归因分析具有重要意义。

极端天气（或气候）事件是指当一个气象变量高于（或低于）一系列观测值的上（或下）端附近的给定阈值时发生的事件（IPCC，2012）。极端天气（或气候）事件，如干旱、洪水事件，可能造成人类生命财产的损失，对人类社会产生严重的影响（Heisler-White et al.，2009；Taylor et al.，2013；Pei et al.，2018）。因此，对于全球变化研究，其中一个紧迫任务是更深入地了解各种极端天气（或气候）事件的行为如极端降水的变化（O'Gorman and Schneider，2009；Scoccimarro et al.，2013；Moore et al.，2015；Sarhadi and Soulis，2017）。例如，Su等（2008）研究发现1960～2004年长江流域极端降水事件有所增加；Chen等（2014）指出1960～2009年长江中下游地区极端降水可能存在高风险性；Guo等（2013）认为1961～2010年长江流域极端降水事件在总体上没有明显的增加及减弱趋势。以往研究表明，根据观测和模型模拟结果，长江中下游地区极端降水事件仍具有较大的不确定性。甘肃省、四川省、贵州省及重庆市部分地区的极端降水也呈现复杂变化特征（孙惠惠等，2018）。此外，以往大部分的极端气候事件趋势检测研究都是在单调变化假设前提下进行的。然而，气候变量可能不符合这一单调性假设（Ehsanzadeh et al.，2015）。

因而，本章对长江中下游地区全部、甘肃省、四川省、贵州省及重庆市部分地区（以下简称长江流域部分地区）极端降水事件的变化及可能原因进行了分析。本章研究区位于102°E～122°E，24°N～34°N（图3-1），属于典型的亚热带季风气

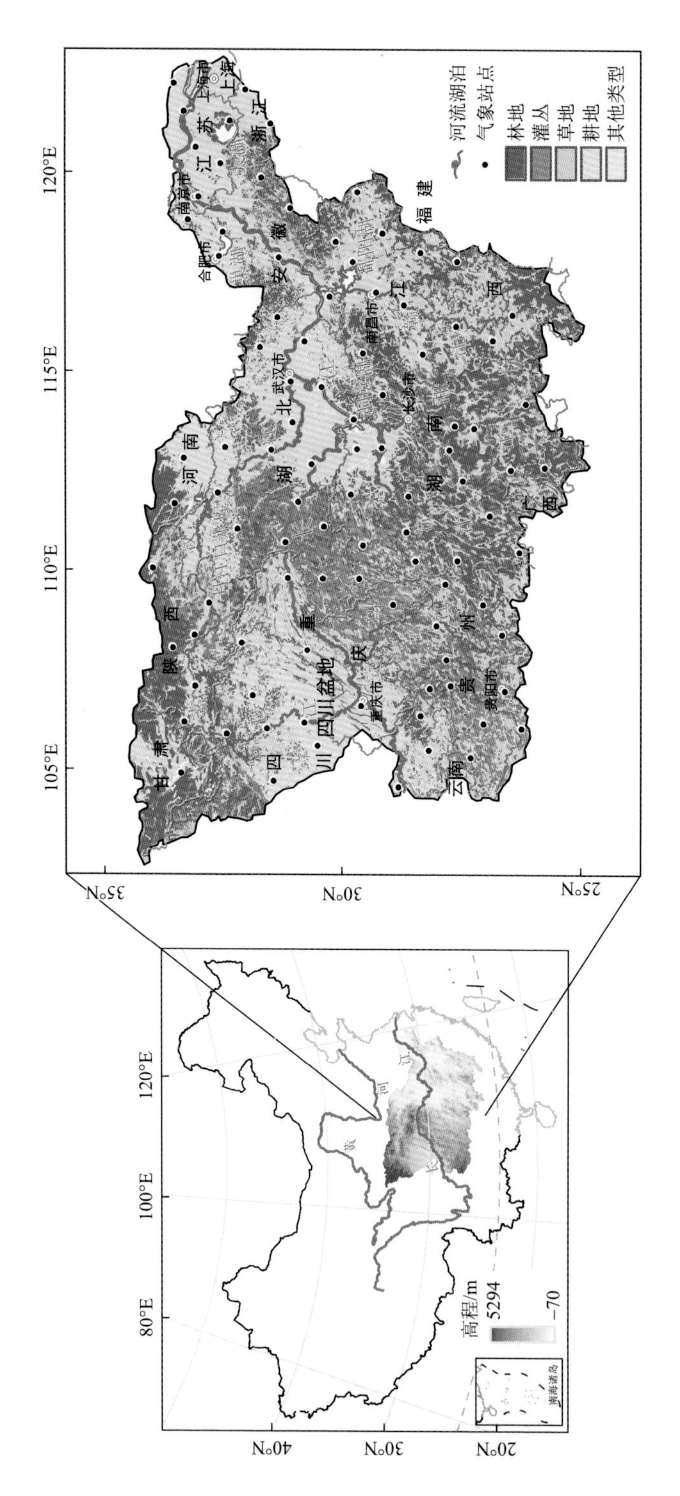
河流湖泊
气象站点
林地
灌丛
草地
耕地
其他类型
高程/m
5294
−70
南海诸岛
105°E
110°E
115°E
120°E
35°N
30°N
25°N
80°E
100°E
40°N
20°N
甘肃
陕西
河南
湖北
安徽
江苏
上海
浙江
福建
江西
湖南
贵州
云南
四川
重庆
四川盆地
合肥市
南京市
上海市
武汉市
南昌市
长沙市
重庆市
贵阳市

图 3-1　研究区位置

候，年平均气温 14～18℃，年平均降水量 1000～1500 mm。由于东亚夏季风的影响，该地区夏季气温偏高，降水充沛，具有雨热同期的特点。该地区降水分布不均，极端降水事件频发。例如，1954 年、1998 年和 2010 年，长江流域的极端降水事件和洪水灾害给社会经济和人民生活造成了巨大损失（Zong and Chen，2000；沈浒英等，2011）。本章研究区涵盖了长江三角洲城市群、长江中游城市群、成渝城市群、黔中城市群、滇中城市群五大城市群，是我国经济极发达地区之一。因此，科学理解研究区极端降水事件的演变机理对于减轻洪涝灾害的损失和辅助相关部门决策至关重要。

本章以长江流域部分地区为例，从渐变和突变两个方面对其极端降水事件的变化展开分析。首先，利用 POT-GPD 方法识别出极端降水事件；其次，在此基础上，计算研究区极端降水事件的强度和频率；再次，采用渐变和突变检测方法分析 1961～2012 年极端降水的变化；最后，对研究区极端降水事件的变化开展归因分析。

3.2　数据源及数据处理

本章使用的数据主要包括 1961～2012 年研究区逐日降水量数据、东亚夏季风指数（EASMI）数据等。其中，逐日降水量数据来自中国气象局气象数据服务中心（CMDC）。在数据生产时，CMDC 进行了时间一致性和极值检验人工检查，以实现数据质量控制（中央气象局，1979；宋超辉，1999）。本章进一步筛选和删除了可疑与缺失的数据记录，并且选择至少包含 50 年记录的气象站点。因而，共计选取了 97 个分布较为均匀的气象站点，用于对研究区极端降水事件的时空变化进行监测。其中，27 个气象站点位于长江下游，其余站点位于长江中上游（图 3-1）。此外，本章东亚夏季风指数数据来源于全球变化与地球系统科学研究院（GCESS）（http://ljp.gcess.cn），用以反映东亚夏季风年内季节变化。

3.3　研 究 方 法

3.3.1　基于 POT-GPD 方法的极端降水事件识别

极值理论（EVT）最早由 Fisher 和 Tippett（1928）提出，用来描述极端值的特征。应用 EVT 处理极端气候有多种方法，包括广义极值（GEV）分布和 POT 法（Todorovic and Zelenhasic，1970；Coles et al.，1999；Faranda et al.，2011；Lazoglou et al.，2019）。过去几十年，POT 方法被广泛运用于监测极端气候事件，包括极端降水、极端温度和极端风速（Pandey et al.，2001；Thiombiano et al.，2017；Caissie et al.，2020）。POT 是对观测值超过某一阈值之上的数据进行研究的一种方法（佘敦先等，2011）。设 $X_1, X_2, \cdots, X_n$ 是服从相同统计分布的相互独立的随机变量序列，分布函数设为 $F(x)$，分布函数的上端点为 x^*。给定一个较大的值 $u < x^*$，称为阈值（threshold）。若 $X_i > u$，则称它为超阈值（exceedance），称 $Y_i = X_i - u$ 为超出量（excess）（史道济，2006）。对于多年逐日降水数据，将其按数值多少升序排列，取某百分位对应的降水量作为极端降水的阈值。若某日降水量超过该阈值，则将该日列为极端降水日。

POT 的阈值通常由两种方法来确定：第一种方法依据自然规律实际来确定极端降水阈值，如河流水位识别方法；第二种方法是数学统计方法（Lang et al.，1999）。通常情况下，极端降水阈值不仅决定了极端降水事件是否发生，还决定了极端降水事件的样本量（Coles et al.，2001）。正如 Pickands（1975）所证明的，如果阈值足够高，则超过阈值的超出量趋向于收敛到 GPD。一般来说，如果阈值太低，则可能不满足 GPD 的渐近基础。然而，如果阈值太高，则会产生很少的超阈值。对于随机变量 x（$x \geqslant u$），GPD 的累积概率函数如下：

$$F(x)=\begin{cases}1-\left(1+\dfrac{\xi(x-u)}{\sigma}\right)^{-1/\xi}, & \xi \neq 0 \\ 1-\exp\left(-\dfrac{x-u}{\sigma}\right), & \xi = 0\end{cases} \tag{3-1}$$

式中，u 为位置参数，通常等于给定时段极端降水事件的阈值（Donegan et al.，2013）；σ 和 ξ 分别表示函数的尺度和形状参数。在进行 GPD 参数估计时，传统估计方法包括极大似然估计法、线性矩法和概率加权矩（probability weighted moments，PWMs）等，并已得到了广泛应用。与线性矩法相比，概率加权矩具有更小的不确定性，常被用于估计 GPD 的函数参数（Deidda and Puliga，2009）。通常情况下，分布函数 $F = F(x) = P(X \leqslant x)$ 可用概率加权矩表示（Greenwood et al.，1979）：

$$M_{i,j,k} = E[X^i F^j (1-F)^k] \tag{3-2}$$

另外，Hosking（1990）提出 L 矩方法可以将任意概率分布表示为概率加权矩的线性组合。因而，本章使用 L 矩方法估算 GPD 的形状参数（ξ）和尺度参数（σ）的近似估计值（Hosking，1990；Palutikof et al.，1999）：

$$\hat{\xi} = \frac{l_1}{l_2} - 2,\ \hat{\sigma} = (1+\hat{\xi}) l_1 \tag{3-3}$$

式中，l_1 和 l_2 为随机变量 X 的前两个样本 L 矩。

3.3.2　极端降水频率和极端降水强度指数

本节利用3.3.1节中的第二种方法确定极端降水阈值；在此基础上，识别出极端降水事件；再分别利用简单极端降水频率指数（simple index of extreme precipitation frequency，SEPF）、简单极端降水强度指数（simple index of extreme daily precipitation intensity，SDPI）分析极端降水事件的频率和强度。首先，利用POT-GPD方法识别出极端降水事件后，计算极端降水频率指数来反映极端降水发生日数的变化。极端降水频率指数定义为给定时期（如一年）发生的极端降水事件次数。气候变化与监测指数专家团队（ETCCDI）推荐了许多气候极端指数来监测极端降水事件的变化。其中，R_{nnmm}是指一段时间内，日降水量超过某给定降水阈值时的累计天数（Karl et al.，1999）。本书中，设$P_1,P_2,\cdots,P_n$是独立随机观察值的变量序列（如逐日降水量观测值），极端降水频率指数按式（3-4）来计算：

$$\text{SEPF}=\sum_{d=1}^{365}\tau_{yd} \tag{3-4}$$

$$\tau_{yd}=\begin{cases}1, P_d \geqslant u\\0, P_d < u\end{cases} \tag{3-5}$$

式中，τ_{yd}是一个条件函数，如果y年中d天的日降水观测P_d超过极端降水阈值u，则等于1。否则，τ_{yd}等于0，表示该期间没有发生极端降水事件。若有连续多日降水量均超过阈值，将其列入连续极端降水事件。

为了分析极端降水强度的变化，在确定极端降水阈值基础上，利用R_{nnmm}计算了极端降水强度指数（mm·d^{-1}）：

$$\text{SDPI}=\frac{\left(\sum_{d=1}^{365}P_{yd}\right)}{N_y}, P_{yd}>u \tag{3-6}$$

式中，P_{yd}为y年d日的降水量（mm）；u为识别极端降水事件的阈值；N_y（天）为y年发生极端降水事件的次数。

3.3.3　极端降水事件变化趋势和突变检验

假设极端降水强度与时间t呈线性关系，通常可以利用线性回归模型分析极端降水强度的时间变化趋势。t时刻的极端降水强度（EPI_t）可以用式（3-7）来拟合：

$$\text{EPI}_t=\alpha+\beta\cdot T \tag{3-7}$$

式中，T 为极端降水事件发生的时间（年）；α 和 β 为回归系数，当 β 大于（或小于）0，且通过显著性检验（$P<0.05$）时，说明被解释变量呈现出显著增加（或减少）的趋势。

与极端降水强度的特点不同，极端降水频率（或极端降水事件数）具有离散性特征，泊松分布提供了适合拟合极端降水频率的统计框架（Cameron and Trivedi，1990；Coles et al.，2001）。具体地，假设 y 年极端降水事件数量（N_y，即给定年份的 EPF）服从发生率为 λ 的条件泊松分布，则

$$P(N_y = k \mid \lambda_y) = \frac{e^{-\lambda_y} \lambda_y^k}{k!} (k = 0,1,2,\cdots) \tag{3-8}$$

为了量化极端降水频率的时间变化趋势，使用对数连接函数将发生率拟合为年份 y 的线性函数，如式（3-9）所示：

$$\lambda = \exp(a + b \cdot y) \tag{3-9}$$

式中，a 和 b 是回归系数（Villarini et al.，2011，2013）。

与线性回归方法不同，Pettitt 检验被广泛用于对随机变量是否发生突变进行分析（Pettitt，1979）。具体地，利用统计量 $U_{t,T}$ 来测试两组随机变量样本（$X_1, X_2, \cdots, X_t$ 和 $X_t, X_{t+1}, \cdots, X_T$）是否来源于同样的总体，即

$$U_{t,T} = \sum_{i=1}^{t} \sum_{j=t+1}^{T} \operatorname{sgn}(X_i - X_j) \tag{3-10}$$

其中，

$$\operatorname{sgn} = \begin{cases} 1 & x > 0 \\ 0 & x = 0 \\ -1 & x < 0 \end{cases} \tag{3-11}$$

则该序列中的突变点位于 K_T：

$$K_T = \max |U_{t,T}| \tag{3-12}$$

3.3.4　基于泊松分布的极端降水事件分析

以往研究中，基于 GPD 的 POT 方法被广泛运用于极端值（如极端降水、温度和风速等）的估计（Pandey et al.，2003；Caissie et al.，2020）。本部分利用统计方法，即通过假设逐日降水超出量服从 GPD 及相应极端日降水事件遵循泊松发生率来检验不同的阈值的敏感性（Cunnane，1973；Wang，1991）。此外，利用卡方检验方法分别对第 90、第 95 和第 99 百分位降水量阈值的超出量进行了广义帕

累托分布检验。考虑极端降水事件数量的离散性特征，本部分利用离散系数检验极端降水事件的数量是否服从泊松分布，利用泊松分布作为拟合极端降水发生天数的统计框架（Cameron and Trivedi，1990；Coles et al.，2001）。

假设一年中极端降水事件的次数（N_y）服从发生率 λ 下的条件泊松分布，离散系数（ϕ）定义为极端事件发生率的方差 $\mathrm{var}(\lambda)$ 和平均值 $E(\lambda)$ 之间的比率（Faraway，2005）：

$$\phi = \frac{\mathrm{var}(\lambda)}{E(\lambda)} \tag{3-13}$$

通常情况下，当方差大于平均值（$\phi>1$）时，观测计数数据出现过度分散。反之，则出现欠分散。而随机变量的泊松分布则表现为方差和均值相等，即 $\phi=1$。过度分散和欠分散都可能导致其不满足泊松过程的独立性和平稳性假设（Villarini et al.，2011；Beguería et al.，2011）。因而，本部分通过计算离散系数来检验极端降水事件是否服从泊松过程。在进行敏感性检验和确定极端降水阈值后，按站点逐年统计极端降水事件的数量（Zhai et al.，2005；Su et al.，2008）。在此基础上，使用极端降水频率指数（SEPF，d）和极端降水强度指数（SDPI，$\mathrm{mm \cdot d^{-1}}$）进一步分析极端降水事件的特征。

3.3.5　长江流域部分地区极端降水事件的案例分析

本部分利用 POT-GPD 方法识别极端降水事件，分析了长江流域部分地区极端降水频率和强度的时空变化。另外，除了将研究区作为一个整体来探讨极端降水量的变化，空间插值技术也被运用于识别极端降水强度和极端降水频率，以揭示极端降水的区域格局。为了分析近几十年研究区极端降水事件变化的原因，本部分分析了极端降水、东亚夏季风变化和一些局地因素（如水利工程和地形）之间的变化关系。东亚夏季风指数（EASMI）是由 Li 和 Zeng（2002）提出的，用来作为衡量东亚夏季风变化的指标。EASMI 定义为 850 hPa 范围内东亚季风区（10°N～40°N，110°E～140°E）区域平均的季节动态归一化季节性（Li and Zeng，2002），被广泛用于衡量东亚夏季风的变化（Wang et al.，2008；Li et al.，2010）。本部分利用统计相关分析方法，探讨了 1961～2012 年研究区极端降水强度、极端降水频率和东亚夏季风变化之间的关系。

此外，以往研究还发现大型水利工程与极端降水事件之间存在一定的经验关系（Hossain，2010）。例如，三峡大坝在防洪、灌溉和河流流量方面发挥了关键作用（Li et al.，2013），甚至影响了区域降水（Wu et al.，2006）。因此，我们初步分析了研究区极端降水事件与一些局地因素（如水利工程和地形）的可能关系。

3.4 1961～2012 年长江流域部分地区极端降水变化

3.4.1 平均降水量分布

由图 3-2 可知，1961～2012 年研究区平均降水量表现出较大的空间异质性，年平均降水量随站点位置不同形成明显差异。例如，甘肃省武都站年平均降水量为 466 mm，安徽省黄山站则达到 2316 mm。在空间上，从东南部到西北部，年均降水量越来越少，这主要与所处的地理位置有关。受东亚夏季风的影响，从东南沿海向西北内陆运移的大气水分的减少导致降水量呈现相应的变化（Wu and Liu，2004）。

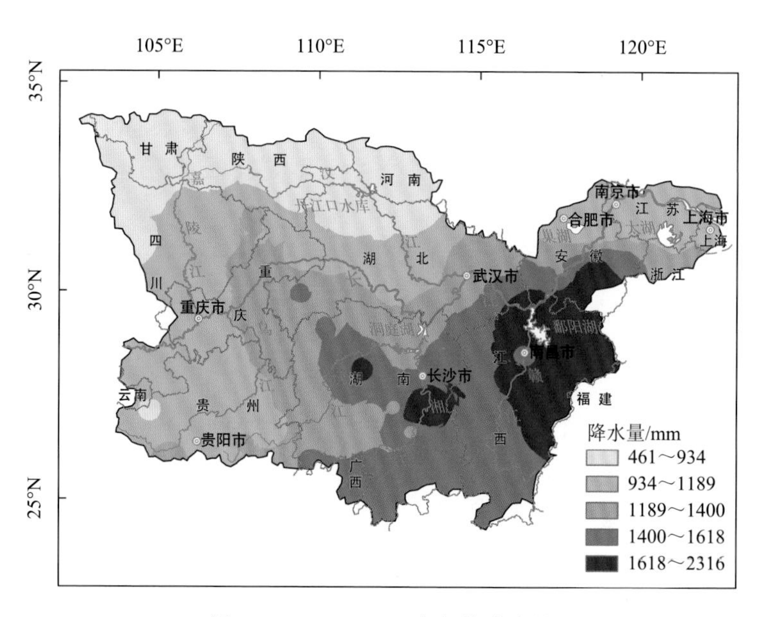

图 3-2 1961～2012 年年均降水量

3.4.2 极端降水阈值选择

本部分分别利用卡方检验和离散系数方法检验了不同大小降水量（即第 90、第 95 和第 99 百分位）作为 POT-GPD 模型中极端降水阈值的适宜性。研究结果指出：根据对不同阈值降水量的卡方检验分析，研究区 97 个气象站中有 96 个站点不能拒绝极端降水超阈值来自广义帕累托分布的假设。

在此基础上，我们分析了不同阈值条件下极端降水事件的频率特征，以检验它们是否服从泊松分布。表 3-1 反映了根据第 90、第 95 和第 99 百分位降水量计算的极端降水阈值、年均发生次数（发生率）及平均发散系数的大小。具体来说，过去几十年，第 95 百分位降水阈值为（36.43±6.10）$mm·d^{-1}$，发生率为（5.96±1.01）a^{-1}（表 3-1）。此外，平均发散系数呈现出接近均等发散（即均值等于标准差）的特点（0.91±0.19）。尽管第 99 百分位极端降水阈值的平均发散系数达到 0.96±0.18，为了保留足够的极端降水数据记录，同时又保证极端降水发生率满足泊松分布的假设，选择第 95 百分位降水量作为大多数站点的最优阈值。

表 3-1　不同百分位降水量及其精度评价

项目	第 90 百分位	第 95 百分位	第 99 百分位
极端降水阈值/($mm·d^{-1}$)	23.97±4.41	36.43±6.10	72.14±12.22
发生率/a^{-1}	11.05±1.76	5.96±1.01	1.31±0.22
平均发散系数	0.78±0.18	0.91±0.19	0.96±0.18

空间上，第 95 百分位降水阈值的降水量表现出明显的异质性（图 3-3）。具体来说，长江下游东南部地区的安徽省黄山站降水量达 50 $mm·d^{-1}$。然而，甘肃省武都站仅为 18 $mm·d^{-1}$。此外，研究区的第 95 百分位阈值降水量从东南部向西北部呈减少趋势，这与该地区年均降水量的空间分布基本一致（图 3-2）。

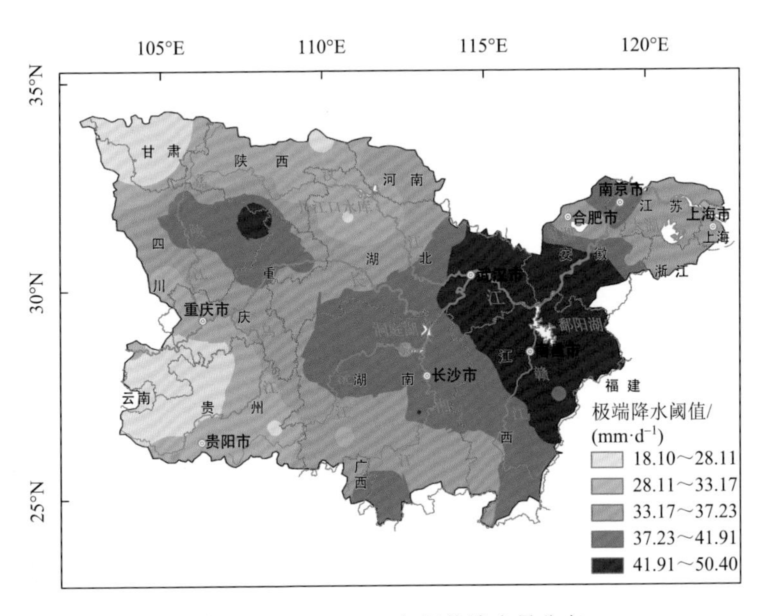

图 3-3　1961～2012 年阈值降水量分布

3.4.3 平均极端降水强度

以极端降水强度指数为指标，1961～2012 年研究区的平均极端降水强度为（58±9）mm·d^{-1}。空间上，平均极端降水强度在 26～80 mm·d^{-1} 变化（图 3-4）。特别地，极端降水强度最大地区主要分布在研究区东部，包括鄱阳湖周边地区、皖南地区和鄂东地区。尽管四川省东北部地区降水量较少，但该地区的平均强度较高，约为 75 mm·d^{-1}。此外，研究区西南部和西北部的平均极端降水强度相对低，这与东亚夏季风带来的大气降水从东南部向西北部逐渐减少的空间格局基本一致（Wu and Liu，2004）。

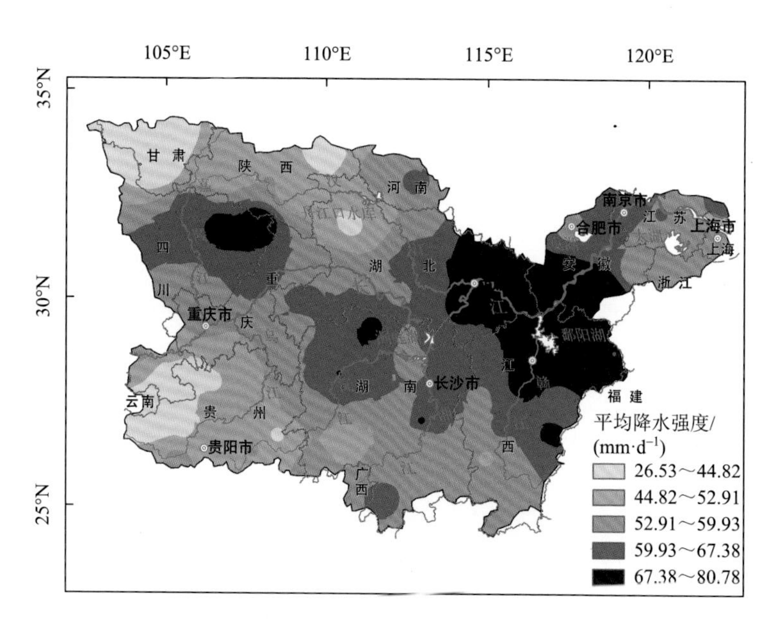

图 3-4　1961～2012 年平均极端降水强度

3.4.4 极端降水频率变化趋势

根据计算，1961～2012 年研究区绝大多数气象站点的极端降水频率呈现出具有统计学显著意义的变化趋势。在空间上，63 个气象站点的极端降水事件显示出显著增加趋势（Wald 检验，$P<0.05$），1961～2012 年极端降水频率平均每年增加 0.002～0.003 d，空间上呈现从东北部向西南部呈下降趋势（图 3-5）。具体来说，呈现增加趋势的站点主要分布在研究区的东北部（除江苏省溧阳站、常州站；江

西省赣州站、修水站；湖北省枣阳站、五峰站、英山站）。相反，研究区西南部大部分地区呈下降趋势（除贵州省毕节站、贵阳站、湄潭站和思南站；湖南省通道站）。

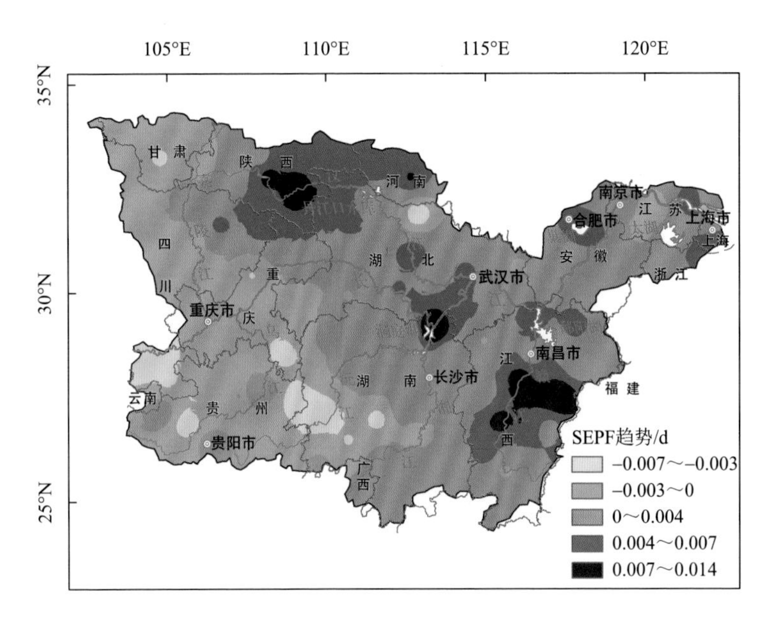

图 3-5　1961～2012 年极端降水频率变化趋势

另外，1961～2012 年研究区的平均极端降水强度整体上呈现增强趋势，为（0.05±0.07）mm·d^{-1}（t 检验，$P = 0.014$）。具体地，67 个气象站点的极端降水强度呈现出增强趋势。在空间上，极端降水强度在各个观测站点之间呈现出很大的差异。以重庆市沙坪坝站和四川省万源站为例，尽管这些地区的年均降水量相对低（图 3-2），但其极端降水强度出现了较严重的增强趋势（约为 0.31 mm·d^{-1}）（图 3-6）。另外，贵州省铜仁站和湖南省芷江站也呈现出类似的增强趋势。这些现象可能与青藏高原周围的大尺度环流和局部地形有关（Shi et al.，2008；胡迪和李跃清，2015）。

相反，在湖北省钟祥站和嘉鱼站，极端降水强度的降低趋势明显（约为 0.18 mm·d^{-1}）。极端降水强度减弱的站点主要分布在鄱阳湖—赣江和洞庭湖—长江地区附近。除这两个地区外，鄂北地区的极端日降水强度也有所减弱（包括湖北省钟祥站、宜昌站、房县站和枣阳站；河南省南阳站和西峡站）（图 3-6）。图 3-7 反映了 1961～2012 年研究区极端降水事件突变前后极端降水强度的变化率。我们发现其空间格局与渐变趋势的分析相对一致（图 3-6 和图 3-7）。

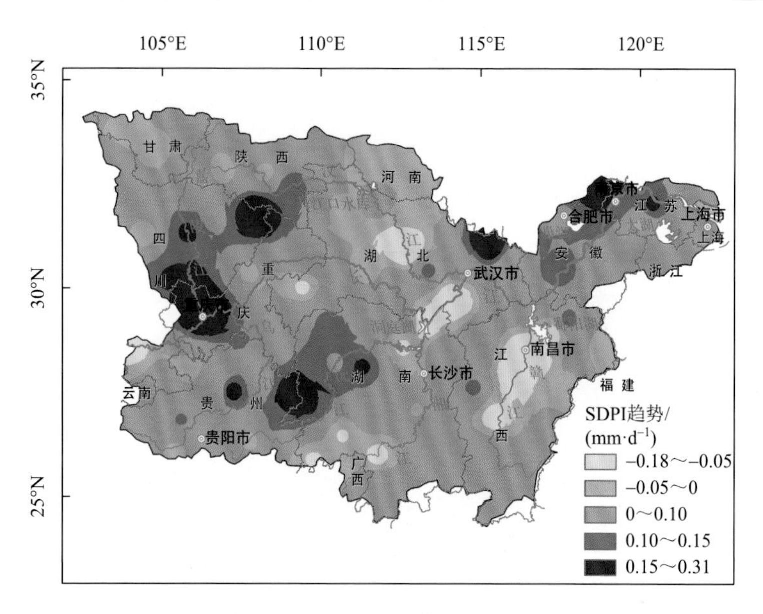

图 3-6　1961～2012 年 SDPI 趋势

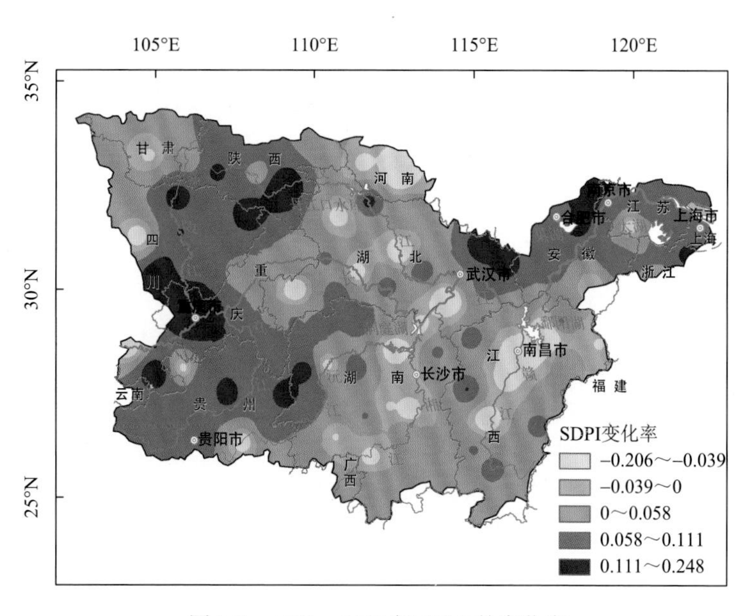

图 3-7　1961～2012 年 SDPI 的变化率

如图 3-5～图 3-7 所示，1961～2012 年研究区东北部极端降水强度减弱，但其频率却有所增加，尤其是在丹江口—汉江地区、鄱阳湖—赣江地区和洞庭湖—长江地区附近。然而，研究区西南部却出现了相反的趋势。例如，在贵州省铜仁站和湖南省芷江站，极端降水频率每年分别增加了 0.26d 和 0.16d。但其极端降水强度均呈下降趋势。此外，我们还发现，四川省东北部地区极端降水事件的发生频率呈现减弱趋势，但其降水强度却有所增强。

3.5　极端降水变化的归因分析

3.5.1　东亚夏季风对极端降水事件的影响

东亚夏季风是影响我国夏季降水变化的一个重要环流系统（Ding et al.，2008）。因此，本部分分析了 1961～2012 年研究区 SDPI 与 EASMI 之间的关系，探讨了该地区极端降水变化的可能原因。极端降水强度方面，SDPI 与 EASMI 的相关系数为−0.389，t 检验的 P 值为 0.004（图 3-8）。另外，SEPF 与 EASMI 呈显著负相关（$R = -0.292$；$N = 52$；$P = 0.036$）。1961～2012 年研究区极端逐日降水事件的强度和频率均有整体增强，而过去几十年来东亚夏季风明显减弱（图 3-8 和图 3-9）（Ding et al.，2008）。

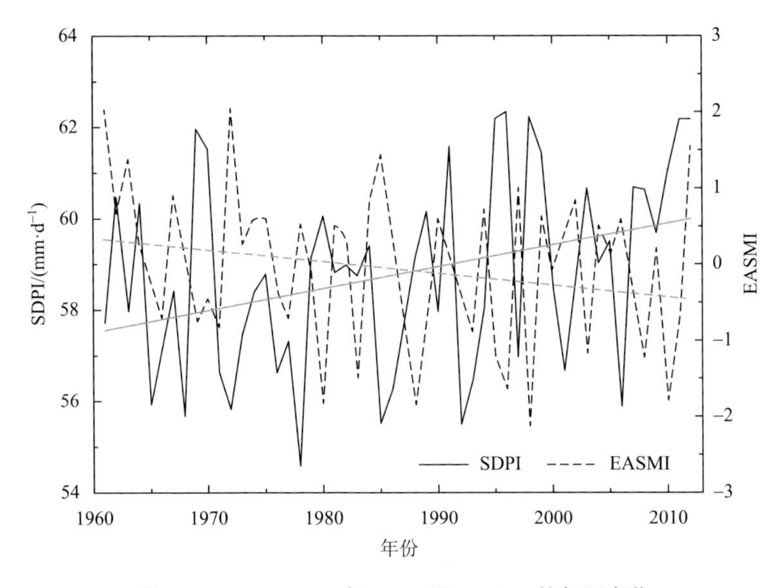

图 3-8　1961～2012 年 SDPI 和 EASMI 的年际变化

此外，按照 Pettitt 检验的结果，东亚夏季风在 1986 年经历了一次突变，该现象与 1988 年整个区域的极端降水事件的变化较为接近，这表明了大尺度环流变化对极端降水事件的可能影响。

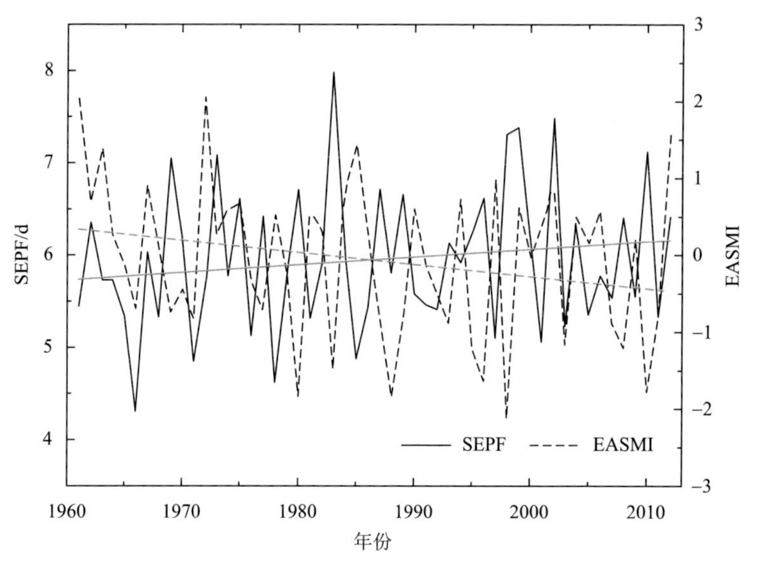

图 3-9　1961～2012 年 SEPF 和 EASMI 的年际变化

3.5.2　极端降水与几个局地因子的关系

本部分分析了洞庭湖—长江附近、鄱阳湖—赣江附近和汉江中下游地区极端降水的局部异常变化（图 3-1，图 3-10～图 3-12）。具体地，以钟祥站、岳阳站、南昌站为典型站点，利用 1961～2012 年逐日降水数据分析极端降水事件的变化（图 3-10～图 3-12）。

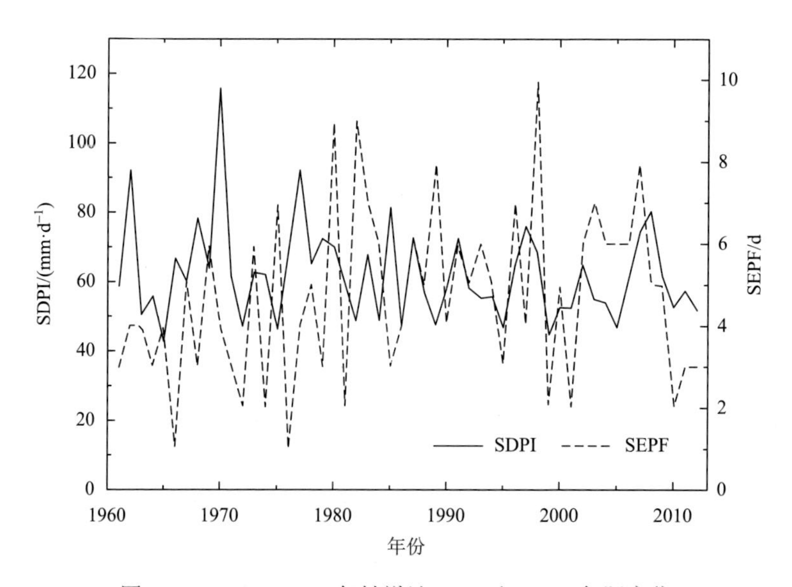

图 3-10　1961～2012 年钟祥站 SDPI 和 SEPF 年际变化

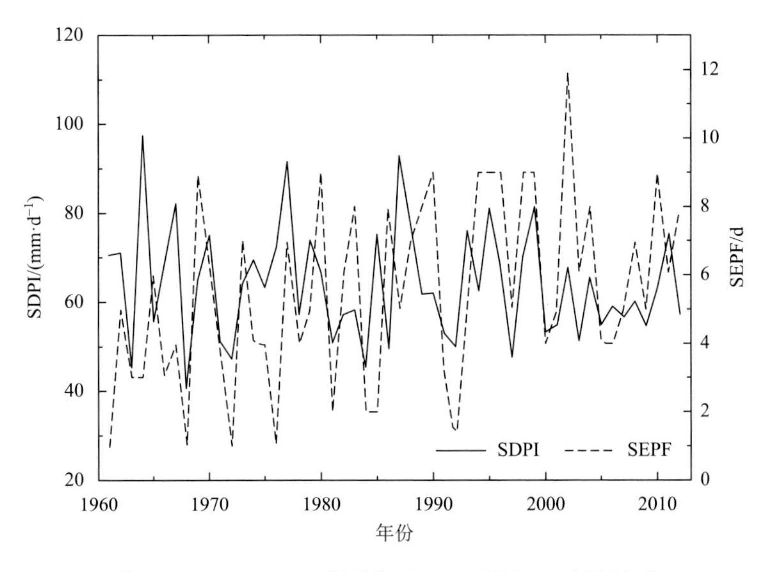

图 3-11　1961～2012 年岳阳站 SDPI 和 SEPF 年际变化

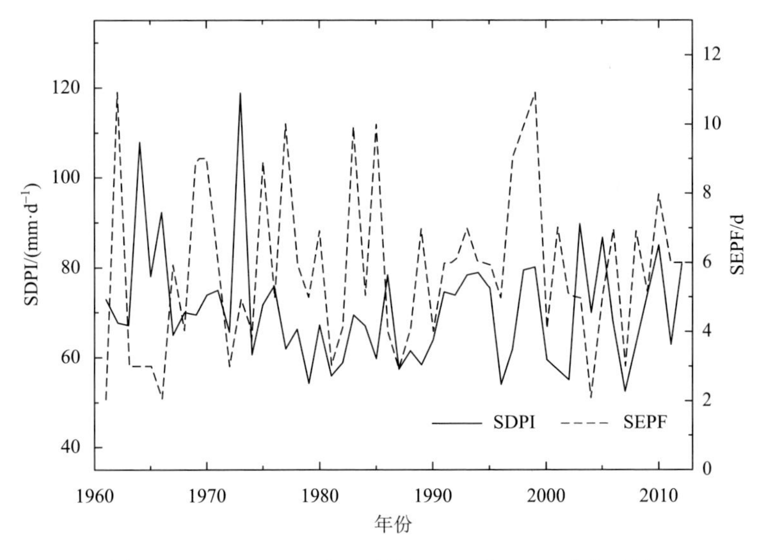

图 3-12　1961～2012 年南昌站 SDPI 和 SEPF 年际变化

如图 3-10 所示，1979 年以来，钟祥站的极端降水强度波动较小。SDPI 值从 1961～2012 年的（62.1±13.7）mm·d^{-1} 变化到 1979～2012 年的（59.9±10.2）mm·d^{-1}，这表明极端降水强度分布更为均匀，这一现象可能与该地区的水利工程有关。例如，丹江口水库 1958 年开工，并于 1973 年建设完成，可能会对汉江中下游的河流流量产生较大的影响（陆国宾等，2009）。根据 Pettitt 变化检测结果，钟祥站的

SDPI 在 1980 年发生了突变，不能排除与此有关。

此外，长江中游岳阳站的 SDPI 也变得更加均匀，从 1961～1999 年的（65.28±13.94）mm·d^{-1} 变化到 2000～2012 年的（59.52±6.8）mm·d^{-1}（图 3-11）。然而，过去几十年来，岳阳站的极端降水频率呈增强趋势（图 3-5 和图 3-11）。此外，根据 Pettitt 检验，1999 年岳阳站的极端降水强度发生了突变。这些现象可能与长江上游湖泊调节及大型水利工程的影响有关（图 3-1）（Zinke and Bogen，2013）。以往的研究发现，三峡工程对区域尺度（～100 km）影响较大，而对局部尺度（～10 km）影响较小（Wu et al.，2006）。这一结果表明 1997 年建成的三峡大坝对极端降水的可能影响。与岳阳站相比，长江中游南昌站的 SDPI 在三峡大坝建设前后呈现出较小的波动变化（图 3-12）。这种现象可能与其离三峡工程相对远的地理位置有关。

此外，如 3.4.1 节所述，尽管部分地区平均降水较少，但是其长期变化趋势明显，主要分布在铜仁站及沙坪坝和芷江站等站点（图 3-4 和图 3-6）。这种现象与该地区夜间降水的变化基本一致（胡迪和李跃清，2015）。根据天气研究和预报模式（WRF）模拟的结果，这一现象可能与青藏高原东部的大尺度环流和局部地形有关（薛羽君等，2012；Jin et al.，2012）。

本章以长江流域部分地区为例，从渐变和突变分析两个方面对 1961～2012 年极端降水事件的变化开展了同步分析。首先，假设极端超阈值降水服从广义帕累托分布及泊松发生率，利用 POT-GPD 方法识别出极端降水事件。在此基础上，计算了研究区极端降水事件的强度和频率，并采用回归分析和突变检测方法进一步分析了极端降水事件的变化趋势（Pei et al.，2017）。

研究发现：1961～2012 年间，研究区的极端降水频率和强度总体上呈增强趋势，这表明该地区未来几十年极端降水总体风险增大。然而，局地极端降水事件的强度与频率呈现相反的变化，如鄱阳湖—赣江地区、洞庭湖—长江地区附近及长江中下游西部的大部分地区，极端降水事件在频率、强度等方面缺乏统一趋势。极端降水的变化可归因于东亚夏季风等大尺度环流的变化以及一些局部因素（如湖泊调节、水利工程和地形条件等）的影响。此外，随着时间的推移，极端降水事件的变化可能由于气候变化而发生变化（Yilmaz et al.，2014）。因而，从厄尔尼诺-南方涛动的遥相关作用、局部地形等方面深入分析极端降水的成因至关重要。

参 考 文 献

胡迪，李跃清. 2015. 青藏高原东侧四川地区夜雨时空变化特征. 大气科学，39（1）：161-179.

陆国宾，刘轶，邹响林，等. 2009. 丹江口水库对汉江中下游径流特性的影响. 长江流域资源与环境，18(10)：959-963.

余敦先，夏军，张永勇，等. 2011. 近 50 年来淮河流域极端降水的时空变化及统计特征. 地理学报，66(9)：1200-1210.

沈浒英，匡奕煜，訾丽. 2011. 2010 年长江暴雨洪水成因及与 1998 年洪水比较. 人民长江，42（6）：11-14.

史道济. 2006. 实用极值统计方法. 天津：天津科学技术出版社.

宋超辉. 1999. 全国地面气候资料统计处理方法的研制. 贵州气象，（5）：12-16.

孙惠惠，章新平，罗紫东，等. 2018. 近53a来长江流域极端降水指数特征. 长江流域资源与环境，27（8）：228-239.

薛羽君，白爱娟，李典. 2012. 四川盆地降水日变化特征分析和个例模拟. 地球科学进展，27（8）：885-894.

中央气象局. 1979. 地面气象观测规范. 北京：气象出版社.

周广胜，许振柱，王玉辉. 2004. 全球变化的生态系统适应性. 地球科学进展，19（4）：642-649.

Beguería S，Angulo-Martínez M，Vicente-Serrano S M，et al. 2011. Assessing trends in extreme precipitation events intensity and magnitude using non-stationary peaks-over-threshold analysis：A case study in northeast Spain from 1930 to 2006. International Journal of Climatology，31（14）：2102-2114.

Cai W J，Borlace S，Lengaigne M，et al. 2014. Increasing frequency of extreme El Nino events due to greenhouse warming. Nature Climate Change，4（2）：111-116.

Caissie D，Ashkar F，El-Jabi N. 2020. Analysis of air/river maximum daily temperature characteristics using the peaks over threshold approach. Ecohydrology，13（1）：e2176.

Cameron A C，Trivedi P K. 1990. Regression-based tests for overdispersion in the Poisson model. Journal of Econometrics，46（3）：347-364.

Chen Y D，Zhang Q，Xiao M Z，et al. 2014. Precipitation extremes in the Yangtze River Basin，China：Regional frequency and spatial-temporal patterns. Theoretical and Applied Climatology，116（3-4）：447-461.

Coles S，Bawa J，Trenner L，et al. 2001. An Introduction to Statistical Modeling of Extreme Values. London：Springer.

Coles S，Heffernan J，Tawn J. 1999. Dependence measures for extreme value analyses. Extremes，2：339-365.

Cunnane C. 1973. A particular comparison of annual maxima and partial duration series methods of flood frequency prediction. Journal of Hydrology，18（3-4）：257-271.

Deidda R，Puliga M. 2009. Performances of some parameter estimators of the generalized Pareto distribution over rounded-off samples. Physics & Chemistry of the Earth Parts A/B/C，34（10-12）：626-634.

Ding Y，Wang Z Y，Sun Y. 2008. Inter-decadal variation of the summer precipitation in East China and its association with decreasing Asian summer monsoon. Part I：Observed evidences. International Journal of Climatology：A Journal of the Royal Meteorological Society，28（9）：1139-1161.

Donegan S P，Tucker J C，Rollett A D，et al. 2013. Extreme value analysis of tail departure from log-normality in experimental and simulated grain size distributions. Acta Materialia，61（15）：5595-5604.

Dorothea F，Markus R，Michael B，et al. 2015. Effects of climate extremes on the terrestrial carbon cycle：Concepts，processes and potential future impacts. Global Change Biology，21（8）：2861-2880.

Easterling D R，Meehl G A，Parmesan C，et al. 2000. Climate extremes：observations，modeling，and impacts. Science，289（5487）：2068-2074.

Ehsanzadeh E，Ouarda T B M J，Saley H M. 2015. A simultaneous analysis of gradual and abrupt changes in Canadian low streamflows. Hydrological Processes，25（5）：727-739.

Faraway J J. 2005. Extending the linear model with R：Generalized linear，mixed effects and nonparametric regression models. Florida：CRC Press.

Faranda D，Lucarini V，Turchetti G，et al. 2011. Numerical convergence of the block-maxima approach to the generalized extreme value distribution. Journal of Statistical Physics，145（5）：1156-1180.

Fisher R A，Tippett L H C. 1928. Limiting forms of the frequency distribution of the largest or smallest member of a sample. Proceedings of the Cambridge Philosophical Society，24：180-190.

Greenwood J A，Landwehr J M，Matalas N C，et al. 1979. Probability weighted moments：Definition and relation to parameters of several distributions expressable in inverse form. Water Resources Research，15（5）：1049-1054.

Guo J，Guo S，Li Y，et al. 2013. Spatial and temporal variation of extreme precipitation indices in the Yangtze River basin，China. Stochastic Environmental Research and Risk Assessment，27（2）：459-475.

Heisler-White J L，Blair J M，Kelly E F，et al. 2009. Contingent productivity responses to more extreme rainfall regimes across a grassland biome. Global Change Biology，15（12）：2894-2904.

Hosking J R. 1990. L-moments analysis and estimation of distributions using linear combinations of order statistics. Journal of the Royal Statistical Society：Series B（Methodological），52（1）：105-124.

Hossain F. 2010. Empirical relationship between large dams and the alteration in extreme precipitation. Natural Hazards Review，11（3）：97-101.

Houghton J T，Ding Y，Griggs D J，et al. 2001. Climate change 2001：The Scientific Basis. Contribution of Working Group I to the Third assessment Report of the International Panel on Climate Change. Cambridge：Cambridge University Press.

IPCC. 2012. Managing the Risks of Extreme Events and Disasters to Advance Climate Change Adaptation. A Special Report of Working Groups Ⅰ and Ⅱ of the Intergovernmental Panel on Climate Change. Cambridge:Cambridge University Press.

IPCC. 2019. Summary for Policymakers//Shukla P R，Skea J，Calvo Buendia E. et al. Climate Change and Land：An IPCC Special Report on Climate Change，Desertification，Land Degradation，Sustainable Land Management，Food Security，and Greenhouse Gas Fluxes in Terrestrial Ecosystems. Cambridge：Cambridge University Press.

Jin X，Wu T，Li L. 2012. The quasi-stationary feature of nocturnal precipitation in the Sichuan Basin and the role of the Tibetan Plateau. Climate Dynamics，41：977-994.

Karl T R，Nicholls N，Ghazi A. 1999. Clivar/GCOS/WMO workshop on indices and indicators for climate extremes workshop summary. Climatic Change，42：3-7.

Lang M，Ouarda T B M J，Bobée B. 1999. Towards operational guidelines for over-threshold modeling. Journal of Hydrology，225（3）：103-117.

Lazoglou G，Anagnostopoulou C，Tolika K，et al. 2019. A review of statistical methods to analyze extreme precipitation and temperature events in the Mediterranean region. Theoretical and Applied Climatology，136（1-2）：99-117.

Li J P，Zeng Q C. 2002. A unified monsoon index. Geophysical Research Letters，29（8）：1274.

Li J P，Wu Z W，Jiang Z H，et al. 2010. Can global warming strengthen the East Asian summer monsoon? Journal of Climate，23（24）：6696-6705.

Li K F，Zhu C，Wu L，et al. 2013. Problems caused by the Three Gorges Dam construction in the Yangtze River basin：A review. Environmental Reviews，21（3）：127-135.

Moore T R，Matthews H D，Simmons C，et al. 2015. Quantifying changes in extreme weather events in response to warmer global temperature. Atmosphere-Ocean，53（4）：412-425.

O'Gorman P A，Schneider T. 2009. The physical basis for increases in precipitation extremes in simulations of 21st-century climate change. Proceedings of the National Academy of Sciences，106（35）：14773-14777.

Palutikof J P，Brabson B B，Lister D H，et al. 1999. A review of methods to calculate extreme wind speeds. Meteorological Applications，6（2）：119-132.

Pandey M D，Van Gelder P，Vrijling J K. 2001. The estimation of extreme quantiles of wind velocity using L-moments in the peaks-over-threshold approach. Structural Safety，23（2）：179-192.

Pandey M D，Van Gelder P，Vrijling J K. 2003. Bootstrap simulations for evaluating the uncertainty associated with peaks-over-threshold estimates of extreme wind velocity. Environmetrics：The Official Journal of the International

Environmetrics Society，14（1）：27-43.

Pei F S，Wu C J，Liu X P，et al. 2018. Monitoring the vegetation activity in China using vegetation health indices. Agricultural and Forest Meteorology，248：215-227.

Pei F S，Wu C J，Qu A X，et al. 2017. Changes in extreme precipitation：A case study in the middle and lower reaches of the Yangtze river in China. Water，9（12）：943.

Pettitt A N. 1979. A Non-Parametric Approach to the Change-Point Problem. Journal of the Royal Statistical Society：Series C（Applied Statistics），28（2）：126-135.

Pickands III J. 1975. Statistical inference using extreme order statistics. Annals of Statistics，3（1）：119-131.

Sarhadi A，Soulis E D. 2017. Time-varying extreme rainfall intensity-duration-frequency curves in a changing climate. Geophysical Research Letters，44（5）：2454-2463.

Scoccimarro E，Gualdi S，Bellucci A，et al. 2013. Heavy precipitation events in a warmer climate：Results from CMIP5 models. Journal of Climate，26（20）：7902-7911.

Shi X Y，Wang Y Q，Xu X D. 2008. Effect of mesoscale topography over the Tibetan Plateau on summer precipitation in China：A regional model study. Geophysical Research Letters，35：L19707.

Su B，Gemmer M，Jiang T. 2008. Spatial and temporal variation of extreme precipitation over the Yangtze River Basin. Quaternary International，186（1）：22-31.

Taylor R G，Todd M C，Kongola L，et al. 2013. Evidence of the dependence of groundwater resources on extreme rainfall in East Africa. Nature Climate Change，3（4）：374-378.

Thiombiano A N，El Adlouni S，St-Hilaire A，et al. 2017. Nonstationary frequency analysis of extreme daily precipitation amounts in Southeastern Canada using a peaks-over-threshold approach. Theoretical and Applied Climatology，129（1-2）：413-426.

Todorovic P，Zelenhasic E. 1970. A stochastic model for flood analysis. Water Resources Research，6（6）：1641-1648.

Villarini G，Smith J A，Baeck M L，et al. 2011. On the frequency of extreme rainfall for the Midwest of the United States. Journal of Hydrology，400（1-2）：103-120.

Villarini G，Smith J A，Vecchi G A. 2013. Changing frequency of heavy rainfall over the central United States. Journal of Climate，26（1）：351-357.

Wang Q J. 1991. The POT model described by the generalized Pareto distribution with Poisson arrival rate. Journal of Hydrology，129（1-4）：263-280.

Wang B，Wu Z，Li J，et al. 2008. How to measure the strength of the East Asian summer monsoon. Journal of Climate，21（17）：4449-4463.

Wu W X，Liu T S. 2004. Possible role of the “Holocene Event 3” on the collapse of Neolithic Cultures around the Central Plain of China. Quaternary International，117（1）：153-166.

Wu L G，Zhang Q，Jiang Z H. 2006. Three Gorges Dam affects regional precipitation. Geophysical Research Letters，33（13）：338-345.

Yilmaz A G，Hossain I，Perera B J C. 2014. Effect of climate change and variability on extreme rainfall intensity-frequency-duration relationships：A case study of Melbourne. Hydrology & Earth System Sciences Discussions，18（10）：4065-4076.

Zhai P M，Pörtner H，Roberts D. 2018. Global Warming of 1.5℃. An IPCC Special Report on the impacts of global warming of 1.5℃ above pre-industrial levels and related global greenhouse gas emission pathways. World Meteorological Organization Geneva，Switzerland 32.

Zhai P M，Zhang X B，Wan H，et al. 2005. Trends in total precipitation and frequency of daily precipitation extremes over

China. Journal of Climate，18（7）：1096-1108.

Zinke P，Bogen J. 2013. Effect of water level regulation on gradients and levee deposits in the Lake Øyeren delta，Norway. Hydrology Research，44（3）：523-537.

Zong Y Q，Chen X Q. 2000. The 1998 flood on the Yangtze，China. Natural Hazards，22（2）：165-184.

第 4 章　植被健康指数的植被活动监测能力评估及在中国的应用

4.1　概　　述

以往研究指出，植被活动对陆地生态系统的能量收支、物质循环及生物地球化学循环产生重要的影响，从而调节地球的气候系统（Bala et al.，2007；Peng et al.，2014；Piao et al.，2014）；同时，植被活动对自然因素的变化和人类干扰相当敏感。例如，由于大气中 CO_2 浓度增加（Piao et al.，2012）、植树造林（Peng et al.，2014）和气候适应（Challinor et al.，2014）等因素的影响，陆地植被活动往往呈现增强趋势。然而，气候干旱和不透水面的增加却使植被活动呈现减弱趋势（Ji and Peters，2003；Pei et al.，2013a，2013b）。植被活动的时空动态监测是学术界关注的一个重要问题。

与传统的实地调查手段相比，卫星数据在大面积植被活动监测方面表现出了明显优势。众研究者提出了多种遥感指数来反演植被冠层特征，以最小化土壤背景反射率等外界因素的影响。作为植被覆盖度或生产力的重要指示因子，归一化植被指数（NDVI）被广泛运用于区域到全球尺度植被活动研究（Fang et al.，2004；Piao et al.，2014）。例如，Piao 等（2011）利用 NDVI 作为关键指标分析了温度变化与植被活动之间的关系；de Jong 等（2011）利用 NDVI 时间序列检验了全球植被活动的绿化（greening）和褐变（browning）趋势。由于 NDVI 中的短期信息（即与天气有关的信息）往往弱于长期生态信息（如土壤背景、地形地貌），通常很难从 NDVI 累积效应中识别出天气异常（如干旱）对植被活动的胁迫作用（Kogan，1995；Seiler et al.，1998）。为了解决这些问题，众学者提出了植被条件指数（VCI）来分离 NDVI 中的短期气象信息和长期生态信息（Kogan and Sullivan，1993；Seiler et al.，1998）。然而，VCI 在监测和识别短期气象信号时，过度湿润和干旱通常容易被混淆。为了区分二者的影响，Kogan（1990）、Kogan（1995）、Kogan 等（2011）将 VCI 和植被冠层的温度监测相结合，提出了运用植被健康指数（VHI）来监测干旱事件。VCI 和 VHI 在评估植被健康和农作物生产方面得到了广泛应用（Kogan，1990；Orlovsky et al.，2011）。

中国地域辽阔、自然环境复杂多样，植被活动呈现出复杂化的特点。例如，

Peng 等（2011）研究指出，从国家尺度上看，1982～2010 年我国植被活动度呈现增强趋势；Lü 等（2015）发现 2000～2010 年植被的绿化和褐变均存在较大的空间异质性。我国植被活动的变化趋势，尤其是植被活动对气候变化的响应，目前尚存在较大的不确定性。本章利用 VCI 和 VHI 对我国植被活动变化进行了监测对比分析，进而探讨利用二者进行植被活动监测的可靠性及其不足之处；在此基础上，分析 1982～2013 年我国植被活动的变化趋势。

4.2　数据源及数据处理

本章使用的数据主要包括：气象数据、遥感数据、农田产量数据和帕默尔干旱指数（PDSI）数据。其中，气象数据来源于国家气象信息中心/中国气象局（NMIC/CMA），主要包括 1982～2013 年 0.5°×0.5°格网化的逐日平均气温和降水量数据集。该数据集是根据全国 2472 个气象站观测记录，利用平滑薄板样条方法与 GTOPO30 高程数据相结合，进行插值后得到（Hutchinson，1998；Hong et al.，2005）。为了便于计算，该气象数据集被重新投影，并插值为 4 km 的分辨率。

本章所使用的遥感数据集主要包括 1982～2013 年 4 km 分辨率的植被健康指数数据集（VCI 和 VHI）、基于 MODIS 的植被 NDVI 数据和土地利用/覆被分类数据。其中，VCI 和 VHI 数据来自美国国家海洋和大气管理局（NOAA）卫星应用和研究中心（STAR）。这些数据集是由 NOAA-7、NOAA-9、NOAA-11、NOAA-14、NOAA-16 和 NOAA-18 卫星上搭载的 AVHRR 传感器观测数据集产生的。在 AVHRR GAC 数据的基础上，将卫星观测的日数据转换为 7 天周期数据，形成 VCI 和 VHI 数据集（Kogan et al.，2011）。在此基础上，分别计算出 1982～2013 年生长季 VCI 和 VHI 的平均值，作为植被活动的指示因子。由于 1994 年 9 月～1995 年 2 月数据缺失，为了保证连续性，用 1994 年前后相应记录的 VCI 和 VHI 的平均值来替代缺失数据。另外，本章还基于 MODIS 产品（MOD13）获取了 2013 年 1 km 分辨率的逐月 NDVI 遥感影像，将平均 NDVI 小于 0.1 的像元标记为非植被区，从而提取中国的植被分布区域。此外，还获取了基于 MODIS 的逐年土地利用/覆被数据（MCD12）。最后，将所有遥感图像重采样到 4 km×4 km 的分辨率。

有关农田产量数据，根据 1982～2014 年《中国统计年鉴》，本章收集了全国各省（自治区、直辖市）的水稻、小麦、玉米、大豆和谷物的产量数据（不含香港、澳门和台湾），由于海南省和重庆市的部分记录缺失，因此本章共利用全国 29 个省（自治区、直辖市）的数据开展分析。

另外，本章中的 PDSI 数据来自美国国家大气研究中心（NCAR）（http://www.

cgd.ucar.edu/cas/catalog/climind/PDSI.html）。PDSI 数据是利用基于观测和基于模型的逐月地面气温和降水量及其他地面强迫数据计算得到的（Dai et al.，2004）。为了保持与 VCI 和 VHI 数据的一致性，利用生长季平均值方法将逐月 PDSI 数据进一步转换到年尺度。

4.3 研究方法

4.3.1 利用植被健康指数监测植被活动原理

NDVI 是衡量植被光合能力的一个重要遥感指标，常常被用作植物绿度或植被生长的指示因子（Liu and Gong，2012；Piao et al.，2014）。作为最常用的植被指数，NDVI 往往与复杂多变的气象条件（如干旱、洪涝）和局地的地理本底条件（如土壤、地形和植被类型）的累积效应有关（Kogan，1990），特别是在经度和纬度跨度大、植被类型复杂多样的中国区域。为了更好地反映植被活动的动态变化，有必要分离出由气象因子变化引起的植被活动异常和局地本底驱动因子的生态效应。Kogan（1995）发现，利用平滑技术可以使 NDVI 时间序列之间的差异更加明显，以用于监测与天气相关的变化。具体是通过利用时间序列中 NDVI 值范围来缩放平滑后的逐周 NDVI 值，从而分离 NDVI 中与天气相关的信号（Kogan and Sullivan，1993；Kogan，1995）。在此基础上，Kogan 和 Sullivan（1993）、Kogan（1995）提出了植被条件指数（VCI）。为了匹配 3～7 天的叶片变化（Ulanova，1975）和天气模式变化的 3～5 天周期，选择了一周的卫星数据时间集合来定义和计算 VCI（Kogan，1997）。VCI 定义如下：

$$\mathrm{VCI}=100\times(\mathrm{NDVI}-\mathrm{NDVI}_{\min})/(\mathrm{NDVI}_{\max}-\mathrm{NDVI}_{\min}) \tag{4-1}$$

式中，NDVI、$\mathrm{NDVI}_{\max}$ 和 $\mathrm{NDVI}_{\min}$ 分别为平滑后的周 NDVI 及在给定时间内的最大值和最小值。在监测干旱等与天气有关的变化时，VCI 被用作重要的植被指标之一。通常，在土壤过湿及云量大的条件下，NDVI 会非常低，此时 VCI 值较低，这可被错误地解释为干旱事件。为了区分干旱与土壤过湿及云量大的情况，Kogan（1995）、Kogan 等（2011）提出结合 VCI 和温度条件指数（TCI），即利用 VHI 来识别干旱事件：

$$\mathrm{VHI}=a\times\mathrm{VCI}+(1-a)\times\mathrm{TCI} \tag{4-2}$$

$$\mathrm{TCI}=100\times(\mathrm{BT}_{\max}-\mathrm{BT})/(\mathrm{BT}_{\max}-\mathrm{BT}_{\min}) \tag{4-3}$$

式中，TCI 反映了温度的胁迫压力；a 为一个量化水分和温度对植被健康的相对贡献的系数；BT 定义了亮温因子；BT、$\mathrm{BT}_{\max}$ 和 $\mathrm{BT}_{\min}$ 分别为平滑后的 BT 及其最大值和最小值。由于通常难以确定某一特定地点的水分和温度对植被健康的贡献，为了简单起见，假定两者的比例相等（即 a 等于 0.5）。该算法的详细描述参见 Kogan 等（2011）的原始文献。

根据式（4-1）～式（4-3），三种植被健康指数（包括 VCI、TCI 和 VHI）在 0（极端胁迫）和 100（最有利条件）之间变化。具体地，植被健康指数在 40 和 60 之间反映了正常植被状况（Kogan et al.，2011）；若植被健康指数从 40 下降到 0 表明植被胁迫加剧；而当植被健康指数从 60 增加到 100，说明植被状况有所改善。本章通过识别以上 3 个范围内的植被健康指数的时空分布，评价了不同植被类型下的植被生长状况：①植被胁迫条件（0～40）；②正常植被条件（40～60）；③有利植被条件（60～100）。

本章利用 VCI 和 VHI 对 1982～2013 年中国近几十年的植被活动进行了监测评估。研究植被活动变化时，通常采用生长季植被指数作为全年植被生长的指示因子。生长季是指一年中可用于植物生长和生物量积累的一段时间。人们常常利用物候学、卫星数据和气温来反映生长季的变化（Linderholm，2006）。物候生长季和基于卫星观测的生长季通常是由物候和 NDVI 计算得出的，它们对植物的竞争和适应乃至生态效应有重大影响（Walther et al.，2002）。然而，对于诸如监测气象干旱应用而言，与植物无关的，更笼统的生长季定义常常更有用（如气候生长季）（Menzel et al.，2003）。Chen 和 Pan（2002）研究发现，在中国东部温带地区，平均温度大于 5℃的生长天数是生长季开始和结束日期的最重要控制因素。Liu 等（2010）发现，除中国东南部地区以外，在 5℃的基础温度条件下，其他地区的生长季长度与 3～11 月的平均气温高度相关。因而，连续 5 天以上日平均气温高于 5℃的时间范围常被用来定义生长季（Linderholm，2006；Song et al.，2010）。

为了匹配卫星数据的合成周期和生长季长度，本章采用平均温度 5℃作为生长季阈值（Kogan，1997），即将生长季节定义为第一周（以及最后一周）平均气温高于（以及低于）5℃的时间间隔。在此基础上，计算了生长季平均 VCI 和平均 VHI 的空间格局和区域平均大小，以反映植被活动的年际动态变化，进一步利用最小二乘拟合方法检验 VCI 和 VHI 的变化趋势。具体方法如下：①利用 1982～2013 年的周平均气温，识别出生长季的起止时间；②计算生长季的平均 VCI 和平均 VHI，作为年际植被生长的指示因子；③利用最小二乘拟合方法检验 VCI 和 VHI 的年际变化趋势，从空间格局和区域大小两个方面考察植被活动的时间动态变化。

4.3.2 利用植被健康指数监测植被活动的性能评价方法

以往研究中，植被健康指数（包括 VCI 和 VHI）被广泛用于监测植被胁迫、农作物生产和生物量估算等方面（Unganai and Kogan，1998；Kogan et al.，2005；Orlovsky et al.，2011）。本章进一步对比了 VCI 和 VHI 的植被活动监测能力及效率：①利用统计年鉴中的农作物产量数据验证了 VCI 和 VHI 两个指标的有效性；②开展与 PDSI 数据的一致性检验；③根据式（4-2），VHI 假设 VCI 与 TCI 之间呈负相关关系（Karnieli et al.，2006）。因而，本章进一步按干湿带和植被类型检验了 VCI 与温度的负相关假设。

在监测植被活动时，与天气相关（如气象干旱）的植被胁迫作用常常首先在农作物中体现（Komuscu，1999；Bhuiyan et al.，2006）。因此，本章收集了我国各省的农作物产量数据，即选取了位于黄淮海平原的山东省和安徽省，位于鄱阳湖平原的江西省和位于洞庭湖平原的湖南省的数据。在此基础上，验证了 VCI 和 VHI 在反映植被活动方面的适用性。

此外，PDSI 能够有效地反映表面水分条件差异（Dai et al.，2004）。因而，PDSI 被广泛用于监测气象干旱、土壤水分的变化（Szép et al.，2005；Trenberth et al.，2014）。我们首先比较了 VCI、VHI 与 PDSI 的空间格局。然而，考虑到 PDSI 与 VCI/VHI 在时间尺度上的差异，本章依据生长季 PDSI 提取了时间序列年际 PDSI 数据来反映水分条件的变化。

最后，以中国植被活动评估为例，我们验证了 VCI 与亮温的负相关假设，从而评估植被活动时空动态变化。为了确定数据的精度并与植被生长季相匹配，本章中气象站的温度观测被用来替代亮温参与计算。另外，还根据干湿带和植被类型分别分析了 VCI 与温度的空间相关格局。具体地，我们以黄秉维（1958）和中国科学院自然区划工作委员会（1959）的工作为基础，通过对相关气候带进行合并，将我国的气候条件分为 3 个区域：湿润地区、半湿润半干旱地区和干旱地区。

4.3.3　基于植被健康指数的中国植被活动监测

在前述分析基础上，利用 1982～2013 年覆盖我国的 VCI 和 VHI 数据，探讨全国植被活动的动态变化（Pei et al.，2018）。首先，利用 NDVI 数据对我国非植被区进行了识别和执行掩膜操作。其次，通过计算 VCI 和 VHI 的距平值来分析其年际异常变化。另外，计算了 0～100 的平均 VCI 和 VHI，分析了中国近几十年来的平均植被活动状况。为了进一步分析 VCI 和 VHI 的动态变化，还分别计算了 0～40、40～60 和 60～100 的平均 VCI 和 VHI，从而识别 1982～2013 年部分严重的植被活动异常变化。在此基础上，对 1982～2013 年 VCI 和 VHI 的空间格局和区域总量进行了分析和比较。

此外，我们还分析了形成 VCI 和 VHI 差异的可能原因。通过在时间和空间上开展统计相关分析，以检验植被生长与温度之间的负相关假设。利用逐像元的回归分析（即最小二乘法拟合）来计算 VCI、VHI 和温度异常的变化趋势。

4.4 植被健康指数的中国植被活动监测评估

4.4.1 中国植被平均生长季长度

如图 4-1 所示，我国植被生长季时长从北向南呈现增加趋势。具体而言，从东北部地区的十几周增加到南部的 52 周。值得注意的是，在热量为植被生长主要约束因子的青藏高原地区，全年生长季时长最短（小于 10 周），如此短的生长季长度可能与该地区 4000 m 以上的高海拔有关，这些结果与 Song 等（2010）基于 5 个不同指数的研究结果一致。

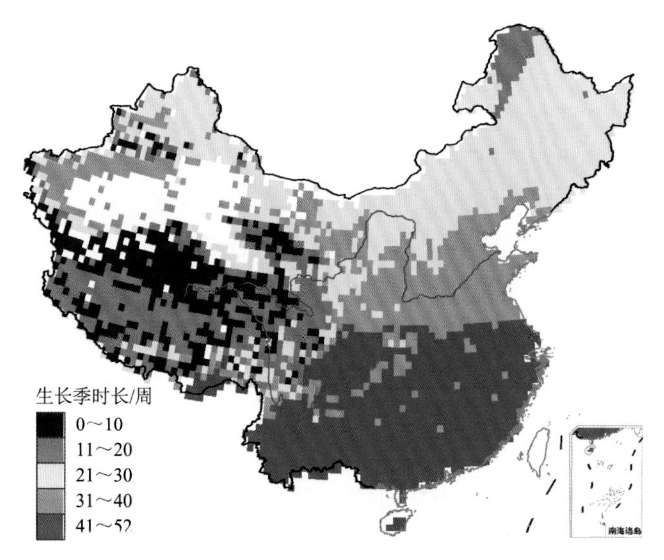

图 4-1 中国生长季时长的空间分布

图中白色区域表示无植被地区，无数据地区，或由格网化的平均气温数据精度不足导致

4.4.2 VCI 和 VHI 的时空变化

首先，对我国的平均植被活动状况（即 VCI 和 VHI 介于 0～100）进行分析。如图 4-2～图 4-4 所示，VCI 和 VHI 在总量和空间格局方面均存在差异。从国家尺度来看，1982～2013 年生长季平均 VCI 为 51±8，而平均 VHI 为 48±4［图 4-2（a）和图 4-2（b）］。这一结果表明，全国范围内的植被生长主要处于正常状态。此外，过去几十年 VCI 和 VHI 均呈现出增加的趋势。如图 4-2（a）所示，1982～2013 年生长季 VCI 的增加率达到 0.626 75（$P = 0.000$），VHI 的增加率相对较低，

为 0.086 20（$P = 0.324$）[图 4-2（b）]。该差异可能与亮度温度导致的 VCI 偏移有关。尽管 VCI 和 VHI 在过去 30 年均有所增加，与 1982～1999 年相比较而言，VCI 和 VHI 的增加率均有所下降，即 1982～1999 年 VCI 和 VHI 分别以 0.711 和 0.196 的速度增加。该结果与以往基于卫星的 NDVI 分析结果一致（Peng et al.，2011），这说明近些年来植被活动呈现相对减弱的趋势，Liang 等（2015）的研究结果也证实了这一特点。

另外，我们还对 0～40、40～60 和 60～100 等各个子区间的 VCI 和 VHI 进行了单独分析。如图 4-2（c）所示，根据 VCI 的指示作用（0～40），识别出了 1982～1983 年我国明显的植被胁迫作用，这一现象可能与 1982～1983 年厄尔尼诺期间气候异常（如洪涝）引起的植被生长胁迫的广泛分布有关（Zhai et al.，1999；Wang et al.，2003）。然而，根据 VHI 得出的这一时期的植被胁迫作用却并不像 VCI 那么严重 [图 4-2（d）]，这表明 VHI 在反映洪涝对植被生长造成的胁迫方面的能力有限。此外，在全国尺度上 VCI 和 VHI 识别出 1986 年、1989 年、1995～1996 年和 2000 年较为严重的植被胁迫作用，这种植被状况可能与中国干旱地区的广泛分布有关（Zou et al.，2005）。其中，最为明显的是 2000 年时低 VCI 对我国植被胁迫的指示作用，这种现象与这一时期全国发生的严重干旱有关（Wang et al.，

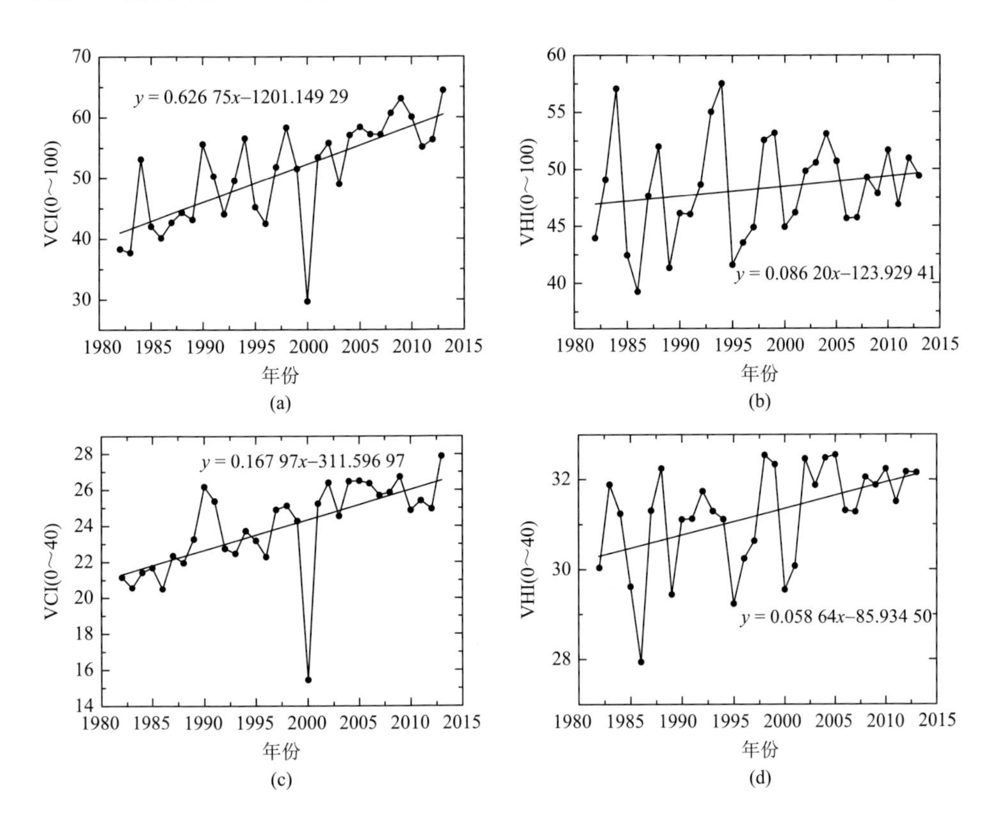

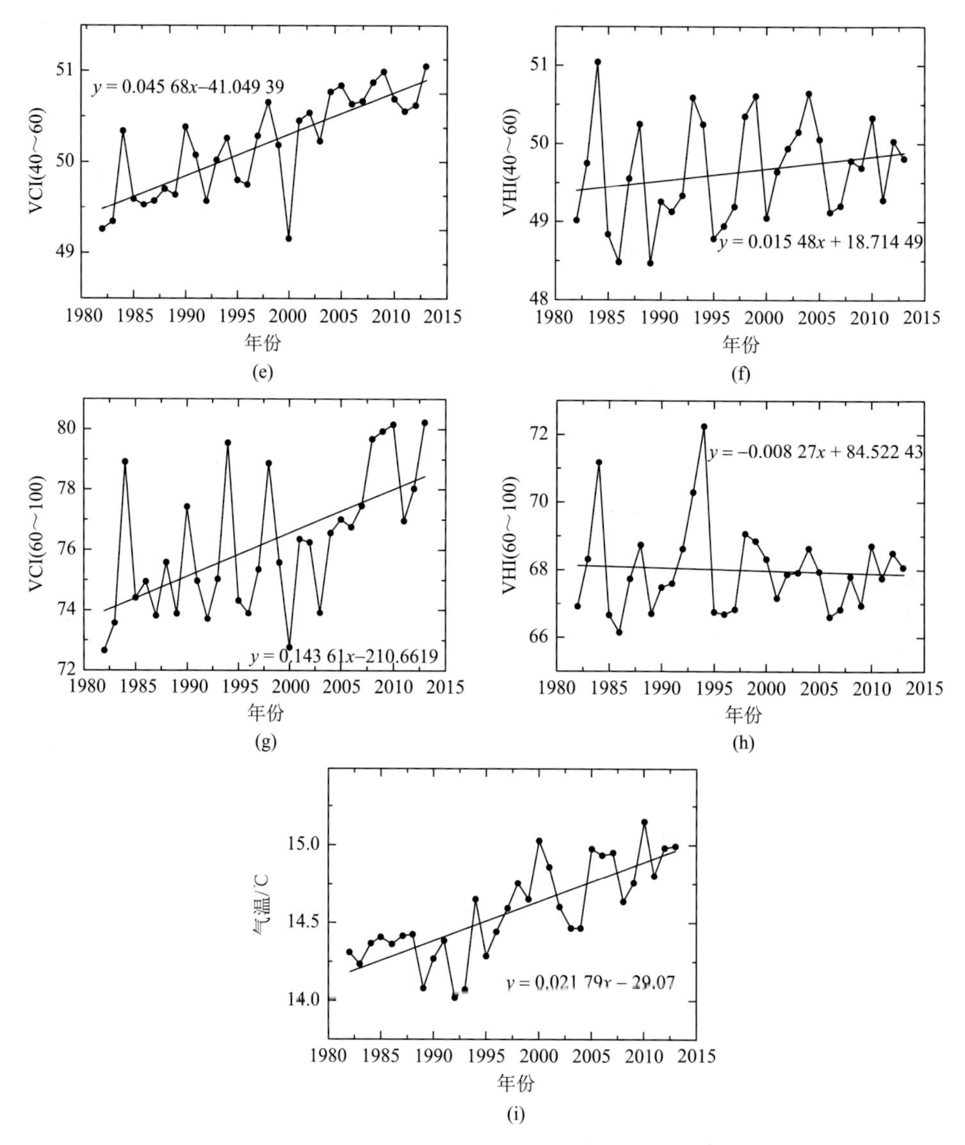

图 4-2　1982～2013 年 VCI、VHI 与气温的年际变化

（a）VCI（0～100）；（b）VHI（0～100）；（c）VCI（0～40）；（d）VHI（0～40）；（e）VCI（40～60）；（f）VHI（40～60）；（g）VCI（60～100）；（h）VHI（60～100）；（i）气温变化

2003）。通过使用其他范围的 VCI 和 VHI（即 40～60 和 60～100）也可以发现类似的低值［图 4-2（e）～图 4-2（h）］，结果指出 1982～1983 年、1986 年、1989 年、1995～1996 年和 2000 年的植被胁迫程度较高。

我们进一步利用 0～40、40～60 和 60～100 范围的生长季 VCI 和 VHI 对中国植被活动状况及其持续时间的空间格局进行了分析。如图 4-3（a）和图 4-3（b）所示，

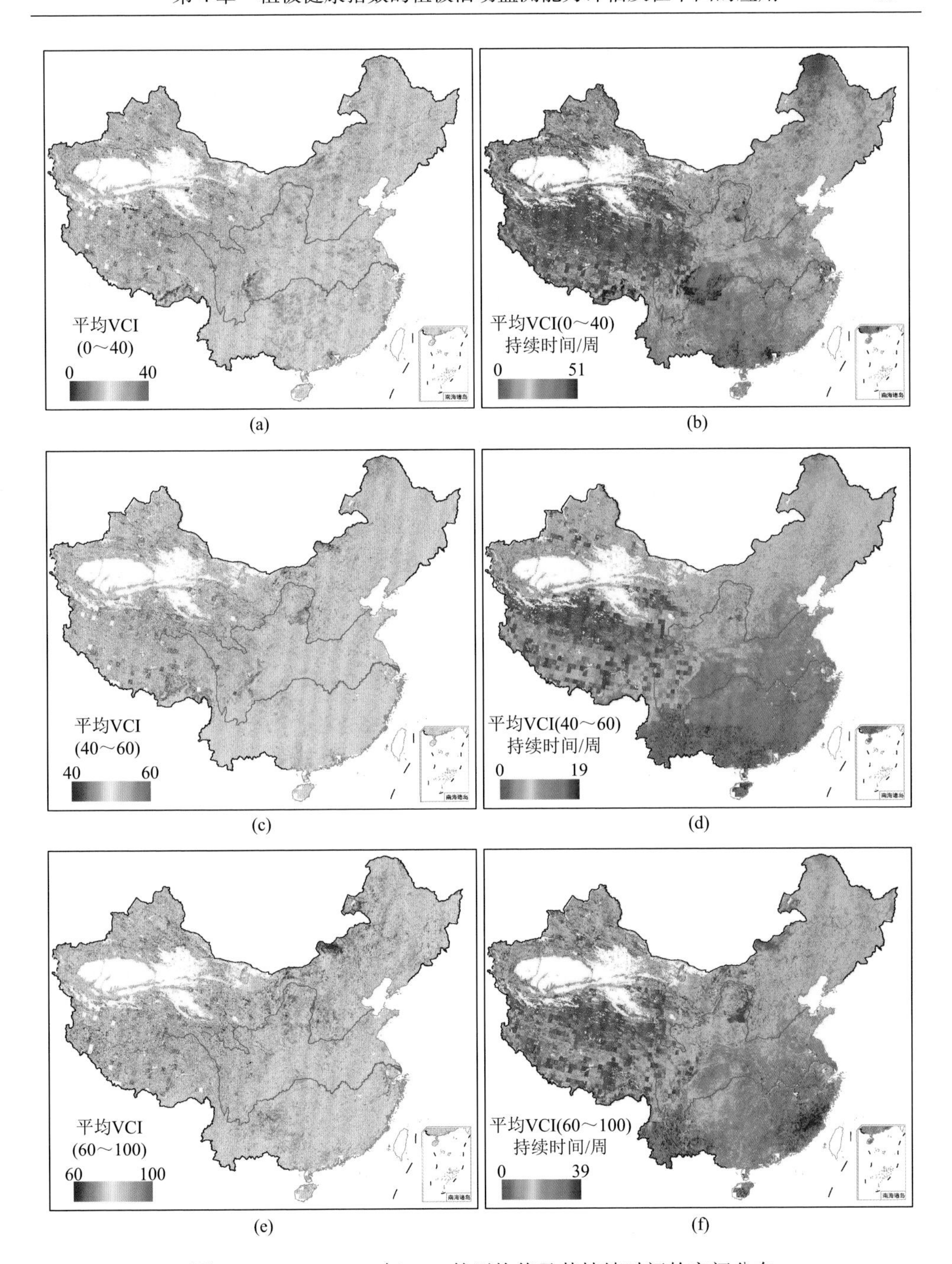

图 4-3　1982～2013 年 VCI 的平均值及其持续时间的空间分布

（a）平均 VCI（0～40）；（b）平均 VCI（0～40）持续时间；（c）平均 VCI（40～60）；（d）平均 VCI（40～60）持续时间；（e）平均 VCI（60～100）；（f）平均 VCI（60～100）持续时间

图中白色区域表示无植被地区，无数据地区，或由格网化的平均气温数据精度不足导致

VCI 在 0～40 且时长为 9 周时的平均 VCI 为 24，而相应范围的 VHI 且时长 8 周时其平均值仅为 31［图 4-4（a）和图 4-4（b）］，这说明我国植被胁迫分布较广且时间较长（约 2 个月）。

4.4.3　利用 VCI 和 VHI 监测植被活动的性能评价

1. 利用农作物产量数据验证 VCI 和 VHI

根据省级统计数据的分析，有 20 个省份的农作物产量与 VCI 之间存在显著的相关关系（$P<0.05$）。然而，只有 13 个省份的 VHI 具有显著的相关性（$P<0.05$）。我们选取了我国粮食主产区的 4 个省份开展了分析。首先，对处于半湿润半干旱地区的山东省进行了分析［图 4-5（a）］。结果表明，山东省农作物产量与 VCI

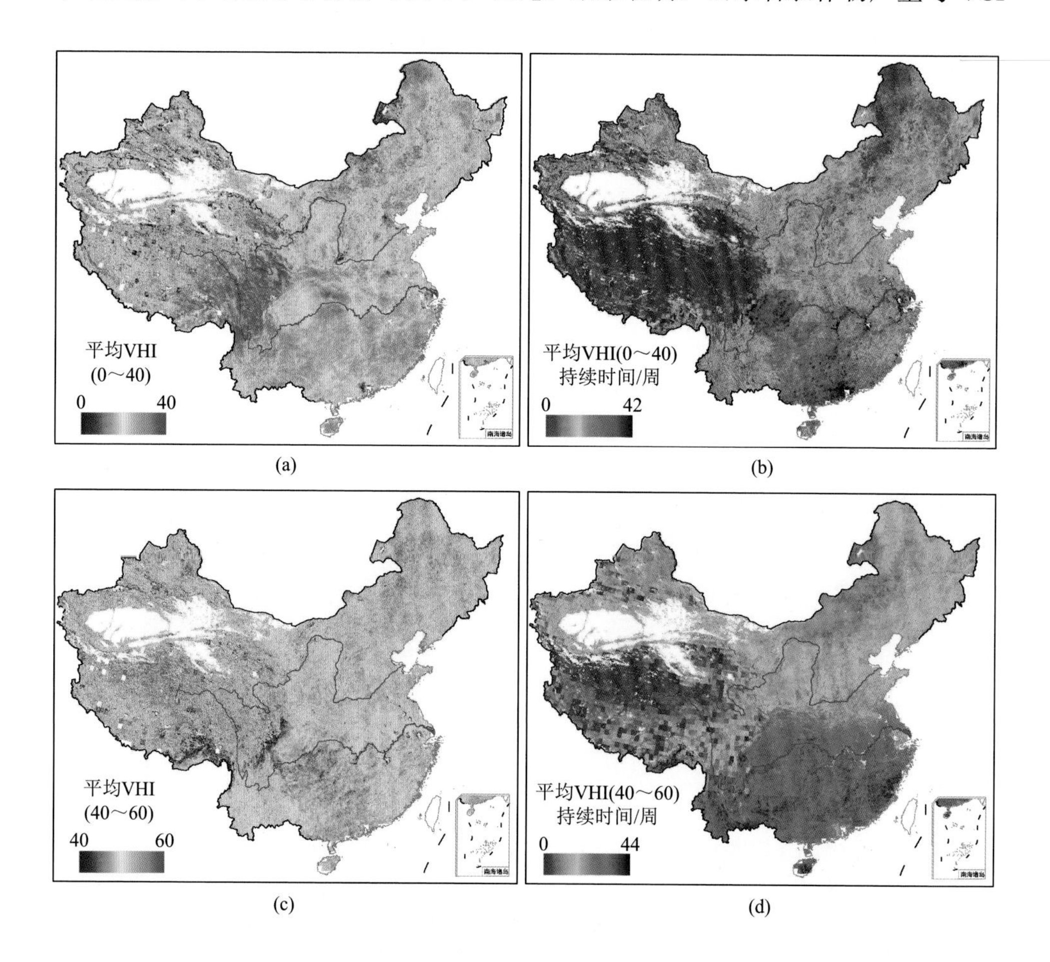

(a)　(b)

(c)　(d)

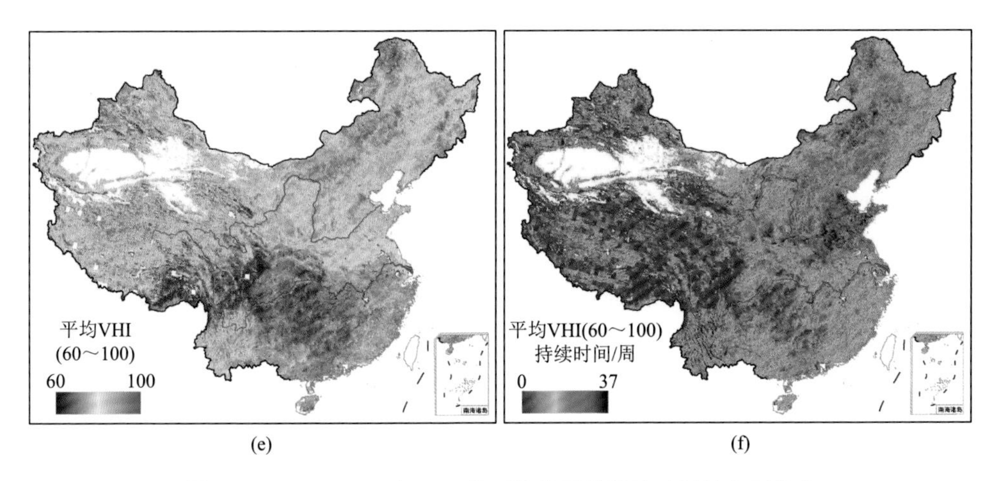

(e)　　(f)

图 4-4　1982～2013 年 VHI 的平均值及其持续时间的空间分布

（a）平均 VHI（0～40）；（b）平均 VHI（0～40）持续时间；（c）平均 VHI（40～60）；（d）平均 VHI（40～60）持续时间；（e）平均 VHI（60～100）；（f）平均 VHI（60～100）持续时间
图中白色区域表示无植被地区，无数据地区，或由格网化的平均气温数据精度不足导致

（$R = 0.40$；$N = 28$；$P = 0.020$）或 VHI（$R = 0.50$；$N = 28$；$P = 0.000$）均呈显著相关。其次，对 3 个 VCI 指标与气温均呈正相关的省份（即处于湿润地区的安徽省、江西省和湖南省）进行了分析（图 4-6）。如图 4-5（b）所示，对于安徽省，农作物产量与 VCI（$R = 0.64$；$N = 28$；$P = 0.000$）或 VHI（$R = 0.55$；$N = 28$；$P = 0.001$）之间存在显著相关关系；而对于江西省，其 VCI 与农作物产量之间的关系（$R = 0.62$；$N = 28$；$P = 0.000$）及 VHI（$R = 0.50$；$N = 28$；$P = 0.004$）[图 4-5（c）] 与湖南省相似，其相关关系分别为 VCI（$R = 0.49$；$N = 28$；$P = 0.005$）和 VHI（$R = 0.28$；$N = 28$；$P = 0.122$）[图 4-5（d）]。研究结果表明，VCI 和 VHI 对农作物产量的影响与气候条件有关。

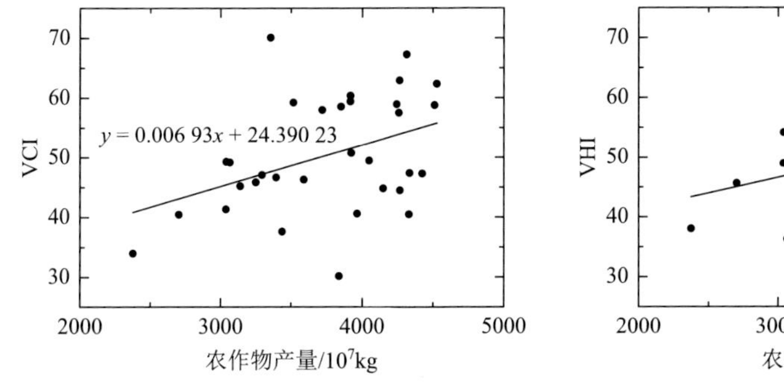

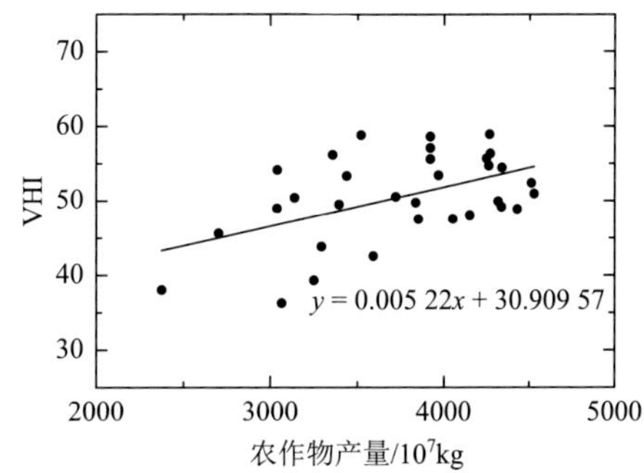

(a)

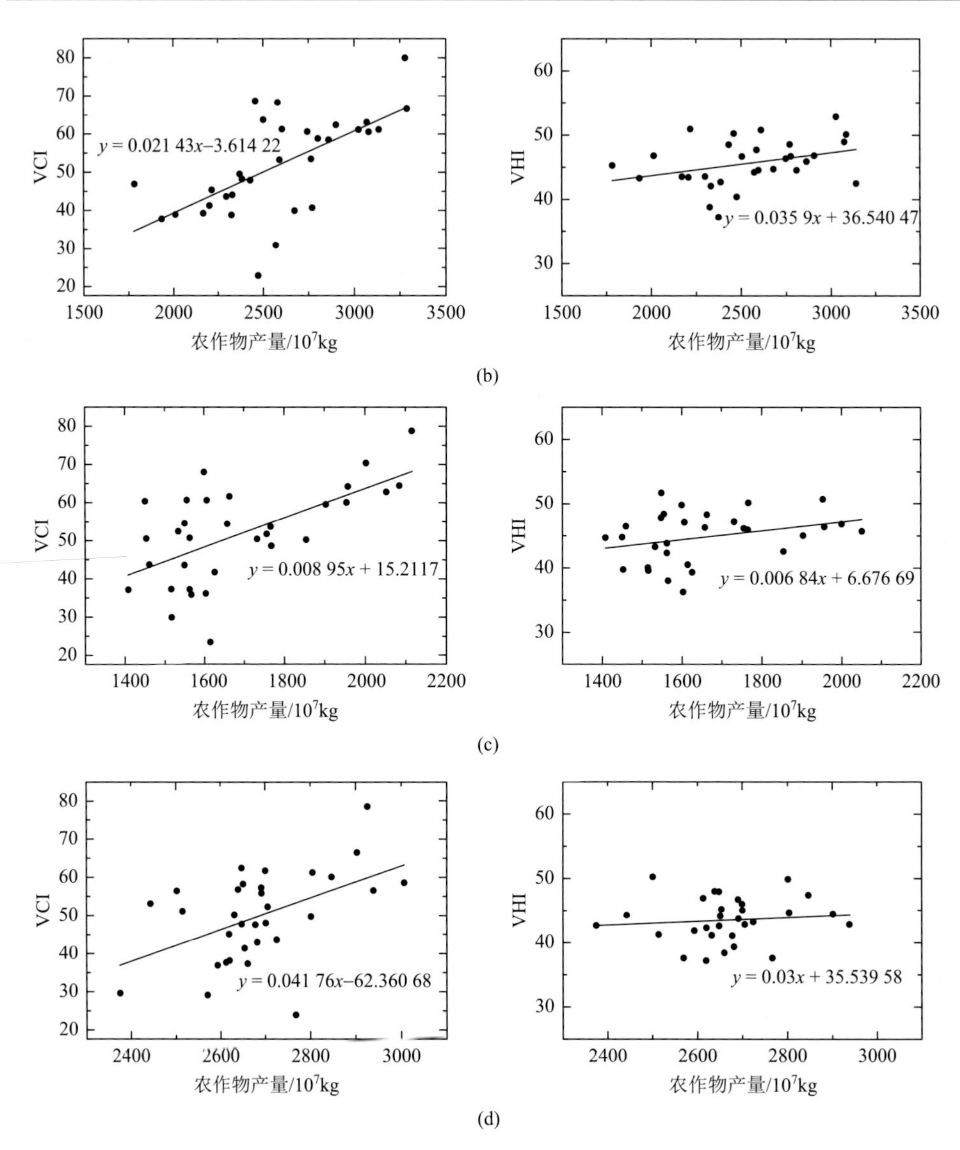

图 4-5　VCI、VHI 与农作物产量的相关关系

（a）山东省；（b）安徽省；（c）江西省；（d）湖南省

2. 植被健康指数与气温变化的关系

为了区分 VCI 和 VHI 差异的形成原因，我们研究了 VCI 和 VHI 与气温变化之间的关系。结果指出，1982～2013 年全国范围内的气温呈上升趋势，上升速率为 0.22℃·$(10a)^{-1}$（P＜0.001）[图 4-2（i）]。根据统计分析结果，VCI 的时间变化与这一时期气温升高密切相关（$R = 0.501$；$N = 32$；$P = 0.003$）[图 4-2（a）

和图4-2（i）]。尽管VCI与气温之间存在显著的相关性，但VHI与气温之间的相关性较弱（$R = 0.456$；$N = 32$；$P = 0.009$）[图4-2（b）和图4-2（i）]，这种差异可能与VHI的植被生长和亮温之间的负相关假设有关［式（4-3）]。然而，在不同的生态系统中，植被活动与温度之间的关系可能会发生变化（Karnieli et al.，2006）。如图4-6所示，在降水量作为主要约束条件的我国北方地区，存在明显的负相关关系。而在我国南方地区和青藏高原东部地区则呈正相关。在我国南方地区，随着气温和降水量的同时增加，植物的生长会得到促进（Peng et al.，2011）。在青藏高原东部地区，过去几十年气温变暖可以延长生长季，从而增强植被的光合作用，特别是在水分不受限制的地区（Xiao and Moody，2004）。因此，仅利用VHI可能会得出与事实不符的植被健康监测结论，譬如在我国南方地区和青藏高原东部地区。

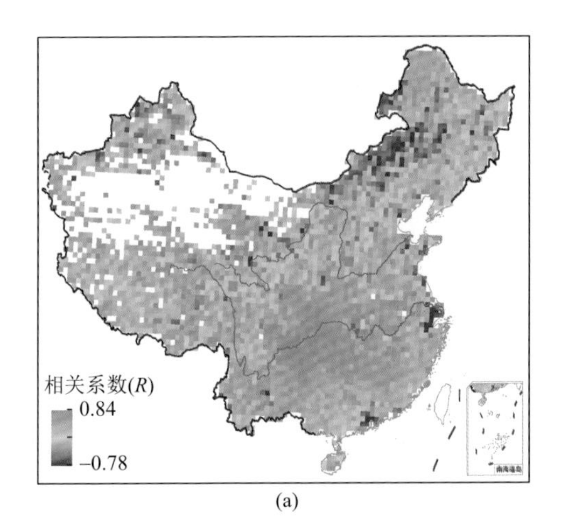

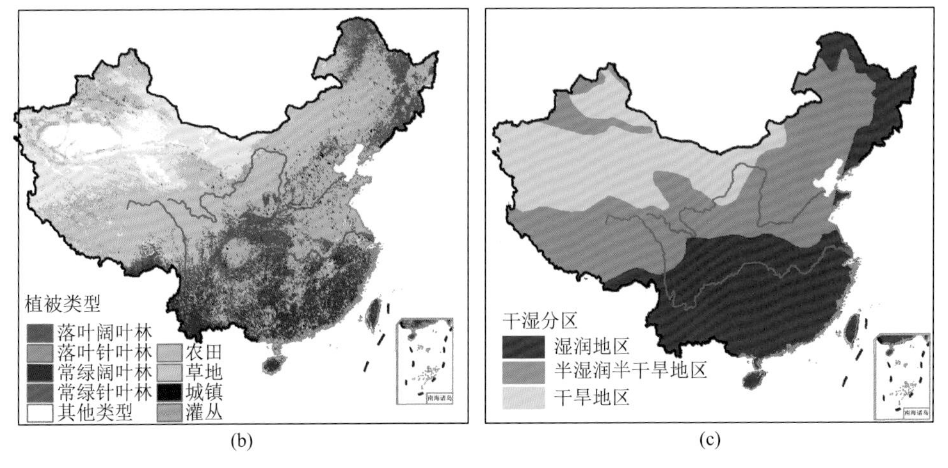

图4-6　VCI与气温、植被类型和干湿带分布的统计关系

（a）相关系数；（b）植被类型；（c）干湿带

3. 植被健康指数与 PDSI 的关系

通过比较 VCI、VHI 与 PDSI 的空间分布（图 4-3、图 4-4、图 4-7），探讨了 VCI 和 VHI 的干旱评估效率。如图 4-4（a）所示，利用 VHI 作为指示因子，在我国北方观测到明显的植被胁迫，这种植被胁迫可能与该地区发生的干旱有关（图 4-7）。然而，利用 VHI 识别的该地区的植被胁迫作用较弱［图 4-3（a）和图 4-4（a）］。此外，利用 VCI 识别的我国南方的植被胁迫作用比利用 VHI 识别的结果［图 4-3（a）和图 4-4（a）］更明显。当使用 VHI 作为指标时，该空间差异可能与 TCI 的引入有关。在我国北方，由于 VCI 与气温呈负相关，VHI 可能比 VCI 更有效（图 4-6）。相反，在我国南方地区，正相关现象导致 VHI 的表现明显弱于 VCI［图 4-3（c），图 4-4（c）和图 4-6］。

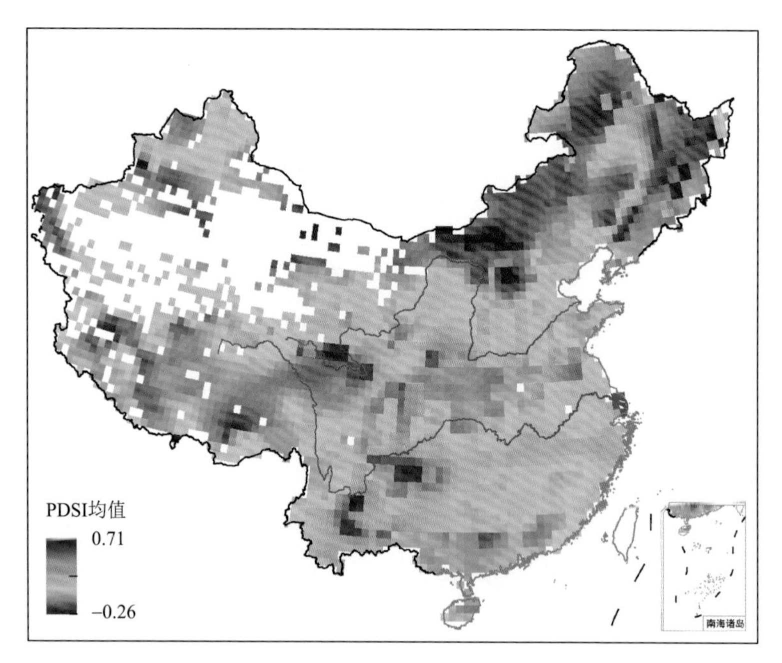

图 4-7　1982～2013 年中国平均 PDSI 的分布

图中白色区域表示无植被地区，无数据地区，或由格网化的平均气温数据精度不足导致

4. 基于植被类型的 VCI 与温度变化关系分析

为了验证 VHI 构建过程中 VCI 与亮温负相关的假设，本章利用 1982～2013 年的时间序列数据，对 VCI 与气温之间进行了逐象元的相关分析。在此基础上，进一步按干湿分区和植被类型分析了相关关系的空间异质性。如图 4-6 所示，在

半湿润半干旱地区（如内蒙古东部草原），降水是植被活动的主要限制因子，VCI 和气温之间的负相关关系明显（Pei et al.，2013b）。因而，在干旱发生的情况下，气温的升高可导致植被活动的胁迫作用［图 4-7 和图 4-2（i）］。这种效应与 VCI 的变化一致［图 4-8（b）］。因此，VHI 产生了与 VCI 相似的结果［图 4-9（b）］，也表明 VHI 在探测这些地区的植被活动时表现较好。

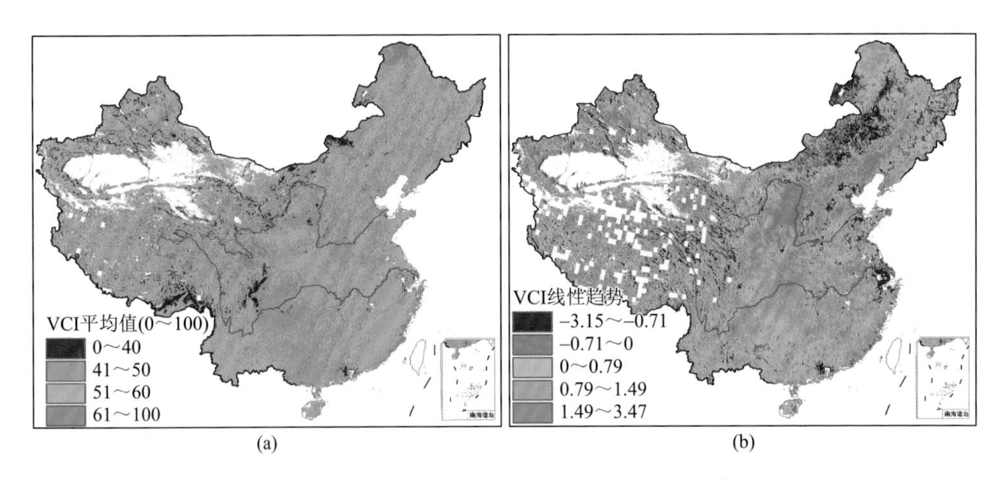

图 4-8　1982～2013 年中国 VCI 平均值和变化趋势

（a）1982～2013 年 VCI 平均值；（b）VCI 线性趋势
图中白色区域表示无植被地区，无数据地区，或由格网化的平均气温数据精度不足导致

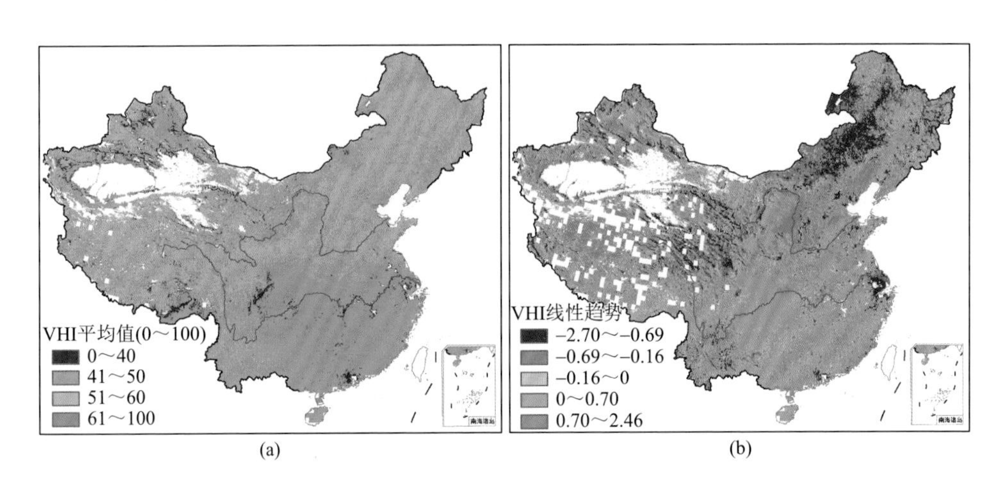

图 4-9　1982～2013 年中国 VHI 平均值和变化趋势

（a）1982～2013 年 VHI 平均值；（b）VHI 线性趋势
图中白色区域表示无植被地区，无数据地区，或由格网化的平均气温数据精度不足导致

然而，在我国南方湿润季风气候的常绿针叶林、常绿阔叶林、落叶阔叶林和

灌丛分布区，VCI 和气温之间均呈正相关（图 4-6）。在这些地区，随着气温和降水量的同时增加，植被活动可能会得到加强（Peng et al.，2011），这可能与 VCI 与气温负相关的假设相反。因此，在识别植被活动时，VHI 可能低估了植被生长胁迫作用。

此外，值得注意的是，VHI 在青藏高原东部表现出明显的降低现象，而 VCI 的降低则较少［图 4-8（b）和图 4-9（b）］。这一现象可能是过去几十年来该地区气温上升所致（图 4-10）。如图 4-6 所示，在青藏高原的大部分地区可以发现 VCI 和气温之间存在明显的正相关，特别是在平均海拔 4000 m 以上的青藏高原东部。这种现象与高纬度地区相似，热量是植被生长的主导控制因子，气候变暖为植被生长提供了有利条件（图 4-6 和图 4-10）。这一结果与过去几十年来该地区的植被 NPP 有所增加的结论一致（Zhao and Running，2010）。因此，VHI 可能高估了青藏高原东部的植被胁迫作用。这些结果与 Karnieli 等（2006，2010）针对高纬度地区的研究结果一致。因此，我们建议在气候变暖的背景下，特别是在平均海拔 4000 m 以上的青藏高原东部地区，应谨慎使用 VCI 和 VHI 来监测植被活动的变化。

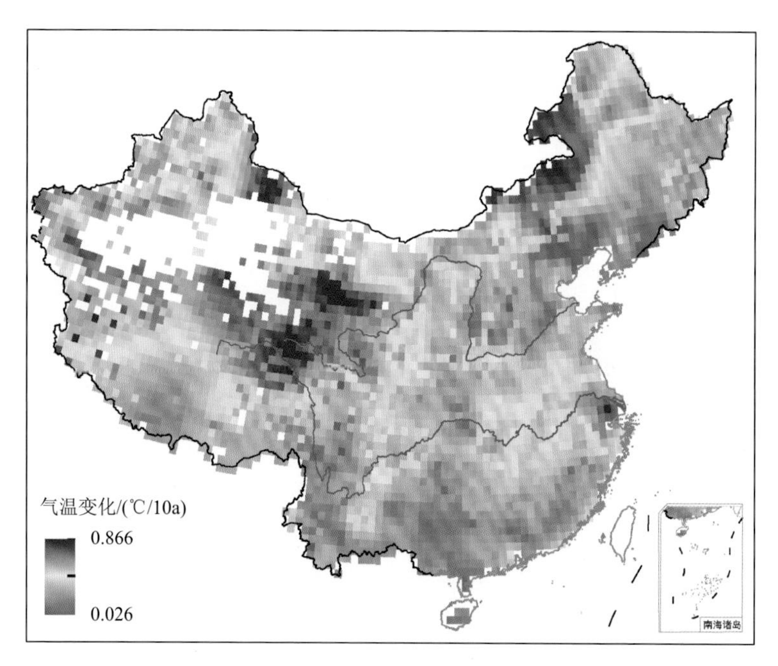

图 4-10　1982～2013 年中国气温变化趋势的空间格局

图中白色区域表示无植被地区，无数据地区，或由格网化的平均气温数据精度不足导致

4.4.4　1982 ~ 2013 年中国植被活动变化

为了研究近几十年来中国植被活动的变化趋势，进一步分析了 1982～2013 年中国植被生长季 VCI 和 VHI 线性趋势的数据范围、平均值。如图 4-8（a）和图 4-9（a）所示，植被生长季节的平均 VCI 在 18～84，而 VHI 在 11～79。VCI 和 VHI 的区域平均值分别达到 51±6 和 48±5。此外，VCI 显示了每 10 年增加 6.28±8.33 的总体趋势。然而，VHI 显示每 10 年增加 0.81±5.39［图 4-8（b）和图 4-9（b）]。

从空间上看，结果显示中国约 78%的地区显示出 VCI 的正趋势，60%的地区显示出 VHI 的正趋势［图 4-8（b）和图 4-9（b）]，这一结果表明，VCI 和 VHI 都能促进我国大部分地区的植被生长。例如，在气温和降水同时增加的条件下，中国南方地区的植被活动可以增强（Peng et al.，2011），该结果也与 Piao 等（2009）利用清单法的计算结果一致。在内蒙古东部、长江三角洲和珠江三角洲地区，VCI 和 VHI 除总体呈增加趋势外，均呈下降趋势，说明这些地区植被生长受到的约束越来越大。过去几十年以来，长江三角洲和珠江三角洲的植被生长受城市土地开发的影响不断增加（He et al.，2014）。此外，内蒙古东部的植被胁迫可能与这一时期的气温升高有关（图 4-10），这些结果与 Piao 等（2015）报道的 NDVI 分析结果相一致。

然而，VHI 引起的植被胁迫增加的区域甚至比 VCI 更广[图 4-8(b)和图 4-9(b)]，这在中国北方地区和青藏高原东部地区尤为突出。这种分异可能与 VHI 中亮温的引入有关。在华北地区 VCI 与气温呈负相关的情况下，VHI 对植被胁迫的估算更为精确。然而，VHI 与 VCI 相比，可能高估了青藏高原东部的胁迫作用。也就是说，VCI 与气温之间的相关性在该地区是正的，表明在气候变暖的条件下，植被生长增强（图 4-6 和图 4-10）。

陆地植被在陆-气相互作用乃至全球气候变化中起着举足轻重的作用。然而，以往研究在阐明植被活动对与气候有关的驱动因素（如干旱、洪涝）的响应的认识仍较为有限，尤其是针对地形和气象条件多变的地区更是如此。以往学者开发了植被健康指数数据集，包括 VCI、TCI 和 VHI 产品（Kogan et al.，2011）。本章首先对比分析了 VCI 和 VHI 在我国植被活动监测方面的可靠性；在此基础上，进一步研究了 1982～2013 年我国植被活动的动态变化。研究结果表明，1982～2013 年我国大部分地区的植被活动呈现增加趋势。然而，VCI 和 VHI 在空间格局和总量上的分布并不一致，这种差异可能是 VHI 的潜在假设（即 VCI 和亮温之间呈负相关）造成的。尽管如此，在我国复杂的地形地貌、气候条件和植被类型条件下，VCI 与温度的相关关系是变化的。例如，在北方半湿润半干旱地区（如内蒙古东部），

VCI 与温度之间的负相关可能是明显的；而在我国南方的湿润地区及青藏高原东部地区，VCI 与温度之间可能呈正相关关系。因而，与 VHI 相比，VCI 在湿润地区（如中国南方地区）和高海拔地区（如青藏高原东部地区）的植被活动监测中可能更具有优势（Karnieli et al.，2006）。

参 考 文 献

黄秉维. 1958. 中国综合自然区划的初步草案. 地理学报，24（4）：348-363.

中国科学院自然区划工作委员会. 1959. 中国气候区划（初稿）. 北京：科学出版社.

Bala G，Caldeira K，Wickett M，et al. 2007. Combined climate and carbon-cycle effects of large-scale deforestation. Proceedings of the National Academy of Sciences，104（16）：6550-6555.

Bhuiyan C，Singh R P，Kogan F N. 2006. Monitoring drought dynamics in the Aravalli region（India）using different indices based on ground and remote sensing data. International Journal of Applied Earth Observation and Geoinformation，8（4）：289-302.

Challinor A J，Watson J，Lobell D B，et al. 2014. A meta-analysis of crop yield under climate change and adaptation. Nature Climate Change，4（4）：287-291.

Chen X Q，Pan W F. 2002. Relationships among phenological growing season，time-integrated normalized difference vegetation index and climate forcing in the temperate region of eastern China. International Journal of Climatology：A Journal of the Royal Meteorological Society，22（14）：1781-1792.

Dai A，Trenberth K E，Qian T T. 2004. A global data set of palmer drought severity index for 1870-2002：Relationship with soil moisture and effects of surface warming. Journal of Hydrometeorology，5（6）：1117-1130.

de Jong R，de Bruin S，de Wit A，et al. 2011. Analysis of monotonic greening and browning trends from global NDVI time-series. Remote Sensing of Environment，115（2）：692-702.

Fang J Y，Piao S L，He J S，et al. 2004. Increasing terrestrial vegetation activity in China，1982-1999. Science in China Series C：Life Sciences，47（3）：229-240.

He C Y，Liu Z F，Tian J，et al. 2014. Urban expansion dynamics and natural habitat loss in China：A multiscale landscape perspective. Global Change Biology，20（9）：2886-2902.

Hong Y，Nix H A，Hutchinson M F，et al. 2005. Spatial interpolation of monthly mean climate data for China. International Journal of Climatology，25（10）：1369-1379.

Hutchinson M F. 1998. Interpolation of rainfall data with thin plate smoothing splines. Part Ⅱ：Analysis of topographic dependence. Journal of Geographic Information and Decision Analysis，2（2）：152-167.

Ji L，Peters A J. 2003. Assessing vegetation response to drought in the northern Great Plains using vegetation and drought indices. Remote Sensing of Environment，87（1）：85-98.

Karnieli A，Agam N，Pinker R T，et al. 2010. Use of NDVI and land surface temperature for drought assessment：Merits and limitations. Journal of Climate，23（3）：618-633.

Karnieli A，Bayasgalan M，Bayarjargal Y，et al. 2006. Comments on the use of the vegetation health index over Mongolia. International Journal of Remote Sensing，27（10）：2017-2024.

Kogan F N. 1990. Remote sensing of weather impacts on vegetation in non-homogeneous areas. International Journal of Remote Sensing，11（8）：1405-1419.

Kogan F N. 1995. Application of vegetation index and brightness temperature for drought detection. Advances in Space Research，15（11）：91-100.

Kogan F N. 1997. Global drought watch from space. Bulletin of the American Meteorological Society，78（4）：621-636.

Kogan F，Sullivan J. 1993. Development of global drought-watch system using NOAA/AVHRR data. Advances in Space Research，13（5）：219-222.

Kogan F，Vargas M，Ding H，et al. 2011. VHP Algorithm Theoretical Basis Document. College Park：National Oceanic and Atmospheric Administration（NOAA） Center for Satellite Applications and Research（STAR）.

Kogan F，Yang B J，Wei G，et al. 2005. Modelling corn production in China using AVHRR-based vegetation health indices. International Journal of Remote Sensing，26（11）：2325-2336.

Komuscu A U. 1999. Using the SPI to analyze spatial and temporal patterns of drought in Turkey. Drought Network News（1994-2001），49：7-13.

Liang W，Yang Y T，Fan D M，et al. 2015. Analysis of spatial and temporal patterns of net primary production and their climate controls in China from 1982 to 2010. Agr Forest Meteorol，204：22-36.

Linderholm H W. 2006. Growing season changes in the last century. Agricultural and Forest Meteorology，137（1-2）：1-14.

Liu S，Gong P. 2012. Change of surface cover greenness in China between 2000 and 2010. Chinese Science Bulletin，57（22）：2835-2845.

Liu B H，Henderson M，Zhang Y D，et al. 2010. Spatiotemporal change in China's climatic growing season：1955-2000. Climatic Change，99（1-2）：93-118.

Lü Y，Zhang L W，Feng X M，et al. 2015. Recent ecological transitions in China：Greening，browning，and influential factors. Scientific Reports，5（1）：1-8.

Menzel A，Jakobi G，Ahas R，et al. 2003. Variations of the climatological growing season（1951-2000）in Germany compared with other countries. International Journal of Climatology，23（7）：793-812.

Orlovsky L，Kogan F，Eshed E，et al. 2011. Monitoring droughts and pastures productivity in mongolia using NOAA-AVHRR data. Use of Satellite and In-Situ Data to Improve Sustainability：69-79.

Pei F S，Li X，Liu X P，et al. 2013a. Assessing the impacts of droughts on net primary productivity in China. Journal of Environmental Management，114：362-371.

Pei F S，Li X，Liu X P，et al. 2013b. Assessing the differences in net primary productivity between pre-and post-urban land development in China. Agricultural and Forest Meteorology，171：174-186.

Pei F S，Wu C J，Liu X P，et al. 2018. Monitoring the vegetation activity in China using vegetation health indices. Agricultural and Forest Meteorology，248：215-227.

Peng S S，Chen A P，Xu L，et al. 2011. Recent change of vegetation growth trend in China. Environmental Research Letters，6（4）：044027.

Peng S S，Piao S L，Zeng Z Z，et al. 2014. Afforestation in China cools local land surface temperature. Proceedings of the National Academy of Sciences，111（8）：2915-2919.

Piao S L，Fang J Y，Ciais P，et al. 2009. The carbon balance of terrestrial ecosystems in China. Nature，458（7241）：1009-1013.

Piao S L，Nan H J，Huntingford C，et al. 2014. Evidence for a weakening relationship between interannual temperature variability and northern vegetation activity. Nature Communications，5（1）：1-7.

Piao S L，Tan K，Nan H J，et al. 2012. Impacts of climate and CO_2 changes on the vegetation growth and carbon balance of Qinghai-Tibetan grasslands over the past five decades. Global and Planetary Change，98：73-80.

Piao S L，Wang X H，Ciais P，et al. 2011. Changes in satellite-derived vegetation growth trend in temperate and boreal Eurasia from 1982 to 2006. Global Change Biology，17（10）：3228-3239.

Piao S L，Yin G D，Tan J G，et al. 2015. Detection and attribution of vegetation greening trend in China over the last 30 years. Global Change Biology，21（4）：1601-1609.

Seiler R A，Kogan F，Sullivan J. 1998. AVHRR-based vegetation and temperature condition indices for drought detection in Argentina. Advances in Space Research，21（3）：481-484.

Song Y，Linderholm H W，Chen D，et al. 2010. Trends of the thermal growing season in China，1951-2007. International Journal of Climatology，30（1）：33-43.

Szép I J，Mika J，Dunkel Z. 2005. Palmer drought severity index as soil moisture indicator：Physical interpretation，statistical behaviour and relation to global climate. Physics and Chemistry of the Earth，Parts A/B/C，30（1-3）：231-243.

Trenberth K E，Dai A，van der Schrier G，et al. 2014. Global warming and changes in drought. Nature Climate Change，4（1）：17-22.

Ulanova E S. 1975. Climate and winter wheat yield. Hydrometizdat：298.

Unganai L S，Kogan F N. 1998. Drought monitoring and corn yield estimation in Southern Africa from AVHRR data. Remote Sensing of Environment，63（3）：219-232.

Walther G R，Post E，Convey P，et al. 2002. Ecological responses to recent climate change. Nature，416（6879）：389-395.

Wang Z W，Zhai P M，Zhang H T. 2003. Variation of drought over northern China during 1950-2000. Journal of Geographical Sciences，13（4）：480-487.

Xiao J F，Moody A. 2004. Trends in vegetation activity and their climatic correlates：China 1982 to 1998. International Journal of Remote Sensing，25（24）：5669-5689.

Zhai P M，Sun A J，Ren F M，et al. 1999. Changes of climate extremes in China. Weather and Climate Extremes，42（1）：203-218.

Zhao M S，Running S W. 2010. Drought-induced reduction in global terrestrial net primary production from 2000 through 2009. Science，329（5994）：940-943.

Zou X K，Zhai P M，Zhang Q. 2005. Variations in droughts over China：1951-2003. Geophysical Research Letters，32（4）：L04707.

第 5 章　城市化地区植被初级生产力变化及植被活动分析

过去二三十年来，全球城市化进程呈现加速趋势（Seto et al.，2012）。城市化过程常常导致土地利用/土地覆被剧烈变化，城市建成区也随之不断增加。城市扩张过程对植被初级生产力变化产生了重要影响，对生态系统功能也具有重要作用（Zhang et al.，2017）。植被初级生产力反映了自然条件下植被的生产能力，是表征生态系统碳源/碳汇的关键因素之一（Field et al.，1998）。国内外学者已经开展了城市扩张对植被初级生产力影响的相关研究。例如，Zhao 等（2007）通过开展美国密歇根州东南部 10 个城市的案例研究发现，城市用地的低密度开发增加了植被的总初级生产力；Liu 等（2018）研究发现 2000～2013 年武汉市大量农田转化为城市建成区，并导致大量的植被总初级生产力损失；Imhoff 等（2004）和 Pei 等（2013）发现城市用地扩张可能增加/降低植被净初级生产力；Wu 等（2014）分析了 1999～2010 年长江三角洲的城市扩张对植被 NPP 的影响，他们指出长江三角洲的城市扩张降低了植被 NPP 的分布。以往研究多是从城市用地扩张的直接影响方面（主要是城市不透水面取代自然地表）来探讨城市化对植被初级生产力的影响，而在其间接影响（如城市建成区植被绿化）方面的认识则较为不足（Zhao et al.，2016）。

长江三角洲地区是我国城市化水平较高的区域之一。针对快速城市化背景下植被初级生产力时空变化不确定性问题，本章以长江三角洲为例，基于 2000～2013 年时间序列植被指数数据和 DMSP-OLS 夜间灯光数据，分析了城市化地区，尤其是城市建成区植被初级生产力及植被活动的动态变化趋势；同时，分析了其与年平均气温、年降水量等自然因素，以及城市建成区绿化覆盖率等人类活动因素之间的关系，为城市可持续管理及调控提供理论依据。

5.1　研究区和数据

长江三角洲地区位于 118°E～123°E，28°N～34°N，主要包括上海市、江苏省南部和浙江省北部，总面积约为 10 万 km^2。具体来说，包括上海市、江苏省的 8 个地级市（扬州、泰州、南通、南京、镇江、常州、无锡和苏州）和浙江省的 7

个地级市（湖州、嘉兴、杭州、绍兴、宁波、舟山和台州）（图 5-1），形成了我国密度最大的城市带，是长江三角洲城市群的主体。长江三角洲北部地势低平，而南部则丘陵广布。长江三角洲处于亚热带季风气候分布区，年平均气温为 16℃，年降水量约为 1158 mm。近年来，长江三角洲地区各城市的社会经济发展水平快速发展，GDP 由 2000 年的 16 028 亿元增加到 2018 年的 97 770 亿元（国家统计局，2019）。在此过程中，城市化水平也快速提升，从而导致大量的农田损失（韩冬锐等，2017；Pei et al.，2017）。城市建成区绿化覆盖率也呈现不断增加的趋势。例如，2000～2018 年上海市的建成区绿化覆盖率增长了 89%（国家统计局，2001，2019）。另外，长江三角洲的快速城市化过程对植被初级生产力也产生重要影响。

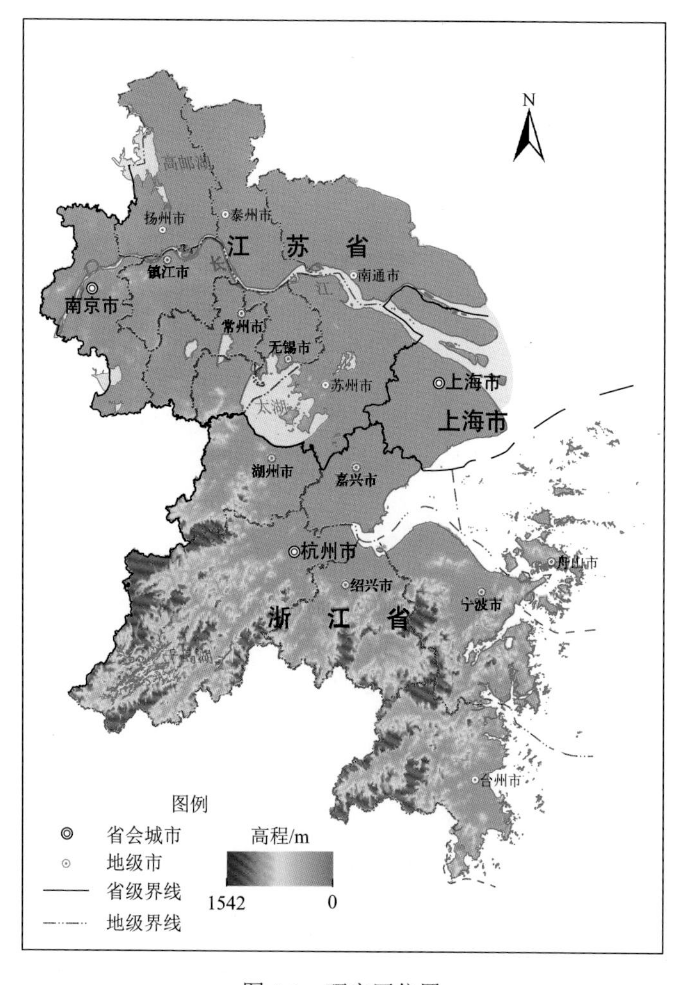

图 5-1　研究区位置

本章收集的数据主要包括：2000～2013 年气象站观测的年平均气温和降水数据、2000～2013 年的 DMSP-OLS 夜间灯光数据、NDVI 数据和其他社会经济相关数据等（表 5-1）。其中，气象数据来自国家气象信息中心并经过严格的质量控制。在 GIS 的支持下，利用反距离加权插值（IDW）方法将站点观测数据处理得到空间化的数据。夜间灯光数据是从地理国情监测云平台（http://www. dsac.cn）下载的 DMSP-OLS 夜间灯光数据。NDVI 数据来源于美国地质勘探局（USGS）的陆面过程分布式存档中心（http://lpdaac.usgs.gov）分发的 MODIS 数据产品（MOD13A3），数据分辨率为 1 km。考虑到 MODIS 数据产品正弦投影的特点，使用 MODIS 重投影工具（MRT）来进行影像重投影，再利用 GIS 进行裁剪处理、统计分析。此外，本章还收集了各种森林样地的植被生产数据（罗天祥，1996）。社会经济数据主要包括城市建成区面积、建成区绿化覆盖率等，数据来源于 2000～2013 年中国城市统计年鉴。

表 5-1　本章所用数据及来源

数据类型	分辨率	数据来源
气象数据	站点、2000～2013 年	国家气象信息中心
DMSP-OLS 夜间灯光数据	1 km、2000～2013 年	地理国情监测云平台
NDVI 数据	1 km、2000～2013 年	美国地质勘探局
植被生产数据	森林样地	罗天祥，1996
社会经济数据	2000～2013 年	中国城市统计年鉴（2001～2014 年）

5.2　研究方法

5.2.1　植被初级生产力估计

植被初级生产力建模常用的有统计模型、过程模型和参数模型（Ruimy et al.，1999）。统计模型估算的主要是潜在植被初级生产力，往往难以反映自然干扰、人为扰动的影响。过程模型较为复杂，涉及的参数多，往往较难获取（朴世龙等，2001）。参数模型中光能利用率参数大小与植被类型、空间尺度及冠层结构等密切相关，具有高度的复杂性和不确定性，尤其是对于人工生态系统的城市化地区（Imhoff et al.，2004）。以往研究发现，基于时间集成的 NDVI 与植被初级生产力存在线性相关关系，常常被用来反映植被初级生产力的大小（Goward et al.，1985；Prince，1991），被广泛应用于评估样地水平、国家层面和全球尺度的植被生产

（Imhoff et al.，2000；Milesi and Running，2001；Plant et al.，2001）。考虑其易于计算及有效性，本章基于此方法估算长江三角洲地区植被初级生产力（包括城市建成区植被初级生产力）。具体地，植被初级生产力（P_{Nd}）由每个月的 NDVI 值与天数（days）的乘积累加来确定：

$$P_{\mathrm{Nd}} = \sum_{m=1}^{12} \mathrm{NDVI} \times \mathrm{days} \tag{5-1}$$

当月平均温度小于等于 0℃时，由于低温的约束，绿色植被较少发生光合作用，该月的植被初级生产力被设定为 0，具体的模型描述参见 Prince（1991）和 Imhoff 等（2000）的研究文献。

5.2.2 植被初级生产力变化趋势分析

为了研究 14 年来长江三角洲地区植被初级生产力时空变化状况，以及变化速率在空间上的分异，我们从地区平均植被生产力和逐象元植被初级生产力两个方面分析植被初级生产力的变化趋势。具体来说，假设植被初级生产力变化与年份呈线性关系，则植被初级生产力的变化（P_{Nd}）按式（5-2）计算：

$$P_{\mathrm{Nd}} = a + b \cdot T \tag{5-2}$$

式中，T 为时间变量（年份，2000～2013 年）；a 和 b 分别为模型的回归系数。当 b 大于（或小于）零，且通过显著性检验时（$P<0.05$），则说明植被初级生产力呈现出显著增加（或减少）的趋势。

5.2.3 基于灯光数据的城市建成区提取及与植被初级生产力关系分析

作为人类活动的表征，夜间灯光数据往往包含了道路、居民地等与城市化发展密切相关的信息（Ma et al.，2012）。本章通过结合城市建成区面积统计数据和 DMSP/OLS 夜间灯光数据来提取长江三角洲地区城市建成区用地（何春阳等，2006）。在此基础上，分析城市建成区内部（0 km）、城市建成区外围 5 km 范围内（0～5 km）和城市建成区外围 5～10 km 的植被初级生产力动态变化，进而探讨导致长江三角洲地区植被初级生产力变化的可能原因。通常，植被初级生产力变化受到气候变化的影响，同时也受人类活动的强烈制约。例如，气温、降水等因素在宏观尺度上对植被初级生产力产生影响，而社会、经济等因素往往对局地植被初级生产力具有决定性的影响（Wu et al.，2014）。因而，本章首先分析了长江三角洲地区植被初级生产力与大尺度气象要素（平均气温、降水量）之间的关系；另外，探讨了长江三角洲城市建成区植被初级生产力与城市建成区绿化覆盖率之间的相关关系。

本章分析步骤如图 5-2 所示：①基于 DMSP-OLS 夜间灯光影像，根据统计资料中城市建成区面积按城市提取城市建成区和非建成区用地的时空分布；②计算城市建成区和非建成区的植被初级生产力分布（NDVI≥0.1）（方精云等，2003）；③利用线性回归分析方法分析 14 年来植被初级生产力的时空变化趋势；④结合 14 年植被初级生产力的估算结果、气象数据（气温、降水量）和城市化发展因子数据（建成区绿化覆盖率），进行植被初级生产力的归因分析。

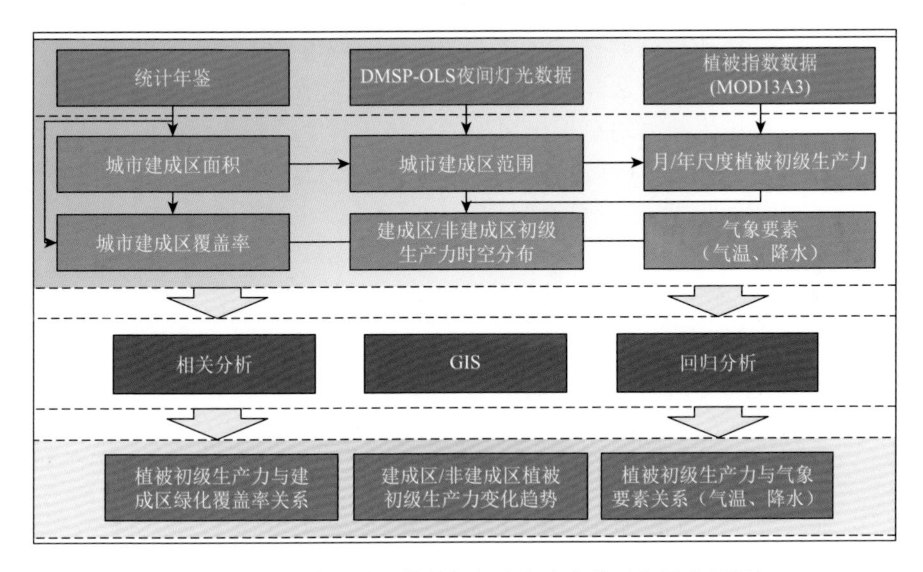

图 5-2　长江三角洲地区植被初级生产力变化及归因分析框架

5.3　2000～2013 年长江三角洲地区植被初级生产力的变化趋势

5.3.1　植被初级生产力估算精度分析

根据计算，长江三角洲地区平均植被初级生产力从 2000 年的 182.4 NDVI·days 增加到 2013 年的 185.6 NDVI·days。依据基于样地数据的空间对比分析，我们估算的 2000～2013 年平均植被初级生产力结果与 6 个森林样地（罗天祥，1996）的植被净初级生产力变化呈现较好的一致性（$R = 0.845$；$N = 6$；$P = 0.034$）。年际变化方面，本章计算结果与基于模型估算的 2000～2013 年长江三角洲地区植被净初级生产力时间序列基本吻合（Wu et al.，2014）（$R = 0.638$；$N = 14$；$P = 0.014$）。因此，可以认为，该方法适于长江三角洲地区植被初级生产力的研究。

5.3.2　植被初级生产力时间变化趋势

本部分分别从地区总量和空间分异两个方面来分析植被初级生产力变化趋势。14 年中，长江三角洲地区植被初级生产力总体上呈现增加的趋势（0.168 NDVI·days·a^{-1}；$P = 0.286$），这与李广宇等（2016）的研究结论基本一致。为了进一步定量分析城市建成区植被初级生产力的变化，本部分在提取的建成区范围基础上，分别计算获取长江三角洲各城市的城市建成区和非建成区植被初级生产力的变化趋势。由图 5-3 所示，不论是城市建成区还是非建成区，长江三角洲地区植被初级生产力均呈现出增加的趋势。其中，非建成区的植被初级生产力增加速率为 0.145 NDVI·days·a^{-1}（$P = 0.392$），而城市建成区的植被初级生产力呈现显著增加的趋势，达到 0.941 NDVI·days·a^{-1}（$P = 0.000$）。

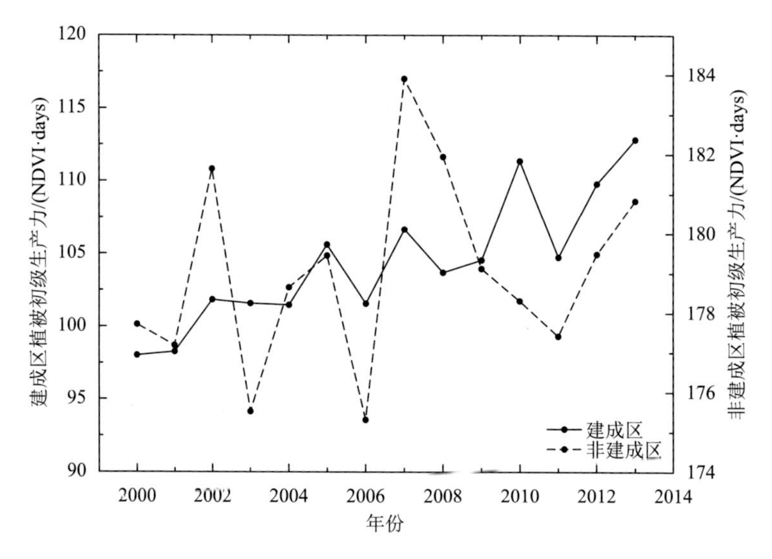

图 5-3　长江三角洲城市建成区/非建成区植被初级生产力变化

5.3.3　植被初级生产力空间变化趋势

除了区域植被初级生产力总量的变化，不同地区植被初级生产力变化呈现明显的空间异质性。如图 5-4（a）所示，约 31%的地区植被初级生产力呈减少趋势，减少的区域主要分布在地势较为平坦的长江三角洲中部、北部地区，这与 DMSP-OLS 夜间灯光数据的高值区域分布基本一致，说明植被初级生产力的减少可能与人类活动的影响有关（Imhoff et al.，2004）。另外，植被初级生产力呈现显著增加的面积约占总面积的 53%，植被初级生产力呈现显著增加的区域主要分布在长江三角洲南部的山地丘陵和亚热带常绿阔叶林分布的非城市用地地区［图 5-4（b）］。需要注意的是，上海、南京、杭州等大城市的城市用地植被初级生产力也呈现出增强趋势［图 5-4（a）］。因而，我们进一步分析了长江三角洲城市建成区及其周围地区植被初级生产力的梯度变化。

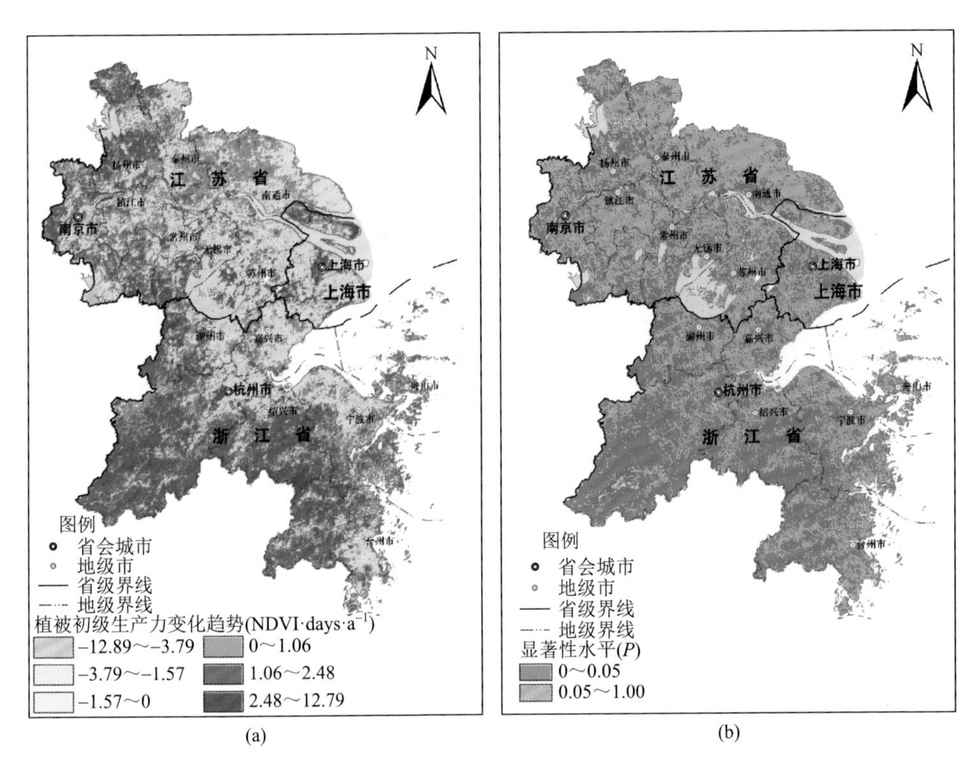

图 5-4 长江三角洲地区 2000～2013 年植被初级生产力时空变化

（a）平均变化趋势；（b）显著性水平

5.4 城市建成区植被初级生产力的变化及归因分析

5.4.1 城市建成区及不同缓冲区植被初级生产力的梯度变化

为了进一步剖析长江三角洲地区植被初级生产力的变化趋势，分析其与社会经济等因素的关系，我们按城市分别分析了城市建成区内（0 km）、城市建成区外 5 km（0～5 km）和城市建成区外 5～10 km 植被初级生产力的变化趋势。如表 5-2 所示，在城市建成区范围内，除了泰州、台州和舟山，其他各城市植被初级生产力呈现增加的趋势。其中，常州、南京、南通、苏州、扬州、上海、杭州、湖州和绍兴等城市的植被初级生产力的增加趋势均通过了 5%的显著性检验，这可能与城市建成区绿化覆盖率提高等有密切关系。另外，还分析了城市建成区外 5 km 范围（0～5 km）的植被初级生产力变化趋势（表 5-2），发现随着城市的扩展，大部分城市的植被初级生产力呈现降低的趋势，尤其是泰州、镇江、嘉兴、宁波和台州等城市通过了 0.05 的显著性检验（$P<0.05$）；对于建成区外 5～10 km 范围，植被初级生产力变化与城市建成区范围外 5 km 范围（0～5 km）的变化规律相似，这可能与城市建成区外围城市用地开发相对晚、城市建成区绿化发展慢于城市发展水平所致。需要注意的是，上海、南京等城市的建成区植被初级生产力仍然呈现增加的趋势。特别地，上海市的建成区植被初级生产力呈现显著增加的趋势（$P<0.05$），这可能与城市的经济发展、城市建成区绿化覆盖率较高等有密切关系。

表 5-2　长江三角洲城市建成区及不同距离缓冲区内植被初级生产力的变化趋势

城市名	0 km		0～5 km		5～10 km	
	回归系数	显著性	回归系数	显著性	回归系数	显著性
常州	1.615	0.001	−0.667	0.080	−0.614	0.063
南京	1.973	0.000	0.850	0.078	0.899	0.007
南通	1.649	0.003	−0.307	0.500	0.169	0.599
苏州	2.367	0.000	0.032	0.949	−0.802	0.105
泰州	−0.640	0.381	−1.677	0.011	−0.172	0.782
无锡	0.720	0.151	−0.769	0.050	−0.944	0.004
扬州	1.421	0.004	0.393	0.144	0.895	0.009
镇江	0.807	0.063	−0.895	0.018	−0.453	0.380
上海	2.548	0.000	1.511	0.047	0.681	0.282
杭州	0.934	0.017	−0.419	0.100	−0.077	0.851
湖州	0.919	0.037	0.269	0.429	−0.566	0.259
嘉兴	0.440	0.111	−1.491	0.000	−1.202	0.010
宁波	0.668	0.093	−0.812	0.034	0.539	0.209
绍兴	1.302	0.008	0.089	0.755	0.650	0.003
台州	−0.564	0.305	−0.973	0.002	−0.618	0.127
舟山	−1.097	0.066	0.475	0.053	−0.117	0.758

5.4.2　植被初级生产力与城市建成区面积之间关系

我们进一步分析了 2000～2013 年长江三角洲地区城市建成区植被初级生产力与城市建成区面积的变化趋势。根据分析，城市建成区面积以 101.29 $km^2 \cdot a^{-1}$ 的速率呈现显著的增加（$P = 0.000$）。另外，根据城市建成区区域年平均植被初级生产力变化与城市建成区面积的时间序列数据分析，长江三角洲地区城市建成区植被初级生产力与建成区面积之间具有显著的正相关关系（$R = 0.877$；$N = 14$；$P = 0.000$），这表明随着建成区面积的扩大，长江三角洲城市建成区植被初级生产力也呈现不断增加的趋势。我们进一步开展了逐城市的城市建成区植被初级生产力与建成区面积之间的相关关系分析。表 5-3 为各个城市建成区用地植被初级生产力与其建成区面积的相关关系及其显著性水平。结论指出，大部分城市的建成区用地植被初级生产力与其建成区面积呈现显著的正相关关系（$P < 0.05$），而泰州、台州和舟山的城市建成区用地植被初级生产力与其建成区面积呈现负相关关系（$P > 0.05$）。

表 5-3　城市建成区面积与植被初级生产力的关系

项目	常州	南京	南通	苏州	泰州	无锡	扬州	镇江
回归系数	0.784	0.979	0.733	0.880	−0.239	0.500	0.741	0.529
显著性	0.001	0.000	0.003	0.000	0.410	0.069	0.002	0.052
项目	上海	杭州	湖州	嘉兴	宁波	绍兴	台州	舟山
回归系数	0.727	0.641	0.706	0.469	0.566	0.553	−0.354	−0.118
显著性	0.003	0.013	0.005	0.091	0.035	0.050	0.214	0.687

5.4.3　植被初级生产力与气象驱动因子关系

图 5-5 和图 5-6 反映了 2000～2013 年长江三角洲地区植被初级生产力和年平均气温、年平均降水量的变化趋势。如图 5-5 所示，长江三角洲地区年平均气温在 2007 年之前呈现明显的增温趋势，此后开始降低；而年平均降水量主要呈现波动上升的趋势（图 5-6）。根据计算，2000～2013 年长江三角洲地区植被初级生产力与年平均气温呈现较为一致的变化（$R = 0.311$；$N = 14$；$P = 0.279$）。相似地，其与年平均降水量变化也具有相似的相关关系（$R = 0.282$；$N = 14$；$P = 0.328$）。因而，在当前气候变化背景下，气温、降水等气象要素可能对植被初级生产力变化

具有重要影响。除了宏观层面上的分析，我们进一步分析了城市建成区植被初级生产力与城市建成区绿化覆盖率的变化关系。

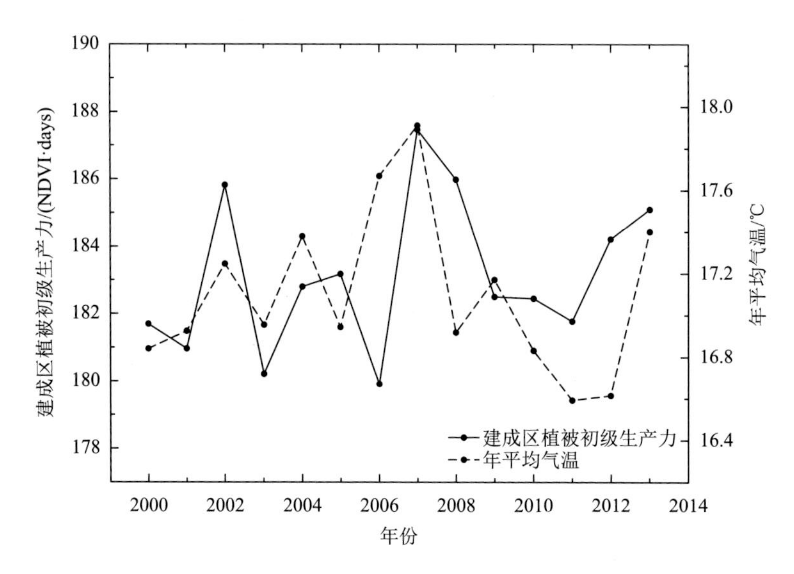

图 5-5　长江三角洲地区 2000～2013 年植被初级生产力和年平均气温变化

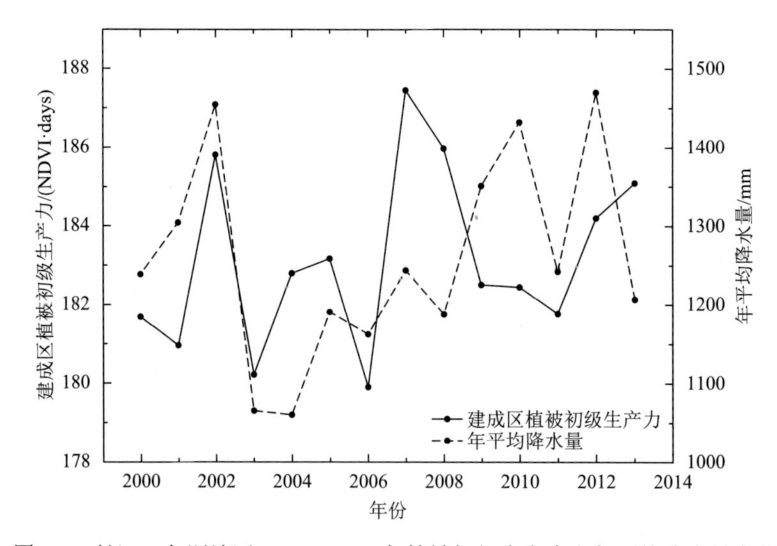

图 5-6　长江三角洲地区 2000～2013 年植被初级生产力和年平均降水量变化

5.4.4　植被初级生产力与建成区绿化覆盖率的变化关系

2000～2013 年，长江三角洲地区建成区绿化覆盖率不断提高，各城市的建成区年绿化覆盖率呈现不同程度的增加。城市绿地对城市植被初级生产力具有重要影响（李广宇等，2016）。我们分别从地区尺度和城市尺度分析城市建成区植被初级生产力与建成区绿化覆盖率的相互关系。根据计算，长江三角洲地区城市建成区植被初级生产力与建成区平均绿化覆盖率呈现显著的正相关关系（$R = 0.808$；$N = 14$；$P = 0.000$）。另外，该相关关系在不同等级城市之间具有明显的差异性（表 5-4）。具体来说，泰州、绍兴、台州和舟山呈现负相关的特点，然而，该相关关系并不显著。对于大部分城市来说，其城市建成区绿化覆盖率与建成区内植被初级生产力呈现正相关关系。特别地，常州、南京、苏州、扬州、镇江和杭州等城市的相关性水平通过了 5%的显著性检验，这说明城市建成区植被初级生产力的增加可能与城市建成区绿化覆盖率的不断提高有关。

表 5-4 城市建成区绿化覆盖率与植被初级生产力的关系

项目	常州	南京	南通	苏州	泰州	无锡	扬州	镇江
相关系数	0.686	0.730	0.422	0.733	–0.227	0.103	0.619	0.575
显著性	0.007	0.003	0.133	0.003	0.436	0.727	0.018	0.032
项目	上海	杭州	湖州	嘉兴	宁波	绍兴	台州	舟山
相关系数	0.492	0.592	0.529	0.453	0.379	–0.044	–0.332	–0.180
显著性	0.074	0.026	0.052	0.104	0.182	0.881	0.246	0.538

参 考 文 献

方精云，朴世龙，贺金生，等. 2003. 近 20 年来中国植被活动在增强. 中国科学 C 辑，33：14.

国家统计局. 2001. 中国城市统计年鉴. 北京：中国统计出版社.

国家统计局. 2019. 中国城市统计年鉴. 北京：中国统计出版社.

韩冬锐，徐新良，李静，等. 2017. 长江三角洲城市群热环境安全格局及土地利用变化影响研究. 地球信息科学学报，19（1）：39-49.

何春阳，史培军，李景刚，等. 2006. 基于 DMSP/OLS 夜间灯光数据和统计数据的中国大陆 20 世纪 90 年代城市化空间过程重建研究. 科学通报，51：856-861.

李广宇，陈爽，张慧，等. 2016. 2000-2010 年长三角地区植被生物量及其空间分布特征. 生态与农村环境学报，32（5）：708-715.

罗天祥. 1996. 中国主要森林类型生物生产力格局及其数学模型. 北京：中国科学院.

朴世龙，方精云，郭庆华. 2001. 利用 CASA 模型估算我国植被净第一性生产力. 植物生态学报，25（5）：603-608.

周坚华，胡永红，周一凡，等. 2010. 城镇绿地植被固碳量遥感测算模型的设计. 生态学报，30（20）：5653-5665.

Field C B，Behrenfeld M J，Randerson J T，et al. 1998. Primary production of the biosphere：integrating terrestrial and oceanic components. Science，281（5374）：237.

Goward S N，Tucker C J，Dye D G. 1985. North American vegetation patterns observed with the NOAA-7 advanced very high resolution radiometer. Vegetatio，64（1）：3-14.

Imhoff M L，Bounoua L，Defries R，et al. 2004. The consequences of urban land transformation on net primary productivity in the United States. Remote Sensing of Environment，89（4）：434-443.

Imhoff M L，Tucker C J，Lawrence W T，et al. 2000. The use of multisource satellite and geospatial data to study the effect of urbanization on primary productivity in the United States. IEEE Transactions on Geoscience and Remote Sensing，38：2549-2556.

Liu S S，Du W，Su H，et al. 2018. Quantifying impacts of land-use/cover change on urban vegetation gross primary production：A case study of Wuhan，China. Sustainability，10（3）：714.

Ma T，Zhou C H，Pei T，et al. 2012. Quantitative estimation of urbanization dynamics using time series of DMSP/OLS nighttime light data：A comparative case study from China's cities. Remote Sensing of Environment，124：99-107.

Milesi C，Running S W. 2001. Global Vegetation Production and Population Distribution. Boston：American Geophysical Union.

Pei F S，Li X，Liu X P，et al. 2013. Assessing the differences in net primary productivity between pre-and post-urban land development in China. Agricultural and Forest Meteorology：171-172，174-186.

Pei F S，Liu X P，Guo J，et al. 2017. Assessment of the impact of cropland loss on bioenergy potential：The case of Yangtze River Delta，China. Proceedings of 2016 International Conference on Advances in Energy and Environment Research（ICAEER 2016）. Taylor & Francis Group，London.

Plant R E，Munk D S，Roberts B R，et al. 2001. Application of remote sensing to strategic questions in cotton management and research. Journal of Cotton Science，（1）：30-41.

Prince S D. 1991. A model of regional primary production for use with coarse resolution satellite data. International Journal of Remote Sensing，12（6）：1313-1330.

Ruimy A，Kergoat L，Bondeau A，et al. 1999. Comparing global models of terrestrial net primary productivity（NPP）：Analysis of differences in light absorption and light-use efficiency. Global Change Biology，5（S1）：56-64.

Seto K C，Güneralp B，Hutyra L R. 2012. Global forecasts of urban expansion to 2030 and direct impacts on biodiversity and carbon pools. Proceedings of the National Academy of Sciences，109（40）：16083-16088.

Wu S H，Zhou S L，Chen D X，et al. 2014. Determining the contributions of urbanisation and climate change to NPP variations over the last decade in the Yangtze River Delta，China. Science of The Total Environment，472：397-406.

Zhang D，Huang Q X，He C Y，et al. 2017. Impacts of urban expansion on ecosystem services in the Beijing-Tianjin-Hebei urban agglomeration，China：A scenario analysis based on the Shared Socioeconomic Pathways. Resources Conservation and Recycling，125：115-130.

Zhao S Q，Liu S G，Zhou D C. 2016. Prevalent vegetation growth enhancement in urban environment. Proceedings of the National Academy of Sciences，113：6313-6318.

Zhao T T，Brown D G，Bergen K M. 2007. Increasing gross primary production（GPP）in the urbanizing landscapes of Southeastern Michigan. Photogrammetric Engineering and Remote Sensing，73（10）：1159-1167.

第 6 章　植被净初级生产力及植被活动监测分析

植被是陆地生态系统的重要组成部分，在全球物质与能量循环中发挥着重要作用。另外，植被对于减缓大气中 CO_2 增加、调节全球碳平衡，维护气候稳定具有重要作用。植被净初级生产力（NPP）是指绿色植物在单位时间和单位面积上所积累的有机干物质总量，它通过光合作用，把大气中的 CO_2 合成为有机物。植被 NPP 不仅是碳循环的原动力，而且是判定陆地生态系统的碳源/碳汇功能，以及调节生态过程的主要因子，在全球碳平衡和气候变化中起着重要的作用。本章基于 CASA 模型和 BIOME-BGC 模型，探讨了植被 NPP 模型在省级和国家尺度的适用性评估，开展了植被 NPP 模型的估算和应用研究，从而为开展生态系统碳平衡及植被活动监测提供基础（Pei et al.，2013，2015；裴凤松等，2015）。

6.1　植被 NPP 模型概述

碳循环是发生在地球大气圈、水圈与生物圈多个圈层之间最大的物质和能量循环过程。植被是陆地生物圈的一个重要组成部分，它强烈影响着全球碳循环过程，在减缓大气中 CO_2 等温室气体浓度的上升、促进气候稳定方面具有重要作用（朴世龙等，2001a）。作为地表碳循环重要组成部分，植被 NPP 指在植物所固定的有机碳中扣除其本身的呼吸消耗之后的部分，它不仅直接表征了植物群落在自然环境条件下的生产能力，也决定了可供异养生物（包括各种动物和人）利用的物质和能量，是人类赖以生存和发展的基础。因而，植被 NPP 模型对于估算地球承载力、监测陆地生态系统质量状况及认识生态系统的碳平衡均具有重要指示作用（Vitousek et al.，1986；Rojstaczer et al.，2001）。同时，陆地植被 NPP 是表征陆地生态过程的关键参数，对于评价陆地生态系统可持续发展具有重要意义。因此，国际地圈-生物圈计划（IGBP）和全球变化与陆地生态系统（GCTE）等国际研究计划都将植被的净初级生产力研究确定为核心内容之一（周广胜和王玉辉，2003）。

生物生产力的思想可以追溯到公元三百多年前（Leith and Whittaker，1975）。丹麦植物生理学家 Boysen-Jeose 在开展以光合同化为核心的实验研究后，于 1932 年第一次明确提出了总生产量（gross production）和净生产量（net production）的概念及其计算公式，从而进入了生物生产力研究的新阶段。国际生物学计划（IBP）（1965～1974 年），国际上开展了许多针对世界上一些生态系统的物质循环和生物生产力的观测与实验工作。经过多年的积累，人们获得了大量宝贵的植被 NPP 测定第一手资料。由于针对植被 NPP 的站点实测无法在区域和全球尺度上直接与全面地进行，因此模型估算法成为针对后者的一种广泛应用且重要的方法。IBP 则将生态学的发展推向了以生态系统研究为核心领域的新阶段。Lieth 于 1973 年发表了第一张用计算机模拟的全球 NPP 分布图。20 世纪 90 年代初期，IGBP 的核心项目“全球变化与陆地生态系统”（GCTE）将 NPP 研究列为核心研究项目之一。特别是在 IGBP 的推动下，建立了各种回归或过程模型来计算植被 NPP。根据碳循环研究及应用目的不同（如测试影响碳通量和碳储量变化的敏感性因子、分析过去或未来的碳通量和碳储量等），研究者已经建立起多种生产力及其空间分布模型。尽管如此，考虑到实测数据的可靠性，实测站点数据常常被作为重要的模型验证数据之一。

我国的植被 NPP 研究起步较晚。李文华（1978）提出对我国森林进行初级生产量的普查、定位研究，研究编制我国森林生物生产量分布图的设想。20 世纪 80 年代以来，国内部分学者开始采用国际上流行的自然植被 NPP 模型如 Miami 模型、Thornthwaite Memorial 模型等，对中国自然植被的气候生产潜力进行模拟研究（贺庆棠和 Baumgartner，1986；张宪洲，1993），并开始探讨建立更为完善的自然植被 NPP 模型（朱志辉，1993）。邢福和祝廷成（1992）在内蒙古兴安盟科尔沁使用收获法，结合实验室分析，计算并分析了线叶菊草地 NPP。罗天祥（1996）根据中国 1266 个森林样地的生物量等森林清查资料，结合部分搜集整理的森林生产力测定数据，计算出了相应地点的植被 NPP 大小。朴世龙等（2001a）运用 CASA 模型估算了我国植被 NPP。Zhu 等（2006）运用植被 NPP 观测数据对 CASA 模型进行了校正，提出了中国几种典型植被的最大光能利用率。曾慧卿（2008）运用 BIOME-BGC 模型模拟了千烟洲站红壤丘陵区湿地松人工林的总初级生产力（GPP）和 NPP。胡波等（2011）等结合 MODIS 数据，应用改进的 BIOME-BGC 模型对黄淮海地区农作物 NPP 进行了模拟。

植被 NPP 模型大致可以分为三类（表 6-1）：统计模型、参数模型和过程模型（Ruimy et al.，1994）。统计模型是利用气候因子（气温、降水等）和生产力之间的统计关系来估算植被 NPP，如 Miami 模型（Leith and Whittaker，1975）和北京模型（朱志辉，1993）。大部分统计模型估算的结果是潜在的植被生产力（朴世龙等，2001a，2001b）。参数模型主要基于植被的光能利用效率假设来对植被 NPP 进行建模，一般是利用卫星观测数据来驱动模型以计算植被生产力。随着遥感、地理信息系统和计算机技术的快速发展，参数模型为区域及全球的陆地生态系统生产力快速估算提供了有效手段。然而，它在未来植被生产力预测方面具有较大的局限性。典型的参数模型主要包括CASA模型（Potter et al., 1993; Field et al., 1995）、TURC模型（Potter et al., 1993; Ruimy et al., 1996）、GLO-PEM模型（Prince and Goward, 1995）等。过程模型则是从植物的光合作用、呼吸作用等植被机理过程出发而建立的一类NPP模型，以BIOME-BGC模型（Running et al., 2000）、TEM模型（Raich et al., 1991）、CENTURY（Parton et al., 1993）等为代表。过程模型虽较为复杂，但其在大尺度植被净初级生产力估算研究中被广泛应用。基于生理生态过程模型模拟气候变化下植被的碳循环过程，尤其是植被NPP的时空变化，越来越成为研究者进行全球变化研究的重要方法。

表6-1 植被NPP模型比较

模型类别	优点	缺点	举例
统计模型	简单、易用	模型结果为潜在生产力	Miami模型（Leith and Whittaker, 1975）、北京模型（朱志辉，1993）
参数模型	主要是基于遥感技术的模型、方便估算大尺度植被NPP时空分布	在未来植被NPP预测方面具有局限性	CASA模型（Potter et al., 1993; Field et al., 1995）、GLO-PEM（Prince and Goward, 1995）、TURC模型（Potter et al., 1993; Ruimy et al., 1996）
过程模型	机理性强，具备预测能力	模型较为复杂、参数多，计算量大	BIOME-BGC模型（Running et al., 2000）、TEM模型（Raich et al., 1991）CENTURY（Parton et al., 1993）

6.2 研究方法

6.2.1 CASA模型

1. CASA模型原理

植被NPP是植物自身生物学特性与外界环境因子相互作用的结果，它反映了植物固定和转化光合产物的效率。20世纪70年代，Monteith首先提出了利用纬度和季节、云和大气中气溶胶含量等7个因子来计算植被的光能利用率（ε），并结合作物植被吸收的光合有效辐射（APAR）和光能转化率因子来计算植被NPP的方法（Monteith, 1972）。20世纪80年代末，Heimann和Keeling（1989）基于统一的光能转化率提出了全球第一个基于APAR的植被NPP模型（Heimann and Keeling, 1989; Field et al., 1995）。Potter等（1993）认为，温度、降水和营养条件对植被的光能利用率（ε）具有重要影响，据此他们设计了基于遥感的光能利用率模型CASA模型，其核心逻辑如下：

$$\mathrm{NPP}(x,t)=\mathrm{APAR}\times\varepsilon \tag{6-1}$$

式中，$\mathrm{NPP}(x,t)$ 为 t 时间 x 位置处植被 NPP 大小；APAR 为植被所吸收的光合有效辐射部分。植被所吸收的光合有效辐射 APAR 取决于太阳总辐射量 $S(x,t)$（$\mathrm{MJ\cdot m^{-2}}$）和植被对光合有效辐射的吸收比例（FPAR），假设植被所能利用的太阳有效辐射（波长为 0.4～0.7 μm）占太阳总辐射的比例为 0.5，则

$$\mathrm{APAR}=S(x,t)\times\mathrm{FPAR}\times0.5 \tag{6-2}$$

式中，FPAR 由遥感数据得到的 NDVI 和植被类型两个因子来确定，如式（6-3）所示：

$$\mathrm{FPAR}(x,t)=\min\left[\frac{\mathrm{SR}(x,t)-\mathrm{SR}_{\min}}{\mathrm{SR}_{\max}-\mathrm{SR}_{\min}},0.95\right] \tag{6-3}$$

式中，$\mathrm{SR}_{\min}$ 代表无植被地区的 SR，模型中设置为 1.08；而 $\mathrm{SR}_{\max}$ 与植被类型有关，其值假设在 4.14～6.17。考虑到叶面积的约束，FPAR 设置为不超过 0.95（Potter et al.，1993）。$\mathrm{SR}(x,t)$ 根据式（6-4）计算：

$$\mathrm{SR}(x,t)=\frac{1+\mathrm{NDVI}(x,t)}{1-\mathrm{NDVI}(x,t)} \tag{6-4}$$

Potter 等（1993）认为在理想条件下植被具有最大光能利用率 ε^*，而现实情况下需考虑温度和水分的影响，因此，植被的光能利用率 ε 可以表示为

$$\varepsilon=\varepsilon^*\times T_1(x,t)\times T_2(x,t)\times W(x,t) \tag{6-5}$$

式中，$T_1(x,t)$ 反映了在异常低温和高温时对植被光合的限制作用而降低净初级生产力；$T_2(x,t)$ 反映环境温度从最适宜温度 $T_{\mathrm{opt}}(x)$ 向异常高温或低温偏离时植物光能利用率的变化；$W(x,t)$ 反映了水分约束对植被光能利用率的影响。综合式（6-2）～式（6-5），式（6-1）变为

$$\mathrm{NPP}(x,t)=S(x,t)\times\mathrm{FPAR}\times0.5\times\varepsilon^*\times T_1(x,t)\times T_2(x,t)\times W(x,t) \tag{6-6}$$

其中，$T_1(x,t)$ 和 $T_2(x,t)$ 按式（6-7）和式（6-8）计算：

$$T_1(x,t)=0.8+0.02\times T_{\mathrm{opt}}(x)-0.0005\times T_{\mathrm{opt}}(x)\times T_{\mathrm{opt}}(x) \tag{6-7}$$

$$T_2(x,t)=\frac{1.184}{\{1+\mathrm{e}^{0.2[T_{\mathrm{opt}}(x)-10-T(x,t)]}\}\times\{1+\mathrm{e}^{0.3[-T_{\mathrm{opt}}(x)-10+T(x,t)]}\}} \tag{6-8}$$

式中，$T_{\mathrm{opt}}(x)$ 为某一区域一年内 NDVI 值达到最大的月份的平均气温。当某些月平均温度小于或等于−10℃时，$T_1(x,t)$ 设置为 0。当温度高于 $T_{\mathrm{opt}}(x)$ 达到 10℃，或

低于 $T_{opt}(x)$ 达到 13℃时，$T_2(x,t)$ 减少 1/2。

$W(x,t)$ 的计算根据潜在蒸散量 $\mathrm{PET}(x,t)$ 和真实蒸散量 $\mathrm{EET}(x,t)$ 来进行，取值范围在 0.5～1，反映了植被水分条件在干旱条件和湿润条件下，植被光能利用率的变化。

$$W(x,t)=0.5+\frac{0.5\mathrm{EET}(x,t)}{\mathrm{PET}(x,t)} \tag{6-9}$$

植被的潜在蒸散量 $\mathrm{PET}(x,t)$ 根据 Thornthwait（1948）的方法来计算，而真实蒸散量 $\mathrm{EET}(x,t)$ 则根据 Saxton 等（1986）的土壤水分子模型来计算。如式（6-10）和式（6-11）所示：

$$\begin{aligned}\mathrm{EET}(x,t)=\min\{&\mathrm{PPT}(x,t)+[\mathrm{PET}(x,t)-\mathrm{PPT}(x,t)]\times\mathrm{RDR},\\&\mathrm{PPT}(x,t)+\mathrm{SOILM}(x,t-1)-\mathrm{WPT}(x)\}\\&\text{if}\quad \mathrm{PPT}(x,t)<\mathrm{PET}(x,t)\end{aligned} \tag{6-10}$$

$$\begin{aligned}\mathrm{EET}(x,t)&=\mathrm{PET}(x,t)\\&\text{if}\quad \mathrm{PPT}(x,t)\geqslant\mathrm{PET}(x,t)\end{aligned} \tag{6-11}$$

式中，$\mathrm{SOILM}(x,t)$（mm）为某一月的土壤含水量；$\mathrm{PPT}(x,t)$（mm）为月平均降水量；$\mathrm{WPT}(x)$ 为土壤的萎蔫含水量；RDR 为土壤水分的蒸发潜力。其中，RDR 按照式（6-12）计算：

$$\mathrm{RDR}=\frac{1+a}{(1+a\theta^b)} \tag{6-12}$$

式中，θ 为土壤的体积含水量（$\mathrm{m^{-3}\cdot m^{-3}}$），$a$、$b$ 的值按照 Saxton 等（1986）的方法来确定，即

$$a=\mathrm{e}^{[-4.396-0.0715(\mathrm{clay})-4.880\times10^{-4}(\mathrm{sand})-4.285\times10^{5}\times(\mathrm{sand})^2(\mathrm{clay})]\times100.0} \tag{6-13}$$

$$b=-3.140-0.002\,22(\mathrm{clay})^2-3.484\times10^5\times(\mathrm{sand})^2(\mathrm{clay}) \tag{6-14}$$

式中，clay 表示土壤中黏粒的比例（%）；sand 表示砂粒的比例（%）。

土壤含水量 $\mathrm{SOILM}(x,t)$（mm）的上限值为田间持水量（field capacity，FC）（$\mathrm{m^{-3}\cdot m^{-3}}$）和土壤深度（mm）的乘积，下限值为萎蔫含水量（wilting point，WP）（mm）和土壤深度（mm）的乘积。本章中土壤的田间持水量和萎蔫含水量主要是基于土壤质地数据与 Saxton 等（1986）的土壤水分子模型方案计算。另外，设定森林类型的土壤深度为 2 m，其他植被类型的土壤深度为 1 m。$\mathrm{SOILM}(x,t)$ 可以由前一个月的土壤水分和当前月份的蒸散发条件来计算：

$$\begin{aligned}\mathrm{SOILM}(x,t)=&\mathrm{SOILM}(x,t-1)-[\mathrm{PET}(x,t)-\mathrm{PPT}(x,t)]\times\mathrm{RDR}\\&\text{if}\ \mathrm{PPT}(x,t)<\mathrm{PET}(x,t)\end{aligned} \tag{6-15}$$

$$\mathrm{SOILM}(x,t)=\mathrm{SOILM}(x,t-1)+[\mathrm{PPT}(x,t)-\mathrm{PET}(x,t)] \quad \text{if } \mathrm{PPT}(x,t)\geqslant \mathrm{PET}(x,t) \tag{6-16}$$

2. CASA 模型校正

植被最大光能利用率（$\varepsilon_{\max}$）是影响植被 NPP 模型计算的一个重要参数，具有较大的不确定性。例如，Russell 等（1989）研究指出农用地的$\varepsilon_{\max}$在 1.1～1.4 g C·MJ^{-1}变化；Potter 等（1993）在计算全球净初级生产力时，他们依据 1°×1°分辨率的 AVHRR NDVI 进行校正，并设置全球植被类型的平均$\varepsilon_{\max}$为 0.389 g C·MJ^{-1}；Zhu 等（2006）基于 8 km 的 AVHRR NDVI 数据校正得到中国几种典型植被类型的最大光能利用率因子ε^*，其值在 0.389～0.985 g C·MJ^{-1}；Propastin 等（2012）使用 4.63 km^{2}分辨率的 SeaWiFS NDVI 数据模拟出了植被的光能利用率。

通常认为植被最大光能利用率与植被类型、空间尺度等密切相关（朴世龙等，2001a；Zhu et al. 2006）。以往研究者提出多种方法来确定植被最大光能利用率取值。例如，叶片光化学植被指数（PRI）被证明能够较好地获取植被光能利用率（Nichol et al.，2000；Inoue and Peñuelas，2006；Goerner et al.，2011）。然而，PRI 对冠层结构、观测视角等因子高度敏感，这使其推广应用受到较大限制（Hilker et al.，2010；Wu et al.，2010）。另外，以往的研究大多基于较低分辨率卫星数据来进行，难以直接用于细尺度现象（如城市扩张）的植被 NPP 估算。

根据 CASA 模型进行植被 NPP 模型遥感估算的建模思路，Zhu 等（2006）提出利用改进的最小二乘法来校正最大光能利用率。具体地，对于某一植被类型，其 NPP 的实测值与模拟值之间的误差$E(x)$可用式（6-17）和式（6-18）表示：

$$E(x)=\sum_{i=1}^{j}(m_i-n_i x)^2 \tag{6-17}$$

$$E(x)=\sum_{i=1}^{j}n_i^2x^2-2\sum_{i=1}^{j}m_in_ix+\sum_{i=1}^{j}m_i^2 \tag{6-18}$$

式中，j为某植被类型的实测样本数；m_i为第i种植被类型实测的 NPP 数值；n_i为第i种植被类型通过模型计算的 NPP 数值；x为模型模拟的某种植被类型的最大光利用率。其主要计算方法如下：

$$\varepsilon^*=\frac{S(x,t)\times \mathrm{FPAR}\times 0.5\times T_1(x,t)\times T_2(x,t)\times W(x,t)}{\mathrm{NPP}(x,t)} \tag{6-19}$$

对于某一特定地点，在给定实测$\mathrm{NPP}(x,t)$、太阳总辐射量$S(x,t)$、$\mathrm{NDVI}(x,t)$、月平均温度$T(x,t)$和月降水量$P(x,t)$的情况下，$\mathrm{NPP}(x,t)$，$S(x,t)$，FPAR，$T_1(x,t)$，$T_2(x,t)$和$W(x,t)$均可以基于式（6-1）、式（6-3）、式（6-7）～式（6-9）等计算获得。这样，根据式（6-19）即可计算得到该植被类型的最大光能利用率因子ε^*。

6.2.2 MTCLIM模型

通常情况下，陆地生态系统碳循环模型要求提供气温、降水、湿度和太阳辐射等数据的逐日气象记录输入。然而，由于站点稀疏等原因，逐日的水汽压亏缺、太阳辐射等数据往往不容易收集。在观测数据不足的情况下，要完整地获取各变量数据往往需要借助于模型间接计算。1987年，Running等（1987）提出了山地小气候模拟（MTCLIM）模型并被成功用来解决这一问题。通过提供每日降水量、每日最高气温和每日最低气温数据，MTCLIM模型能够计算得到逐日的太阳辐射和湿度等数据，成为在资料贫乏地区外推气象要素的一个有力工具（李海涛等，2001；Lo et al.，2011）。MTCLIM模型建模的基本思路是使用测站（基站）的气象数据，如日最高温度、日最低温度、日降雨量等气候变量去估算非测站（目标站点）的平均气温、水汽压亏缺（VPD）和太阳辐射等气候变量。各因子的计算过程介绍如下（Hungerford et al.，1989；李海涛等，2003；刘丽娟等，2005；Lo et al.，2011）。

1. 气温

MTCLIM模型采用垂直方向上的温度递减率来模拟日最高温度、日最低温度及白天平均温度。

$$T_{\text{max target}} = T_{\text{max reference}} + (\Delta\text{Elevation} \times T_{\text{max lapse rate}}) \tag{6-20}$$

$$T_{\text{min target}} = T_{\text{min reference}} + (\Delta\text{Elevation} \times T_{\text{min lapse rate}}) \tag{6-21}$$

式中，$T_{\text{max target}}$与$T_{\text{min target}}$为目标站点每天的最高和最低气温；$T_{\text{max reference}}$与$T_{\text{min reference}}$为参考站点每天的最高和最低气温；ΔElevation为目标站点和参考站点的高程差；$T_{\text{max lapse rate}}$与$T_{\text{min lapse rate}}$为温度递减率。计算出目标站点每天中的最高气温后，目标站点的每天平均气温$T_{\text{day target}}$按式（6-22）计算：

$$T_{\text{day target}} = \text{TDAYCOEF} \cdot (T_{\text{max target}} - T_{\text{avg target}}) + T_{\text{avg target}} \tag{6-22}$$

式中，TDAYCOEF为白天空气温度校正系数，此处取值为0.45；$T_{\text{avg target}}$为目标站点最高气温$T_{\text{max target}}$和目标站点最低气温$T_{\text{min target}}$的算术平均值。

2. 降水量

MTCLIM模型中降水量按式（6-23）计算：

$$P_{\text{target}} = P_{\text{reference}} \times \frac{P_{\text{target isohyet}}}{P_{\text{reference isohyet}}} \tag{6-23}$$

式中，P_{target}和$P_{\text{reference}}$为目标站点和参考站点的日降水量；$P_{\text{target isohyet}}$和$P_{\text{reference isohyet}}$为

根据目标站点和参考站点的局地情况提供的年降水量。

3. VPD

MTCLIM 模型中水汽压亏缺（VPD）由饱和水汽压 $e_s(T_a)$ 和水汽压 e_m 计算而来。根据 Murray 公式（Murray，1966）来估计空气中的水汽压：

$$e_s(T_a) = e_0 \times \exp\left(\frac{17.38T_a}{239.0 + T_a}\right) \tag{6-24}$$

$$e_m = e_0 \times \exp\left(\frac{17.38T_{dew}}{239.0 + T_{dew}}\right) \tag{6-25}$$

最终，MTCLIM 模型计算的饱和水汽压亏缺（VPD）为

$$\text{VPD} = e_s(T_a) - e_m \tag{6-26}$$

式（6-24）～式（6-26）中，e_0 为 10℃时的饱和水汽压（6.1078 KPa）；T_a 为日平均温度（℃）；T_{dew} 为露点温度（℃）。露点温度指空气在水汽含量和气压都不改变的条件下，冷却到饱和时的温度。对于露点温度 T_{dew}，当年 PET 与年降水量的比值小于 2.5 时，使用日最低温度来代替，反之，使用 Kimball 等（1997）提出的改进方法来代替。

4. 太阳辐射

MTCLIM 模型将太阳辐射分为两个部分：直接辐射和散射辐射。计算过程如下：

$$T_i = T_{\text{TMAX0}} + \gamma \times e_m \tag{6-27}$$

$$\text{SR}_{\text{dir}} = \text{SP} \times T_i \times P_{\text{dir}} \tag{6-28}$$

$$\text{SR}_{\text{dif}} = \text{FP} \times T_i \times P_{\text{dif}} \times (P_{\text{sky}} + \text{DIF} \times (1.0 - P_{\text{sky}})) \tag{6-29}$$

式（6-27）～式（6-29）中，T_i 为经过水汽压校正的每日总的大气透明度；T_{TMAX0} 为未作水汽压校正的每日最大总大气透明度；γ 表示水汽压对辐射传输的影响；SR_{dir} 为直接辐射；SP 为日坡面平均辐射密度；P_{dif} 为直接辐射的比例；SR_{dif} 为散射辐射；FP 为日地平均辐射密度；P_{dif} 为散射辐射的比例；P_{sky} 为来自天空散射辐射的比例；DIF 为表面反射率对来自天空以外散射辐射的影响因子。

6.2.3 BIOME-BGC 模型

BIOME-BGC 模型是由美国蒙大拿大学陆地动态变化数字化模拟研究组开发设计，用于研究陆地生态系统物质和能量的流动和存储的一种生物地球化学循环模型，它由模拟森林立地碳水循环过程的 Forest-BGC 模型发展而来（Running and Gower，1991；Running and Hunt，1993）。其主要原理见图 6-1。

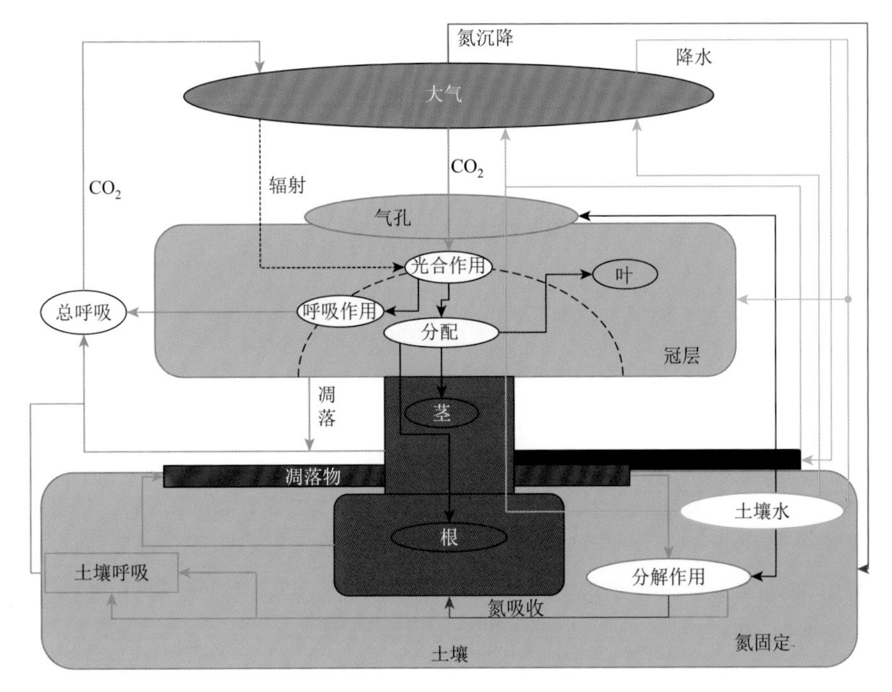

图 6-1　BIOME-BGC 模型主要原理

根据 BIOME-BGC 模型框架 http://www.ntsg.umt.edu/project/biome-bgc.php 编制

1. Penman-Monteith 方程

BIOME-BGC 模型的蒸散发子模型主要研究植物的蒸散及土壤的蒸发过程。其中，植物的蒸散过程又包括植物的蒸发和蒸腾过程，这几个过程通过 Penman-Monteith 方程（简称 PME）来表示。Penman-Monteith 方程反映太阳辐射量、水汽压亏缺、空气密度、空气比热容、水热通量的阻力对蒸发潜热损失的影响。为了反映风、VPD 和冠层结构等变量对蒸发的综合影响，McNaughto 和 Jarvis（1983）提出了改进的 Penman-Monteith 方程：

$$e=\frac{s\times \mathrm{RAD}+\left(\dfrac{\rho\times c_{\mathrm{p}}\times \mathrm{VPD}}{r_{\mathrm{HR}}}\right)}{\left(\dfrac{\rho\times c_{\mathrm{p}}\times r_{\mathrm{v}}}{\mathrm{AirPa}\times \varepsilon\times r_{\mathrm{HR}}}\right)+s} \tag{6-30}$$

式中，e 为蒸发率（evaporation rate）；ρ 为空气密度，根据式（6-31）计算；s 为饱和水汽压、空气温度的变化率，根据式（6-32）计算；RAD 为太阳辐射量；c_{p} 为空气比热容（$\mathrm{J\cdot kg^{-1}\cdot ℃^{-1}}$）；VPD 为饱和水汽压亏缺；$r_{\mathrm{HR}}$ 为对流和辐射热量的联合阻抗；r_{v} 为水汽通量阻抗；AirPa 为空气压力；ε 为水汽和空气的分子量比率（0.622）。

$$\rho=1.292-0.00428\times \mathrm{tair} \tag{6-31}$$

$$s = \frac{\text{SVP1} - \text{SVP2}}{(\text{tair} + 0.2) - (\text{tair} - 0.2)} \tag{6-32}$$

式中，SVP1 和 SVP2 为饱和水汽压的变化率，分别根据式（6-33）和式（6-34）计算；tair 表示空气温度（℃）。

$$\text{SVP1} = 610.7 \times \exp\left(\frac{17.38 \times (\text{tair} + 0.2)}{239.0 + (\text{tair} + 0.2)}\right) \tag{6-33}$$

$$\text{SVP2} = 610.7 \times \exp\left(\frac{17.38 \times (\text{tair} - 0.2)}{239.0 + (\text{tair} - 0.2)}\right) \tag{6-34}$$

2. 植被蒸腾作用

气孔导度（g_s）对植物的蒸腾作用具有重要影响。在 BIOME-BGC 模型中，气孔导度的计算主要通过应用一系列的乘子以缩放最大气孔导度（g_{max}）来完成，这些乘子范围在 0～1，主要包括：光合作用的光量子通量密度（M_{PPFD}）、二氧化碳（M_{CO_2}）、最低气温（$M_{T_{MIN}}$）、水汽压亏缺（M_{VPD}）、土壤水势（$M_{SOIL_{PSI}}$）和气孔导度校正因子（g_{corr}）。总的气孔导度按下式计算：

$$g_s = g_{max} \times M_{PPFD} \times M_{CO_2} \times M_{T_{MIN}} \times M_{VPD} \times M_{SOIL_{PSI}} \times g_{corr} \tag{6-35}$$

水汽总导度 G_{TWV} 由气孔导度（g_s）、边界层导度（g_{bl}）和角质层导度（g_c）共同决定：

$$G_{TWV} = \frac{g_{bl}(g_s + g_c)}{g_{bl} + g_s + g_c} \tag{6-36}$$

运用式（6-36）分别计算阳生和阴生叶片的水汽总导度 G_{TWV} 后，通过将叶片信息输入 Penman-Monteith 方程，计算植被冠层截获水分库的蒸发速率，进而计算植被的蒸发和蒸腾部分。

3. 土壤水分蒸发

当到达地面的降水量大于潜在蒸发水分 PE，则土壤的真实蒸发水分 AE 部分为

$$\text{AE} = 0.6 \times \text{PE} \tag{6-37}$$

否则，

$$\text{AE} = \frac{0.3}{\text{DSR}^2} \times \text{PE} \tag{6-38}$$

式中，DSR 为距上次降水的天数；PE 为根据 Penman-Monteith 方程计算出的潜在蒸发量。

4. 光合作用

在进行光合作用计算时，需要将植被水分气孔导度转换为植被的 CO_2 气孔导

度 g_{mTc}，这主要通过式（6-39）来进行：

$$g_{mTc} = \frac{1e6 \times g_{Tv}}{1.6 \times R \times (T_{day} + 273.15)} \tag{6-39}$$

式中，R 为通用气体常数（$8.3143\ m^3 \cdot Pa \cdot mol^{-1} \cdot K^{-1}$）；$g_{Tv}$ 为叶片导度；T_{day} 为白天温度。在得到植被的 CO_2 气孔导度 g_{mTc} 后，分别计算羰化速率（A_v）和 RuBP 相关的光量子传输（A_j）对植被光合作用速率的约束作用：

$$A = g_{mTc} \times (C_a - C_i) \tag{6-40}$$

$$A_v = \frac{V_{cmax}(C_i - \Gamma^*)}{C_i + K_c \times \left(1 + \frac{O_2}{K_o}\right)} - MR_{leafday} \tag{6-41}$$

$$A_j = \frac{J \times (C_i - \Gamma^*)}{4.5 \times C_i + 10.5 \times \Gamma^*} - MR_{leafday} \tag{6-42}$$

$$A = \min(A_v, A_j) \tag{6-43}$$

式中，A 为实际的光合作用速率；C_a 为植被的大气中 CO_2 浓度；C_i 为植被的细胞 CO_2 浓度；V_{cmax} 为最大羧化速率；Γ^* 为在没有叶呼吸作用下的 CO_2 补偿点；K_c 和 K_o 分别为羧化反应和氧化反应的动力学常数；O_2 为大气中氧气浓度；$MR_{leafday}$ 为在投影的叶面积指数（PLAI）基础上白天叶片的维持性呼吸；J 为最大电子传导率。

5. 呼吸作用

自养呼吸由两部分组成：维持性呼吸和生长性呼吸。在 BIOME-BGC 模型中，呼吸作用的计算针对细根、活茎和活粗根等组织分别进行。生长性呼吸主要是基于用于生长的总计碳量按比例关系求算（当前设置为 0.3），而维持性呼吸 MR 由气温（temp）和植物组织的氮（N）含量根据 Q_{10} 关系共同来确定。当前模型中，Q_{10} 的值统一取为 2.0。

$$MR = 0.218 \times N \times Q_{10}^{(temp-20)/10} \tag{6-44}$$

6. BIOME-BGC 模型的参数化

BIOME-BGC 模型属于过程模型的一种，它具有三个输入文件：站点初始化参数文件、气象输入文件及植被生理学参数。历史气象文件主要从气象站点观测数据获得，未来时期的气象数据则依据大尺度环流数据的统计降尺度模拟得到。

BIOME-BGC 模型将模拟的自然植被划分为 7 种类型：常绿针叶林、常绿阔叶林、落叶针叶林、落叶阔叶林、灌丛植被、C3 草地及 C4 草地。按照植被类型不同，模型提供了 7 组植被生理学参数。目前，国内针对 BIOME-BGC 模型生理学参数的研究相对少，本章中主要使用其他学者研究的建议取值，以及通过模型校正得到。由于 BIOME-BGC 模型不模拟农用地植被的生理生态过程，我们假设其具有与草地类似的植被生理过程，即把农用地植被作为草地来模拟（Wang et al., 2005）。城市用地的植被 NPP 分布使用植被 NPP 比例因子方法来进行。首先，运用 BIOME-BGC 模型模拟出城市土地利用转换前原始自然植被 NPP 的时空分布；其次，结合 BIOME-BGC 模型输出结果，在 GIS 的支持下，计算得到城市地区植被 NPP 的时空分布状况。

BIOME-BGC 模型参数化过程如下：①使用模型默认的植被生理参数进行模拟，在此过程中通过调整各个参数的大小来测试模型对相关参数的敏感性；②结合生物学知识，校正自然植被类型的植被生理学参数取值。

6.2.4　植被 NPP 的模型估算及城市地区改进应用

1. 基于邻域代理方法的城市化前植被 NPP 估算

陆地植被 NPP 反映了植物自身的生物学特性与外界环境因子相互作用，反映了植物光合作用过程中对有机物质的净创造。另外，植被 NPP 受到植被类型、温度、水分、CO_2、营养状况等因子的综合制约（Cramer et al., 1999; Wang and Houlton, 2009）。因而，土地利用/覆被变化对植被 NPP 具有重要的影响。此外，由于不同地区气象条件、土壤营养状况各异；即使是同一个地区，在不同的时间，其气象条件等因子也不断变化。因而，在估算城市土地开发对植被 NPP 大小的影响时，城市土地开发前植被 NPP 的确定是一个关键，也是一个难题。我们通过应用邻域代理方法（Imhoff et al., 2004；Pei et al., 2013）来计算城市土地开发前植被 NPP 的时空分布。邻域代理方法假设某一城市像元城市土地开发前的植被 NPP 由该像元周边一定范围内非城市自然植被像元（与城市像元植被类型一致）的均值来表示。具体地，通过如下几个步骤实现邻域代理，完成城市土地开发前植被 NPP 的估算：①利用基于遥感的植被 NPP 模型（如 CASA 模型）计算出城市土地开发后植被 NPP 分布；②在估算城市土地开发后植被 NPP 的基础上，借助 GIS 按原始植被类型逐个提取城市用地像元一定缓冲区范围内自然植被的平均 NPP 大小，作为城市土地开发前植被 NPP。

2. 利用 BIOME-BGC 模型估算城市地区植被 NPP

作为一种典型的碳循环过程模型，BIOME-BGC 模型主要模拟自然植被 NPP 分布，而不能显式地模拟人工植被地区——城市用地。Mu 等（2008）使用“植被代理法”即利用草地相关参数来模拟农田、城市用地等土地利用类型，在植被覆被、植被生理参数等方面均存在不足。Trusilova 和 Churkina（2008）、Trusilova

等（2008）通过假设城市用地为覆盖部分自然植被的一种特殊用地类型，利用“部分植被法”来模拟城市地区植被 NPP 分布。Trusilova 和 Churkina（2008）计算得出的典型中等大小的西欧城市植被覆盖比例大约为 15%。

通常，利用 BIOME-BGC 模型估算城市植被 NPP 时，部分植被法具有两大不足。一方面，城市地区植被覆盖比例大小较难获取；另一方面，植被 NPP 受到土壤特征、植被类型、气象条件等多方面因素的综合影响。部分植被法主要考虑了植被覆盖比例对植被 NPP 的影响，而忽视了植被类型等其他因素的影响及其相互作用。本章在进行城市地区植被 NPP 模拟时，认为城市土地利用降低植被 NPP，即城市用地以“碳源”效应为主。利用植被 NPP 比例因子方法估算城市地区植被 NPP 的主要技术框架如下：第一步，运用 CASA 模型估算当前情况下城市化后植被 NPP 的时空分布；第二步，运用邻域代理方法估算当前情况下城市化前植被 NPP 的时空分布；第三步，基于城市化前后估算的植被 NPP，计算植被 NPP 的比例因子；第四步，运用 BIOME-BGC 模型模拟植被 NPP 的时空分布；第五步，综合植被 NPP 比例因子和 BIOME-BGC 模型输出，估算城市地区植被 NPP 的时空分布。

6.3　基于 CASA 模型的中国植被 NPP 模拟

植被最大光能利用率是影响 CASA 模型计算的一个重要参数。为了适应模型的较细尺度应用，本章对植被最大光能利用率重新做了校正分析。在此基础上，利用 CASA 模型模拟了中国植被 NPP 的时空分布状况。

6.3.1　数据源及处理

本节使用的数据主要包括：气象数据、遥感数据、土地利用数据、植被类型、土壤相关数据及植被 NPP 观测数据等。气象数据包括 2001～2010 年气象站观测的逐月平均气温、降水量和太阳辐射数据。具体来说，气温和降水数据来自 752 个气象站，太阳辐射数据来自 122 个太阳辐射观测站。这些数据均由国家气象信息中心/中国气象局提供。为了保证数据的连续性和一致性，本章对这些数据进行筛选以消除有问题的或缺失的数据记录。

遥感数据主要是 NDVI 数据，其来自基于 MODIS 的植被 NDVI 产品（MOD13），其空间分辨率为 1 km^2。土地利用/覆被数据来源于 2006 年全国各省土地更新调查数据集。本章所使用的植被数据来源于 1∶1 000 000 植被图（中国科学院中国植被图编辑委员会，2001）。为了适应 CASA 模型的数据要求，利用 GIS 将植被图的原始类别进行重分类（表 6-2）（Zhu et al.，2006）。另外，利用

GIS 从土地利用/覆被数据中提取城市用地，而原始植被的分布情况则来自上述的植被图数据。在此基础上，将森林土壤深度设定为 2.0 m，其他用地类型的土壤深度设定为 1.0 m（Potter et al.，1993）。土壤质地是影响土壤含水量的一个重要影响因素。由联合国粮食及农业组织编制的世界土壤数据库（HWSD）提供了很多关键土壤参数，包括土壤质地、粒径大小等（Freddy et al.，2008）。本章中使用的 1∶1 000 000 的土壤驱动数据是从 HWSD 数据集中处理得到。

表 6-2　CASA 模型和 BIOME-BGC 模型的植被类型对比

序号	CASA 模型	BIOME-BGC 模型	序号	CASA 模型	BIOME-BGC 模型
1	常绿针叶林	常绿针叶林	6	落叶阔叶混交林	—
2	常绿阔叶林	常绿阔叶林	7	灌丛	灌丛植被
3	落叶针叶林	落叶针叶林	8	草地	C3 草、C4 草
4	落叶阔叶林	落叶阔叶林	9	其他	—
5	针阔混交林	—			

本章使用的植被 NPP 数据包含森林 NPP 数据、灌丛 NPP 数据及草地 NPP 数据。其中，森林 NPP 数据来自 1989～1993 年中国林业部开展的全国森林资源清查数据，以及由其他一些已发表的文献数据经整理而成。收集的植被 NPP 数据提供了植物组分的立地名称、纬度、经度、海拔、生物量和植被 NPP 大小等数据记录（罗天祥，1996）。草地和灌丛的生物量与 NPP 数据来自已发表文献的研究成果（Togtohyn and Ojima，1996；于应文等，2000；Ni，2004；Jin et al.，2007；王国良等，2011）。文献选取时，设置文献实验要求如下：①在一年或一年以上的生长季节里每隔一段时间进行一系列测量；②同时包括地上和地下生物量数据。据此，利用 Ni（2004）的最大和最小生物量方法计算了相应的植被 NPP。其中，生物量记录是以干物质（dry matter，DM）为单位提供的，本章研究利用经验转换系数将干物质转换为碳含量（$g\ C\cdot m^{-2}\cdot a^{-1}$），即通过对木本生物量运用 0.5 的换算系数（Myneni et al.，2001），以及对草地和灌丛运用 0.45 的换算系数（Fang et al.，2007）来实现。

6.3.2　最大光能利用率参数校正

通过应用 Zhu 等（2006）建议的方法对中国各植被类型最大光能利用率进行校正，计算结果如表 6-3 所示。本章计算的各植被最大光能利用率按植被类型相对排序为常绿阔叶林＞落叶阔叶混交林＞落叶阔叶林＞针阔混交林＞草地＞落叶针叶林＞常绿针叶林，这与 Zhu 等（2006）和 Running 等（2000）的计算结果基本一致。另外，其取值介于 Potter 等（1993）建议取值（$0.389\ g\ C\cdot MJ^{-1}$）和

BIOME-BGC 模拟值（Running et al.，2000）之间。本章的校正结果略小于 Zhu 等（2006）的模拟结果，这可能与数据的空间分辨率差异，以及使用的干物质转换为碳含量（$g\ C\cdot m^{-2}\cdot a^{-1}$）的转换因子大小（0.45）有关。

表 6-3　本章研究模拟的植被最大光能利用率与其他研究对比

植被类型	最大光能利用率/($g\ C\cdot MJ^{-1}$)		
	本章研究	Zhu 等（2006）	Running 等（2000）
常绿针叶林	0.366	0.389	1.008
常绿阔叶林	0.630	0.985	1.259
落叶针叶林	0.383	0.485	1.103
落叶阔叶林	0.478	0.692	1.044
针阔混交林	0.446	0.475	—
落叶阔叶混交林	0.547	0.768	1.116
灌丛	0.348	0.429	0.768
草地	0.421	0.542	0.608
农田	0.421	—	—
城市用地	0.421	—	—
其他用地	0.421	—	—

6.3.3　CASA 模型验证

本章基于 CASA 模型计算了中国植被 NPP 的分布状况，对 CASA 模型在该地区的适用性进行验证是极其重要的一步。按照 CASA 模型的模拟结果，中国陆地植被年 NPP 为 2.540 $Pg\ C\cdot a^{-1}$，介于已报道的 1.950～6.130 $Pg\ C\cdot a^{-1}$（表 6-4）。朴世龙等（2001a）模拟的陆地植被 NPP 值较小（1.950 $Pg\ C\cdot a^{-1}$），这可能与他们模拟应用较小的最大光能利用率有关（0.389 $g\ C\cdot MJ^{-1}$）。陈利军等（2001）模拟的我国陆地 NPP 量明显偏大（6.13 $Pg\ C\cdot a^{-1}$），这可能是由他们模拟应用的数据精度导致（朱文泉等，2007）。我们的研究结果与孙睿和朱启疆（2000）的模拟结果较为接近（2.645 $Pg\ C\cdot a^{-1}$）。

表 6-4　模拟的植被 NPP 结果及其与其他研究对比

序号	NPP/($Pg\ C\cdot a^{-1}$)	研究年份	参考文献
1	2.645	1992～1993 年	孙睿和朱启疆（2000）
2	1.950	1997 年	朴世龙等（2001a）

续表

序号	NPP/(Pg C·a^{-1})	研究年份	参考文献
3	6.130	1990 年	陈利军等（2001）
4	3.120	1989～1993 年	朱文泉等（2007）
5	2.235	2001 年	Feng 等（2007）
6	2.540	2001～2010 年	本章研究

另外，我们还将模型结果与实测数据进行了对比验证，这主要基于罗天祥（1996）的数据来进行，通过选取与植被图中植被类型相一致的站点，应用 Pearson 相关分析确定 CASA 模型模拟的 NPP 与罗天祥（1996）的测量数据之间的相关性。如图 6-2 所示，模拟值与观测值之间呈现显著的相关性（$R = 0.733$；$P < 0.001$；$N = 248$）。以上验证说明 CASA 模型能够较好地模拟中国的植被 NPP。

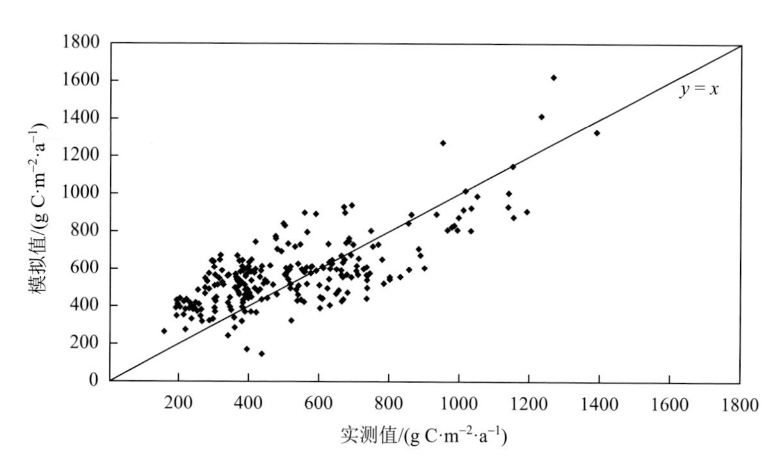

图 6-2　观测的植被 NPP 与 CASA 模型模拟的植被 NPP 对比

6.3.4　中国植被 NPP 的时空分布模拟

2006 年中国陆地植被 NPP 的时空分布呈现出明显的异质性，即植被 NPP 在空间分布上从东南部向西北部地区逐渐递减。在空间分布上，总体上来说，植被 NPP 从东南沿海向西北内陆地区逐渐降低（图 6-3）；从像元层次上看，我国东南部部分地区常绿阔叶林的生产力最高达到 1600 g C·m^{-2}·a^{-1}，而西北部荒漠地区的生产力低于 10 g C·m^{-2}·a^{-1}。这主要与中国的水热资源分布不均有关。热量资源不仅直接影响植被的光合作用，还通过与水分条件的组合影响植被 NPP 的变化。受地理纬度及海陆位置的影响，我国东南沿海地区水热资源丰富。更为重要的是，由于季风气候影响，我国气候具有显著的雨热同期的特点，这为促进植被生长、提高植被 NPP 提供了前提。

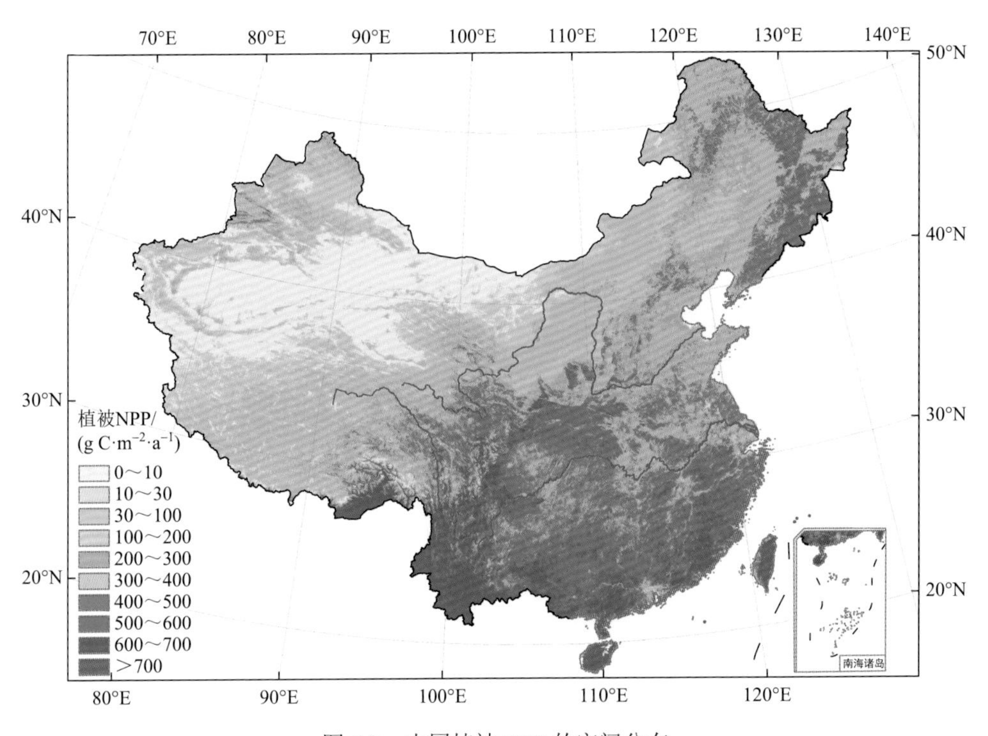

图 6-3　中国植被 NPP 的空间分布

本章开展了 BIOME-BGC 模型及 CASA 模型的适用性评估，进而从省级和国家尺度模拟了植被 NPP 的时空分布。首先，利用 MTCLIM 模型获取了 BIOME-BGC 模型的驱动数据，进一步分析了 BIOME-BGC 模型在广东省植被 NPP 模拟中的适用性。在此基础上，结合 BIOME-BGC 模型和植被 NPP 比例因子方法，对广东省 2000～2009 年植被 NPP 的时空分布进行模拟。

另外，本章通过对 CASA 模型进行单独校正，得到适合于我国植被 NPP 模拟的最大光能利用率因子；在此基础上，模拟了我国植被 NPP 的时空分布。研究表明：经过校正的 BIOME-BGC 模型和 CASA 模型均能够较好地模拟植被 NPP 分布。根据 BIOME-BGC 的模拟，2000～2009 年广东省年均植被 NPP 为 94.77 Tg C，其空间分布与植被分布紧密相关。而根据基于 CASA 模型的国家尺度植被 NPP 模拟结果，我国植被 NPP 在空间分布上从东南部向西北部地区逐渐递减，这主要与气候特征及植被分布有关。

6.4 基于 BIOME-BGC 模型的广东省植被 NPP 模拟

6.4.1 研究区和数据

广东省地处东亚季风区，主要分布有地带性的北亚热带季雨林、南亚热带季风常绿阔叶林、中亚热带典型常绿阔叶林和沿海的红树林，非地带性的常绿落叶阔叶混交林、常绿针阔叶混交林、常绿针叶林、竹林、灌丛和草坡，以及水稻、甘蔗和茶园等人工栽培植被。本节使用的数据源主要包括：气象数据、遥感数据、植被数据、土壤数据、土地利用数据、植被生物量数据，以及其他基础地理信息数据。BIOME-BGC 模型需要提供最高气温（T_{max}）、最低气温（T_{min}）、总降水量（P_{rcp}）、平均白天气温（T_{day}）、水汽压亏缺（VPD）、白天平均短波辐射能量密度（S_{rad}）和昼长（Daylen）等输入数据。具体来说，广东省气温、降水数据来源于中国国家气象局气象中心的 26 个气象观测站点。收集气象数据后，我们首先进行了数据的人工质量检查；其次，对于站点数据中的缺失记录部分，使用纬度和距离相近站点的相关数据来补充。原始数据中，气温相关数据的单位为 0.1℃，降水量相关数据的单位为 0.1 mm，需要进行数据的缩放操作。由于水汽压亏缺数据较少观测，通常使用模型法计算产生。本章中，水汽压亏缺及未来的太阳辐射因子通过运用 MTCLIM 模型来计算获取。

土壤数据来自联合国粮食及农业组织制作的 HWSD。其中，中国部分的土壤数据来源于中国科学院南京土壤研究所的 1∶1 000 000 土壤数据，数据内容主要包括中国土壤质地（砂质土、粉质土和黏质土）、土壤深度和土壤有机质等。利用 GIS 进行投影转换和重采样处理，使其与其他数据具有相同的空间参考信息，以便于模型运算和空间分析。

植被 NPP 验证数据主要由站点实测的生物量和 NPP 数据处理得来，包括森林清查资料、灌木及草地实测数据等。森林 NPP 验证数据来源于罗天祥（1996）处理计算的全国 1266 块森林样地数据。由于验证数据中大部分生物量/生产力数据的单位为干物质（DM），本章通过运用一个转换因子将其转换为碳含量（$g\ C \cdot m^{-2} \cdot a^{-1}$），即对于木本和草地生物量，转换因子分别取为 0.5 和 0.45（Myneni et al.，2001；Fang et al.，2007）。

另外，BIOME-BGC 模型属于一种典型的点模型。通常情况下，要实现点模型的区域化模拟，可以采取两种方式（Tatarinov et al.，2011）：①划分研究区为内部相对一致的类别，分别对每一个类别进行模拟；②划分研究区为规则的格网，并假设格网内部属性相对一致，模拟主要针对单个格网进行。在后一种模型区域化方式（即规则格网模拟）中，BIOME-BGC 模型模拟精度与格网（或栅格）大小密切相关。考虑到模型精度及计算量大小，本章选择运用第一种方式（即类别一致模拟）来实现 BIOME-BGC 模型的区域化模拟。本章开展广东省植被 NPP 模拟时，将全省范围按植被类型划分为若干个类别（1108 个植被类型斑块）来单独模拟（图 6-4）。具体来说，假设同一植被类型同一斑块内部气候变化相对一致，并按照植被类型来进行分类；再利用 GIS 来计算各植被类型斑块内平均气候要素，包括最高气温、最低气温、降水量等；对 BIOME-BGC 模型的植被斑块 NPP 模拟结果进行空间化、重投影等处理。在计算城市植被 NPP 时，本章结合 BIOME-BGC 模型和植被 NPP 比例因子方法，开展自然和人类活动影响下广东省植被 NPP 的时空模拟。

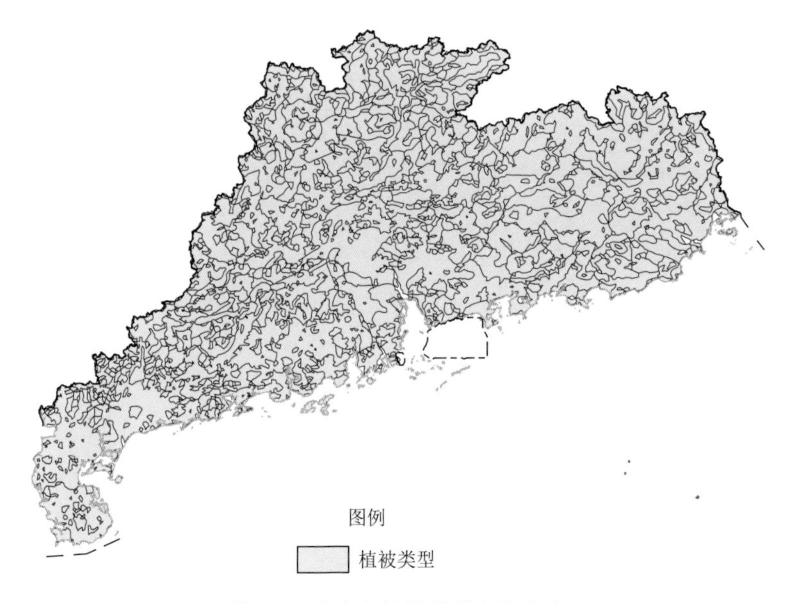

图 6-4　广东省植被类型斑块分布

6.4.2　BIOME-BGC 模型参数化

BIOME-BGC 模型属于过程模型的一种，它具有三个输入文件：站点初始化参数文件、气象输入文件及植被生理学参数。历史气象文件主要从气象站点观测数据获得。BIOME-BGC 模型将模拟的自然植被划分为 7 种类型：常绿针叶林、常绿阔叶林、落叶针叶林、落叶阔叶林、灌丛、C3 草地及 C4 草地（表 6-2）。按照植被类型不同，模型提供了 7 组植被生理学参数。目前，国内针对 BIOME-BGC 模型生理学参数研究相对较少，本章主要使用其他学者研究的建议取值，以及通过模型校正得到。由于 BIOME-BGC 模型不模拟农用地植被的生理生态过程，我们假设其具有与草地类似的植被生理过程，即把农用地植被作为草地来模拟（Wang et al.，2005）。城市用地的植被 NPP 分布使用植被 NPP 比例因子方法来进行。首先，应用 BIOME-BGC 模型模拟出城市土地利用转换前原始自然植被的 NPP 的时空分布；其次，结合 BIOME-BGC 模型输出结果，在 GIS 的支持下，计算得到城市地区植被 NPP 的时空分布状况。

BIOME-BGC 模型参数化过程如下：①使用模型默认的植被生理参数进行模拟，在此过程中通过调整各个参数的大小来测试模型对相关参数的敏感性；②结合生物学知识，在合理区间内不断调整对模型敏感的各参数，通过比较其输出的植被 NPP 值与参考植被 NPP 取值的关系，最终确定各个自然植被类型的植被生理学参数取值。本章中，主要的植被生理参数及站点初始化参数的取值见表 6-5。

表 6-5　BIOME-BGC 模型参数设置

生理生态参数	常绿针叶林	常绿阔叶林	灌丛	草地
大气 CO_2 浓度/ppm	372	372	372	372
短波反射率	0.1	0.1	0.1	0.1
湿/干大气氮沉降/($kg\ N\cdot m^{-2}\cdot a^{-1}$)	0.0009	0.0009	0.0009	0.0009
共生/非共生固氮/($kg\ N\cdot m^{-2}\cdot a^{-1}$)	0.0008	0.0008	0.0008	0.0008
转移生长期在生长季所占比例	0.3	0.2	0.3	1
凋落物在生长季所占比例	0.3	0.2	0.3	1
每年叶和细根死亡率	0.25	0.7	0.38	1
每年活立木死亡率	0.7	0.7	0.7	0
每年火烧死亡率	0.002	0.002	0.01	0.065
新细根与新叶的碳分配比	1	1.2	0.75	1
新茎与新叶的碳分配比	2.2	2.2	0.8	0
新活立木与新叶的碳分配比	0.1	0.16	1	0
新根与新茎的碳分配比	0.3	0.3	0.3	0
当年生长比例	0.5	0.5	0.5	0.5
叶碳氮比	42	42	42	24
落叶后凋落物碳氮比	93	49	93	49
细根碳氮比	42	42	42	42
活立木碳氮比	50	50	50	0
死立木碳氮比	729	300	729	0
叶凋落物中易分解物质比例	0.32	0.32	0.32	0.39
叶凋落物中纤维素比例	0.44	0.44	0.44	0.44

续表

生理生态参数	常绿针叶林	常绿阔叶林	灌丛	草地
叶凋落物中木质素比例	0.24	0.24	0.24	0.17
细根中易分解物质比例	0.3	0.3	0.3	0.3
细根中纤维素比例	0.45	0.45	0.45	0.45
细根中木质素比例	0.25	0.25	0.25	0.25
死立木中纤维素比例	0.76	0.76	0.76	0.75
死立木中木质素比例	0.24	0.24	0.24	0.25
冠层截水系数	0.041	0.041	0.035	0.021
冠层消光系数	0.5	0.7	0.45	0.48
叶表面积与投影叶面积比例	2.6	2	2	2
平均比叶面积	8.2	12	12	45
阴生与阳生叶比叶面积比例	2	2	2	2
Rubisco 酶叶氮比例	0.04	0.15	0.06	0.21
最大气孔导度	0.003	0.005	0.003	0.006
表层导度	0.000 01	0.000 01	0.000 01	0.000 06
边界层导度	0.08	0.08	0.08	0.04
气孔开始缩小时叶片水势	−0.6	−0.6	−0.6	−0.6
气孔完全闭合时叶片水势	−2.3	−3.9	−2.3	−2.3
气孔开始缩小时饱和水汽压差	930	1800	930	930
气孔完全闭合时饱和水汽压差	4100	4100	4100	4100

注：大气 CO_2 浓度数据来自 Houghton et al.（2001）；湿/干大气氮沉降参数和共生/非共生固氮数据出自申卫军（2002）。

戴铭等（2011）研究认为，中国东南部地区的森林林龄比较小，平均林龄为 20～30 年，然而，少部分地区亦存在成熟林和过熟林。根据 Wang 等（2011）的研究，我国东南部地区的林龄多在 1～40 年。因而，我们设定广东地区的森林年龄为 30 年，用来进行植被的 NPP 模拟。

6.4.3　植被 NPP 比例因子的计算及验证

根据计算，广东省城市化前后植被 NPP 比例因子值为 0.55。由于广东省城市化土地主要来源于农田的流失，我们将本章结果与其他研究中城市地区与农用地植被 NPP 比例做了对比。本章计算的植被 NPP 比例因子略高于罗艳和王春林（2009）计算的广东省城市用地与农田平均植被 NPP 的比例值（约 0.47），这可能是其模拟使用较高的农田最大光能利用率所致（0.728 g C·MJ^{-1}）。

6.4.4 MTCLIM 模型和 BIOME-BGC 模型的验证

1. MTCLIM 模型验证

MTCLIM 模型模拟结果的验证至关重要。对于最高气温、最低气温、降水量等因子，MTCLIM 的模型输出只是对输入的气象观测值的转录，无须进行验证。而根据 Running 和 Coughlan（1988）的验证，模型日长输出的误差不超过 15min（申卫军，2002）。因而，我们不再对日长因子进行验证。

对于短波辐射数据，我们利用基于观测的辐射数据来开展深入分析。相对于常规气象站点，辐射站点分布稀疏、数据量较少。因而，本章使用广州和汕头两个辐射观测站 2001～2010 年的观测数据，分别从年平均辐射量、月平均辐射变化量等方面的比较，以及 MTCLIM 模型模拟值和真实值之间的相关性分析等方面来实现 MTCLIM 模型的验证。

根据计算，基于 MTCLIM 模型模拟的广州市年平均辐射量为 12.80 MJ·m^{-2}，略高于其站点观测值（11.71 MJ·m^{-2}）；另外，计算的汕头市年平均辐射量（13.19 MJ·m^{-2}）与其站点观测值（14.28 MJ·m^{-2}）比较接近。不论是广州市还是汕头市，基于 MTCLIM 模型模拟的辐射量都与观测的辐射量数据较为吻合。

另外，广州站和汕头站的平均太阳辐射量均呈现一定的季节变化（图 6-5 和图 6-6）。基于 MTCLIM 模型模拟的广州市月平均太阳辐射量在 11.42～14.25 MJ·m^{-2}，

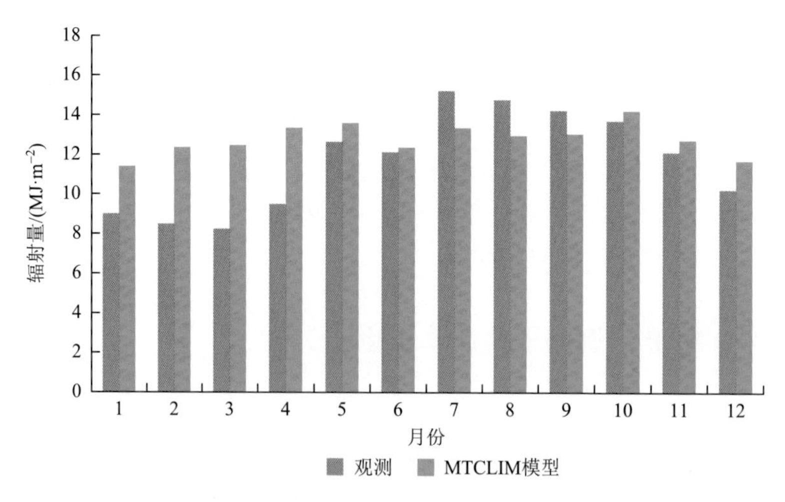

图 6-5 观测和 MTCLIM 模型输出的广州站太阳辐射数据对比

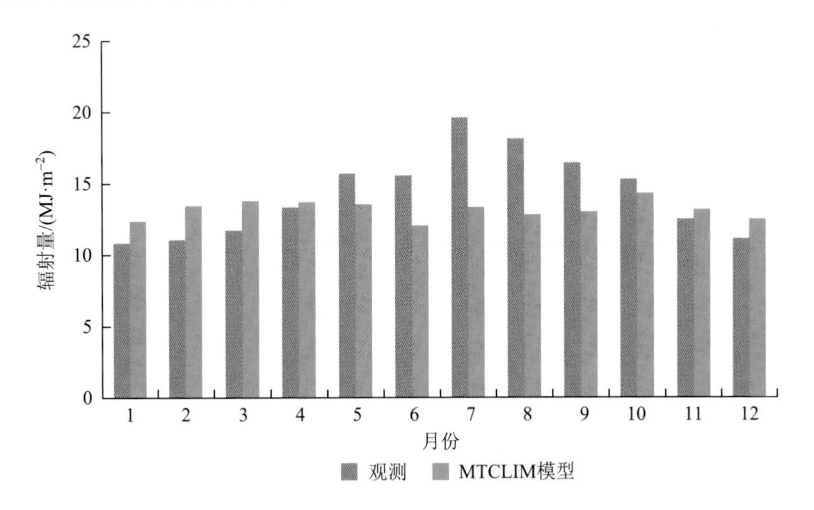

图 6-6　观测和 MTCLIM 模型输出的汕头站太阳辐射数据对比

而基于实测的广州市月平均太阳辐射量在 8.33～15.29 MJ·m^{-2}。对于汕头市，模拟的月平均太阳辐射量在 12.04～14.33 MJ·m^{-2} 变化，而实测的月平均太阳辐射量为 10.83～19.59 MJ·m^{-2}。因而，MTCLIM 模型模拟的平均辐射值都落在实测范围之内。

利用观测的辐射数据，与 MTCLIM 模型的输出数据相结合作相关性分析（图 6-7）。根据计算，模拟的相关系数大部分都在 0.65 以上，且相关关系显著。综上，应用 MTCLIM 模型模拟的短波辐射结果能够反映地区辐射真实情况。

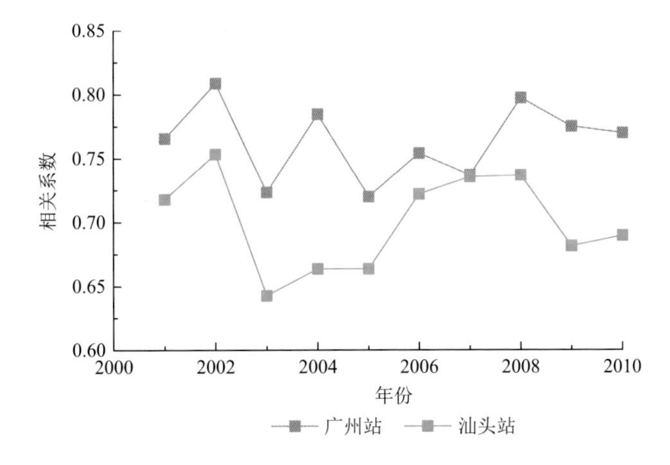

图 6-7　广州站和汕头站观测数据和 MTCLIM 模型输出的辐射数据相关性变化
（P＜0.0001；N＝365）

2. BIOME-BGC 模型验证

区域及全球尺度的植被 NPP 验证的方法一般有两种（朱文泉等，2005）：一是与实测数据对比，二是与其他模型所估算的结果进行对比。本章模拟的广东省平均植被 NPP 在 0～1017 g C·m^{-2}·a^{-1}，总量达到 94.77 Tg C。我们分别从广东省累计总 NPP 和植被 NPP 像元值变化两个方面对模拟结果进行了验证，以确保其可靠性和准确性。我们模拟的植被 NPP 总量略低于罗艳和王春林（2009）的结果，这可能与他们模拟使用较大的植被最大光能利用率有关。此外，在 GIS 的支持下，基于 CASA 模型得出的中国植被 NPP 结果中提取出的广东省植被 NPP 为 95.73 Tg C；而根据 BIOME-BGC 模型的模拟，广东省 2000～2009 年平均植被 NPP 总量为 94.77 Tg C，两种方法的模拟结果比较接近，说明了 BIOME-BGC 模型在该区域的适用性。

林地和耕地是广东省两种重要的土地利用类型，其累计面积比例占广东省陆地面积超过 77%。郭志华等（2001）利用多时相的 AVHRR NDVI 和地面气象数据研究指出广东省陆地年平均植被 NPP 约为（753.2±277.0）g C·m^{-2}·a^{-1}。罗艳和王春林（2009）基于 MODIS NDVI 数据，通过利用改进的 CASA 模型估算的林地植被平均 NPP 为 763.0 g C·m^{-2}·a^{-1}。本章中，广东省常绿阔叶林平均 NPP 为 950 g C·m^{-2}·a^{-1}，常绿针叶林为 575 g C·m^{-2}·a^{-1}；另外，罗艳和王春林（2009）模拟的耕地植被 NPP 为 575.4 g C·m^{-2}·a^{-1}，Pei 等（2013）利用 CASA 模型模拟的 2001～2010 年广东省平均 NPP 为 550.9 g C·m^{-2}·a^{-1}，而我们模拟的广东省平均耕地植被 NPP 为 542.7 g C·m^{-2}·a^{-1}，接近于 Pei 等（2013）、罗艳和王春林（2009）的研究结果（表 6-6）。

表 6-6　本章模拟结果与其他研究结果对比

序号	模型	时间段	NPP 总量 /(Tg C·a^{-1})	NPP 均值 /(g C·m^{-2}·a^{-1})	文献来源
1	CASA 模型	2001～2007 年	103.5～166.8	575.4～763.0	罗艳和王春林，2009
2	CASA 模型	2001～2010 年	95.73	550.9±148.2	Pei et al.，2013
3	BIOME-BGC 模型	2000～2009 年	94.77	542.7±81.6	本章模拟

此外，我们选取与植被图中 BIOME-BGC 模型植被类型相一致的站点，将本章中模拟的植被 NPP 与罗天祥（1996）的观测数据进行对比。根据表 6-7 可以看出，本章基于 BIOME-BGC 模型的模拟结果与观测数据具有较好的一致性。

表 6-7　本章研究模拟结果与观测数据（罗天祥，1996）对比

项目	植被类型	生长类型	高程/m	林龄/a	观测 NPP /($g\ C·m^{-2}·a^{-1}$)	模型 NPP /($g\ C·m^{-2}·a^{-1}$)
地点 1	常绿阔叶林	自然	500	25	966.46	947.78
地点 2	常绿针叶林	垦殖	500	25	520.26	530.70

6.4.5　广东省植被 NPP 的时空分布

本章根据植被类型斑块，利用 BIOME-BGC 模型模拟了广东省植被 NPP 的大小。研究结果显示，2000～2009 年广东省年均植被 NPP 量为 94.77 Tg C。图 6-8 展示了 2000～2009 年广东省植被 NPP 的年际异常动态变化。值得注意的是，2004 年广东省植被 NPP 总量达到一个低的异常峰值（–26.76 Tg C），占 10 年平均值的 28%。这可能与 2004 年发生的严重干旱有关（邓玉娇等，2006；王春林等，2015）。总体上，2000～2009 年广东省植被 NPP 呈现微弱的降低趋势（–0.86 Tg $C·a^{-1}$），这与王春林等（2015）分析的华南地区的干旱指数变化较为一致。

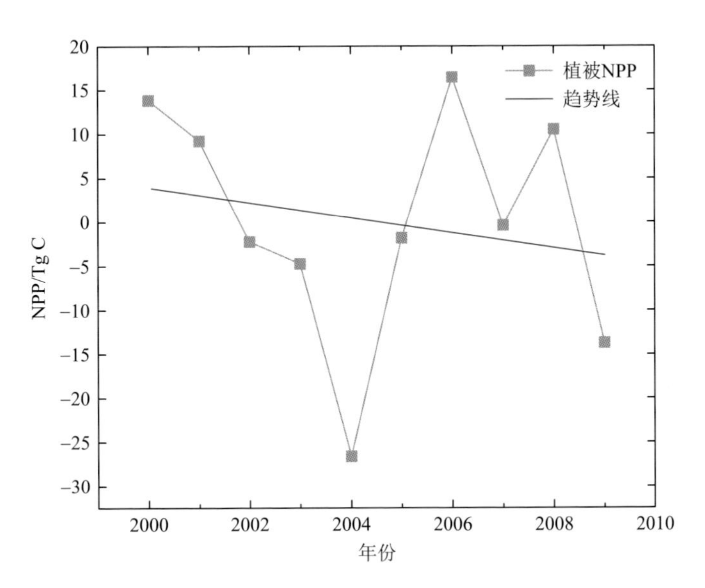

图 6-8　2000～2009 年广东省平均植被 NPP 时空分布

空间分布上，广东省植被 NPP 的高值区域主要位于北部的亚热带常绿阔叶林分布区，平均植被 NPP 达到 950 g $C·m^{-2}·a^{-1}$。然而，在北部的亚热带常绿针叶林地区，植被 NPP 也较低，仅为 575 g $C·m^{-2}·a^{-1}$。另外，植被 NPP 的低值区域主要

位于珠江三角洲附近的受人类活动影响剧烈的地区（图 6-9）。

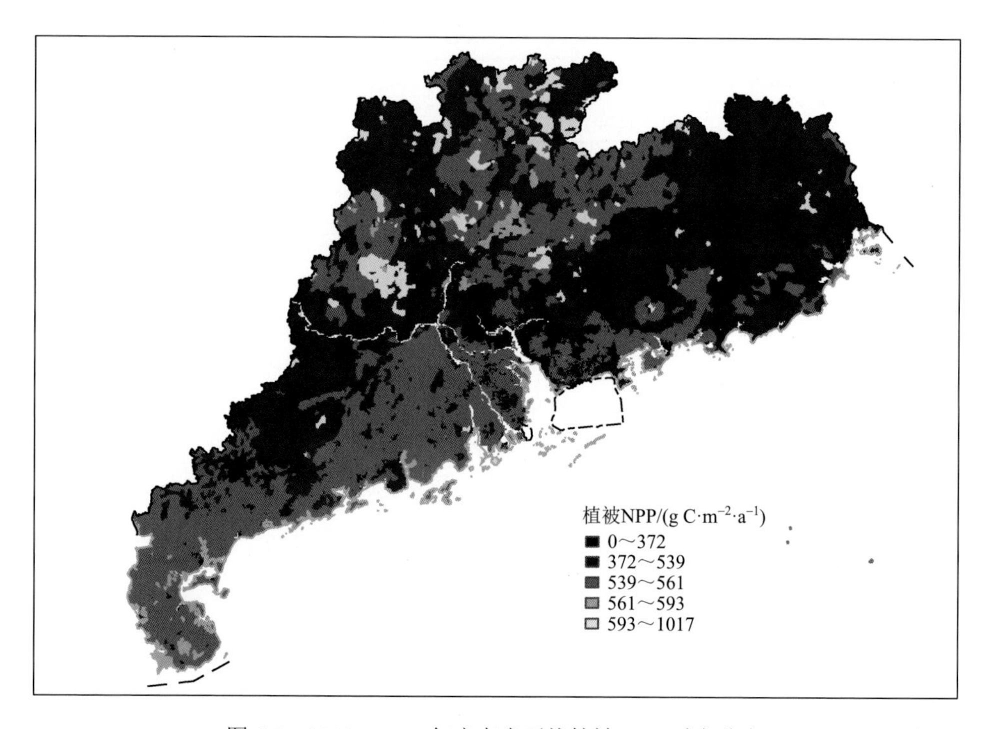

图 6-9　2000～2009 年广东省平均植被 NPP 时空分布

参 考 文 献

陈利军，刘高焕，冯险峰. 2001. 运用遥感估算中国陆地植被净第一性生产力. 植物学报，(11)：95-102.

戴铭，周涛，杨玲玲，等. 2011. 基于森林详查与遥感数据降尺度技术估算中国林龄的空间分布. 地理研究，30（1）：172-184.

邓玉娇，肖乾广，黄江，等. 2006. 2004 年广东省干旱灾害遥感监测应用研究. 热带气象学报，22（3）：237-240.

郭志华，彭少麟，王伯荪. 2001. 基于 GIS 和 RS 的广东陆地植被生产力及其时空格局. 生态学报，(9)：1444-1449.

贺庆棠，Baumgartner A. 1986. 中国植物的可能生产力农业和林业的气候产量. 北京林业大学学报，2：84-97.

胡波，孙睿，陈永俊，等. 2011. 遥感数据结合 Biome-BGC 模型估算黄淮海地区生态系统生产力. 自然资源学报，26（12）：2061-2070.

李海涛，沈文清，桑卫国. 2001. MTCLIM 模型（山地小气候模拟模型）的研究现状及其潜在应用. 山地学报，19（6）：533-540.

李海涛，沈文清，夏军. 2003. MTCLIM 模型系列研究报告（1）：温度估算方法在中国亚热带山地的有效性验证. 山地学报，21（4）：385-394.

李文华. 1978. 森林生物生产力的概念及其研究的基本途径. 自然资源，(1)：71-92.

刘丽娟，昝国盛，葛剑平，等. 2005. MTCLIM 模型在岷江上游气候模拟中的应用. 长江流域资源与环境，14（2）：248-253.

罗天祥. 1996. 中国主要森林类型生物生产力格局及其数学模型. 北京：中国科学院.
罗艳，王春林. 2009. 基于MODIS NDVI的广东省陆地生态系统净初级生产力估算. 生态环境学报，(4)：1467-1471.
裴凤松，黎夏，刘小平，等. 2015. 城市扩张驱动下植被净第一性生产力动态模拟研究——以广东省为例. 地球信息科学学报，17（4）：469-477.
朴世龙，方精云，郭庆华. 2001a. 利用CASA模型估算我国植被净第一性生产力. 植物生态学报，25(5)：603-608.
朴世龙，方精云，郭庆华. 2001b. 1982-1999年我国植被净第一性生产力及其时空变化. 北京大学学报（自然科学版），37（4）：563-569.
申卫军. 2002. 中国南亚热带主要人工林生态系统过程模拟研究. 广州：中国科学院华南植物研究所.
孙睿，朱启疆. 2000. 中国陆地植被净第一性生产力及季节变化研究. 地理学报，67（1）：36-45.
王春林，邹菊香，麦北坚，等. 2015. 近50年华南气象干旱时空特征及其变化趋势. 生态学报，35（3）：595-602.
王国良，吴波，贾春林，等. 2011. 济南市五峰山地区灌草丛草地植被特征研究. 水土保持通报，（2）：228-231.
邢福，祝廷成. 1992. 内蒙古东部线叶菊草地生物量与净第一性生产力的初步研究. 植物生态学与地植物学学报，16（2）：149-157.
于应文，胡自治，张德罡，等. 2000. 金露梅灌丛净第一性生产力. 草业学报，（4）：33-39.
曾慧卿. 2008. 基于BIOME-BGC模型的红壤丘陵区湿地松(*Pinus elliottii*)人工林GPP和NPP. 生态学报，28(11)：5314-5321.
张宪洲. 1993. 我国自然植被净第一性生产力的估算与分布. 资源科学，（1）：15-21.
中国科学院中国植被图编辑委员会. 2001. 1∶1 000 000 中国植被图集. 北京：科学出版社.
周广胜，王玉辉. 2003. 全球生态学. 北京：气象出版社.
朱文泉，潘耀忠，龙中华，等. 2005. 基于GIS和RS的区域陆地植被NPP估算——以中国内蒙古为例. 遥感学报，9（3）：300-307.
朱文泉，潘耀忠，张锦水. 2007. 中国陆地植被净初级生产力遥感估算. 植物生态学报，31（3）：413-424.
朱志辉. 1993. 自然植被净第一性生产力估计模型. 科学通报，38（15）：1422-1426.
Cramer W，Kicklighter D W，Bondeau A，et al. 1999. Comparing global models of terrestrial net primary productivity（NPP）：Overview and key results. Global Change Biology，5（S1）：1-15.
Fang J Y，Guo Z D，Piao S L，et al. 2007. Terrestrial vegetation carbon sinks in China，1981-2000. Science in China Series D：Earth Sciences，50（9）：1341-1350.
Feng X，Liu G，Chen J M，et al. 2007. Net primary productivity of China's terrestrial ecosystems from a process model driven by remote sensing. Journal of Environmental Management，85（3）：563-573.
Field C B，Randerson J T，Malmström C M，et al. 1995. Global net primary production：Combining ecology and remote sensing. Remote Sensing of Environment，51（1）：74-88.
Freddy N，Harrij V V，Luc V. 2008. Harmonized World Soil Database. Food and Agriculture Organization of the United Nations.
Goerner A，Reichstein M，Tomelleri E，et al. 2011. Remote sensing of ecosystem light use efficiency with MODIS-based PRI. Biogeosciences，8（5）：189-202.
Heimann M，Keeling C D. 1989. A three-dimensional model of atmospheric CO_2 transport based on observed winds：2. Model description and simulated tracer experiments//Peterson D H. Aspects of Climate Variability in the Pacific and the Western Americas，55：165-237.
Hilker T，Hall F G，Coops N C，et al. 2010. Remote sensing of photosynthetic light-use efficiency across two forested biomes：Spatial scaling. Remote Sensing of Environment，114（12）：2863-2874.
Houghton J T，Ding Y，Griggs D J，et al. 2001. Climate Change 2001：The Scientific Basis. Contribution of working group

I to the third assessment report of the international panel on climate change. Cambridge：Cambridge University Press.

Hungerford R D，Nemani R，Running S W，et al. 1989. MTCLIM：A mountain microclimate simulation model. U.S. Forest Service Research Paper INT-RP-414：52.

Imhoff M L，Bounoua L，DeFries R，et al. 2004. The consequences of urban land transformation on net primary productivity in the United States. Remote Sensing of Environment，89（4）：434-443.

Inoue Y，Peñuelas J. 2006. Relationship between light use efficiency and photochemical reflectance index in soybean leaves as affected by soil water content. International Journal of Remote Sensing，27（22）：5109-5114.

Jin Z，Qi Y C，Dong Y S. 2007. Storage of biomass and net primary productivity in desert shrubland of Artemisia ordosica on Ordos Plateau of Inner Mongolia，China. Journal of Forestry Research，18（4）：298-300.

Kimball J S，Running S W，Nemani R. 1997. An improved method for estimating surface humidity from daily minimum temperature. Agricultural and Forest Meteorology，85（1-2）：87-98.

Leith H，Whittaker R H.1975. Primary Productivity of the Biosphere. New York：Springer-Verlag.

Lo Y H，Blanco J A，Seely B，et al. 2011. Generating reliable meteorological data in mountainous areas with scarce presence of weather records：The performance of MTCLIM in interior British Columbia，Canada. Environmental Modelling and Software，26（5）：644-657.

McNaughton K G，Jarvis P G. 1983. Predicting effects of vegetation changes on transpiration and evaporation. Water Deficits and Plant Growth，7：1-47.

Monteith J L. 1972. Solar radiation and productivity in tropical ecosystems. Journal of Applied Ecology，9（3）：747-766.

Mu Q Z，Zhao M S，Running S W，et al. 2008. Contribution of increasing CO_2 and climate change to the carbon cycle in China's ecosystems. Journal of Geophysical Research：Biogeosciences，113：G01018.

Murray F W. 1966. On the computation of saturation vapor pressure. Journal of Applied Meteorology，6（1）：203-204.

Myneni R B，Dong J，Tucker C J，et al. 2001. A large carbon sink in the woody biomass of northern forests. Proceedings of the National Academy of Sciences，98（26）：14784.

Ni J. 2004. Estimating net primary productivity of grasslands from field biomass measurements in temperate northern China. Plant Ecology，174（2）：217-234.

Nichol C J，Huemmrich K F，Black T A，et al. 2000. Remote sensing of photosynthetic-light-use efficiency of boreal forest. Agricultural and Forest Meteorology，101（2-3）：131-142.

Parton W J，Scurlock J M O，Ojima D S，et al. 1993. Observations and modeling of biomass and soil organic matter dynamics for the grassland biome worldwide. Global Biogeochemical Cycles，7（4）：785-809.

Pei F S，Li X，Liu X P，et al. 2013. Assessing the differences in net primary productivity between pre-and post-urban land development in China. Agricultural and Forest Meteorology，171-172：174-186.

Pei F S，Li X，Liu X P，et al. 2015. Exploring the response of net primary productivity variations to urban expansion and climate change：A scenario analysis for Guangdong Province in China. Journal of Environmental Management，150：92-102.

Potter C S，Randerson J T，Field C B，et al. 1993. Terrestrial ecosystem production：A process model based on global satellite and surface data. Global Biogeochemical Cycles，7（4）：811-841.

Prince S D，Goward S N. 1995. Global primary production：A remote sensing approach. Journal of Biogeography，22（4/5）：815-835.

Propastin P A，Kappas M W，Herrmann S M，et al. 2012. Modified light use efficiency model for assessment of carbon sequestration in grasslands of Kazakhstan：Combining ground biomass data and remote-sensing. International Journal of Remote Sensing，33（5）：1465-1487.

Raich J W，Rastetter E B，Melillo J M，et al. 1991. Potential net primary productivity in South America：Application of a global model. Ecological Applications，1（4）：399-429.

Rojstaczer S，Sterling S M，Moore N J. 2001. Human Appropriation of Photosynthesis Products. Science，294（5551）：2549-2552.

Ruimy A，Dedieu G，Saugier B. 1996. TURC：A diagnostic model of continental gross primary productivity and net primary productivity. Global Biogeochemical Cycles，10（2）：269-285.

Ruimy A，Saugier B，Dedieu G. et al. 1994. Methodology for the estimation of terrestrial net primary production from remotely sensed data. Journal of Geophysical Research，99（D3）：5263-5283.

Running S W，Coughlan J C. 1988. A general model of forest ecosystem processes for regional applications I. Hydrologic balance，canopy gas exchange and primary production processes. Ecological Modelling，42（2）：125-154.

Running S W，Gower S T. 1991. FOREST-BGC，a general model of forest ecosystem processes for regional applications. Ⅱ. Dynamic carbon allocation and nitrogen budgets. Tree Physiology，9（1-2）：147-160.

Running S W，Hunt E R. 1993. Generalization of a forest ecosystem process model for other biomes，BIOME-BGC，and an application for global-scale models. Scaling Physiological Processes：Leaf to Globe：141-158.

Running S W，Nemani R R，Hungerford R D. 1987. Extrapolation of synoptic meteorological data in mountainous terrain and its use for simulating forest evapotranspiration and photosynthesis. Canadian Journal of Forest Research，17（6）：472-483.

Running S W，Thornton P E，Nemani R，et al. 2000. Global terrestrial gross and net primary productivity from the earth observing system. Methods in Ecosystem Science：44-57.

Russell G，Jarvis P G，Monteith J L. 1989. Absorption of Radiation by Canopies and Stand Growth. Plant Canopies：Their Growth，form and Function. Cambridge：Cambridge University Press.

Saxton K E，Romberger W J，Romberger J S，et al. 1986. Estimating generalized soil-water characteristics from texture1. Soil Science Society of America Journal，50（4）：1031-1036.

Tatarinov F A，Cienciala E，Vopenka P，et al. 2011. Effect of climate change and nitrogen deposition on central-European forests：Regional-scale simulation for South Bohemia. Forest Ecology and Management，262（10）：1919-1927.

Thornthwait W C. 1948. An approach toward rational classification of climate. Geographical Review，38（1）：55-94.

Togtohyn C，Ojima D. 1996. NPP grassland：Tumentsogt，Mongolia，1982-1990. Data set. Available on-line from Oak Ridge National Laboratory Distributed Active Archive Center，Oak Ridge，Tennessee，U.S.A.

Trusilova K，Churkina G. 2008. The response of the terrestrial biosphere to urbanization：Land cover conversion，climate，and urban pollution. Biogeosciences，5（6）：1505-1515.

Trusilova K，Jung M，Churkina G，et al. 2008. Urbanization impacts on the climate in Europe：Numerical experiments by the PSU-NCAR Mesoscale Model（MM5）. Journal of Applied Meteorology and Climatology，47（5）：1442-1455.

Vitousek P M，Ehrlich P R，Ehrlich A H，et al. 1986. Human Appropriation of the Products of Photosynthesis. BioScience，36（6）：368-373.

Wang Q X，Watanabe M，Zhu O Y. 2005. Simulation of water and carbon fluxes using Biome-BGC model over crops in China. Agricultural and Forest Meteorology，131（3-4）：209-224.

Wang S Q，Zhou L，Chen J M，et al. 2011. Relationships between net primary productivity and stand age for several forest types and their influence on China's carbon balance. Journal of Environmental Management，92（6）：1651-1662.

Wang Y P，Houlton B Z. 2009. Nitrogen constraints on terrestrial carbon uptake：Implications for the global carbon-climate feedback. Geophysical Research Letters，36：L24403.

Wu C Y，Niu Z，Tang Q，et al. 2010. Revised photochemical reflectance index（PRI）for predicting light use efficiency of wheat in a growth cycle: Validation and comparison. International Journal of Remote Sensing, 31(11): 2911-2924.

Yu D Y, Shao H B, Shi P J, et al. 2009. How does the conversion of land cover to urban use affect net primary productivity? A case study in Shenzhen city, China. Agricultural And Forest Meteorology, 149 (11): 2054-2060.

Zhu W, Pan Y, He H, et al. 2006. Simulation of maximum light use efficiency for some typical vegetation types in China. Chinese Science Bulletin, 51 (4): 457-463.

第7章　中国干旱事件监测及其对植被活动的影响

7.1　概　　述

根据森林清查和碳循环模型的研究结果（Fan et al.，1998；Peylin et al.，2002；Goodale et al.，2002），北半球陆地生态系统表现为巨大的碳库。然而，研究发现北半球陆地生态系统所固存的碳比预计的要少（Stephens et al.，2007），且该地区的陆地碳汇正在减弱（Fung et al.，2005；Canadell et al.，2007）。由于自然及人为因素的扰动作用，北半球陆地生态系统甚至可能从碳汇转变为碳源（Ciais et al.，2005；Kurz et al.，2008）。因此，探讨各种生态干扰对陆地生态系统的影响对于理解陆地碳循环机理至关重要（Kurz et al.，2008；Running，2008）。生态干扰通常指生态系统结构和功能的持续破坏现象，包括物理干扰、生物干扰和人为干扰（Pickett and White，1986；Potter et al.，2003）。以往研究对林火、森林砍伐等生态干扰过程有了深入的认识（Houghton and Goodale，2004；Xu et al.，2007；van der Werf et al.，2010）。然而，对于气候干旱事件，仍未得到学术界足够的重视。

值得注意的是，IPCC指出，随着全球变暖的加剧，预计全球气候干旱的频率和严重程度会不断增加。然而，以往有关气候干旱事件的植被活动响应，尤其是干旱对陆地碳循环的影响方面的认识仍然较为不足（Zhao and Running，2010，2011）。例如，Ciais等（2005）分析了2003年欧洲发生的高温和干旱导致的植被初级生产力下降的现象；Xiao等（2009）指出20世纪我国发生的气候干旱事件降低了植被NPP和净生态系统生产力（NEP）；Zhao和Running（2010）在*Science*上发文指出，2000～2009年发生的大规模干旱使南半球植被NPP减少，导致全球植被NPP呈现出降低的特点。然而，Samanta等（2011）则认为Zhao和Running（2010）的研究结论与植被NPP的现实变化较为不符。

气候干旱的严重性通常以干旱强度和干旱持续时间为特征（Liu and Juárez，2001）。以往研究大多针对陆地植被NPP的干旱强度响应方面。除了干旱强度外，干旱的持续时间对陆地生态系统的碳吸收也产生重要影响。然而，由于气候干旱及植被活动的复杂性，以往有关植被活动对气候干旱的潜在的延迟或滞后影响方面的认识还有较多的不足之处。例如，Arnone等（2008）通过开展一项为期4年的研究发现：在异常干旱和变暖年份及其后几年里，生态系统的CO_2吸收量呈现持续下降趋势。Ji和Peters（2003）利用SPI和NDVI评价了美国北部大平原地区植被对干旱的响应。他们发现 3 个月累积的 SPI 与 NDVI 的相关性最大。然而，Fernandes 和 Heinemann（2011）发现 12 个月累积的 SPI 在估算巴西旱稻产量时具有最好的效果。

中国位于亚洲东部、太平洋西岸，气候类型复杂多样。受特殊的海陆位置影响，我国形成了明显的季风气候和大陆性气候。另外，我国广泛分布有寒温带、中温带、暖温带、亚热带和热带，以及高海拔的青藏高寒区。我国植被类型丰富，植被分布交错混杂。其中，东部季风区分布有热带雨林、亚热带常绿阔叶林、温带落叶阔叶林、寒温带针叶林，以及亚高山针叶林、温带森林草原等植被类型；而在西北内陆地区和青藏高原地区，广泛分布着草原、灌丛、荒漠及高山草原草甸等植被类型。过去几十年我国发生了多次不同程度的干旱事件，对陆地植被活动产生了重要影响（Xiao et al.，2009；Wu et al.，2011）。利用植被 NPP 作为植被活动和碳循环的关键指示因子，本章分析了气候干旱事件对植被的影响。具体地，以 SPI 为指示因子，本章识别了 2001～2010 年我国发生的气候干旱事件，探讨了干旱强度、干旱持续时间对植被 NPP 的影响，分析了植被 NPP 与气温、降水、太阳辐射之间的关系。

7.2 数据源和研究方法

7.2.1 数据源及处理

本章使用的数据主要包括：2001～2010 年气象站观测的逐月平均气温、降水量和太阳辐射数据、NDVI 数据、VHI 数据、2006 年土地利用数据、1∶1 000 000 植被图数据、土壤相关数据及植被 NPP 数据等。VHI 数据来源于美国国家海洋和大气管理局卫星应用和研究中心，基于 NOAA/AVHRR 传感器观测生成。其他相关数据来源及处理方法参见 6.3.1 节。

7.2.2 标准化降水指数

近年来，气候干旱等极端天气和气候事件受到越来越多的关注。研究人员开发了许多监测气象干旱及其他类型干旱的方法（Palmer and Bureau，1965；McKee et al.，1993；Tsakiris and Vangelis，2005）。在大多数情况下，干旱事件可以通过各种干旱指数（如 SPI 和 PDSI）来量化。SPI 最初被开发应用于美国科罗拉多州多个时间尺度的干旱状况监测（McKee et al.，1993）。许多研究表明，SPI 适用于量化大多数干旱事件，包括气象、水文和农业干旱（Lloyd-Hughes and Saunders，2002）。

SPI 是通过将概率密度函数拟合到历史降水量（特定时间尺度上的累计降水量）的频率分布来计算的（Lloyd-Hughes and Saunders，2002）。在此基础上，将概率密度函数转换为均值为 0 而方差为 1 的标准正态分布。利用 Gamma 分布模拟时间序列的观测降水量。概率密度函数定义为

$$g(x)=\frac{1}{\beta^{\alpha}\Gamma(\alpha)}x^{\alpha-1}\mathrm{e}^{-x/\beta},\quad x>0 \tag{7-1}$$

式中，α 为形状参数；β 为比例参数；x 为降水量；$\Gamma(\alpha)$ 是 Gamma 函数，定义为

$$\Gamma(\alpha)=\int_0^{\infty}y^{\alpha-1}\mathrm{e}^{-y}\mathrm{d}y \tag{7-2}$$

α 和 β 按式（7-3）和式（7-4）进行估算：

$$\hat{\alpha}=\frac{1}{4A}\left(1+\sqrt{1+\frac{4A}{3}}\right) \tag{7-3}$$

$$\hat{\beta}=\frac{\overline{x}}{\hat{\alpha}} \tag{7-4}$$

对于 n 个观测值

$$A=\ln\overline{x}-\frac{\sum\ln x}{n} \tag{7-5}$$

进一步地，观测降水量的累积概率计算如下：

$$G(x)=\int_0^x g(x)\mathrm{d}x=\frac{1}{\hat{\beta}^{\hat{\alpha}}\Gamma(\hat{\alpha})}\int_0^x x^{\hat{\alpha}}\mathrm{e}^{-x/\hat{\beta}}\mathrm{d}x \tag{7-6}$$

由于 Gamma 分布在 $x=0$ 并且 $q=P(x=0)>0$ 时定义，其中 $P(x=0)$ 是零降水的概率。因此，累积概率变换为

$$H(x)=q+(1-q)G(x) \tag{7-7}$$

在此基础上，使用 Abramowitz 和 Stegun（1964）的方法，将累积概率分布转换为标准正态分布，从而计算生成 SPI：

$$Z=\mathrm{SPI}=-\left(t-\frac{c_0+c_1+c_2t^2}{1+d_1+d_2t^2+d_3t^3}\right),\quad 0<H(x)\leqslant 0.5 \tag{7-8}$$

$$Z=\mathrm{SPI}=+\left(t-\frac{c_0+c_1+c_2t^2}{1+d_1+d_2t^2+d_3t^3}\right),\quad 0.5<H(x)<1 \tag{7-9}$$

$$t=\sqrt{\ln\left(\frac{1}{(H(x))^2}\right)},\quad 0<H(x)\leqslant 0.5 \tag{7-10}$$

$$t=\sqrt{\ln\left(\frac{1}{(1-H(x))^2}\right)},\quad 0.5<H(x)<1 \tag{7-11}$$

$$c_0=2.515\,517;\quad c_1=0.802\,853;\quad c_2=0.010\,328$$
$$d_1=1.432\,788;\quad d_2=0.189\,269;\quad d_3=0.001\,308 \tag{7-12}$$

SPI 的详细计算方法参见 Lloyd-Hughes 和 Saunders（2002）的原始文献。通常，利用 SPI 作为评估干旱的指标时，假设当 SPI 降到 0 以下时会发生干旱（McKee et al.，1993）。此外，正的 SPI 通常表示降水量大于中值，而负的 SPI 则表示降水量较小。具体地，使用 Lloyd-Hughes 和 Saunders（2002）提出的 SPI 干旱分类方法来测度干旱的严重程度（表 7-1）。

表 7-1　基于 SPI 的干旱分类

SPI	干旱类别
＞2.00	极端湿润
1.50～1.99	严重湿润
1.00～1.49	中度湿润
0～0.99	轻度湿润
−0.99～0	轻度干旱
−1.00～−1.49	中度干旱
−1.50～−1.99	严重干旱
＜−2	极端干旱

7.2.3　基于 SAI 的植被 NPP 异常指数构建

由 Katz 和 Glantz（1986）提出的标准化异常指数（SAI）被广泛用于监测降水量、气温、NDVI 和积雪异常（Giuffrida and Conte，1989；Hereford et al.，2002；Peters et al.，2002；Robertson et al.，2009；Valt and Cianfarra，2010；Nigrelli and Collimedaglia，2012）。本章中我们利用植被 NPP 进行 SAI 扩展以研究植被 NPP 的异常情况。一般来说，植被 NPP 的方差会随着平均植被 NPP 的增加而增加，即具有较高平均植被 NPP 的地区意味着植被 NPP 的方差也会较大。另外，在植被 NPP 梯度较高的地区，植被 NPP 方差通常也会有较高的梯度。本章研究使用 SAI-NPP（$\mathrm{SAI_{NPP}}$）来评估植被 NPP 异常：

$$\mathrm{SAI_{NPP}} = \frac{\mathrm{NPP}(i) - \overline{\mathrm{NPP}}}{\sigma_{\mathrm{NPP}}} \tag{7-13}$$

式中，$\mathrm{NPP}(i)$ 为第 i 年的植被 NPP 大小；$\overline{\mathrm{NPP}}$ 为多年植被 NPP 的平均值；σ_{NPP} 为多年植被 NPP 的标准差。

7.2.4　基于 SPI 和 SAI-NPP 的干旱事件对植被 NPP 的影响分析

根据收集的降水资料，计算了不同时间尺度（1 个、3 个、6 个、9 个和 12 个月）

我国逐月 SPI 的动态变化，从而识别过去 10 年的气候干旱事件。另外，将生长季（5～9 月）平均 SPI 计算作为逐年 SPI 的指示指标。以往研究中，SAI 被广泛应用于反映降水的异常变化。本章构建了 SAI-NPP 指数［式（7-13）］，将 SAI 推广应用于评价植被 NPP 异常方面。根据我国森林、灌丛、草地、农田、城市土地利用和稀疏植被等不同类型土地利用/覆被的分布情况，利用 GIS 对不同土地利用/覆被类型的 SPI 进行单独提取。通过研究不同时间尺度（1 个、3 个、6 个、9 个和 12 个月）的 SAI-NPP 随面积加权的干旱强度的动态变化，探讨了气候干旱对植被 NPP 的影响，进而分析了植被 NDVI、太阳辐射和气温等因素与植被 NPP 异常的关系。

为了更好地衡量降水赤字水平，我们重点分析了发生干旱的地区。本章假设干旱影响区是指 SPI＜0 的地区，即降水量不足的情况。基于面积加权的干旱强度指数（area-weighted drought intensity，简称干旱强度）定义为某一地区干旱的严重程度，它是用 SPI 乘以各土地覆被类型分布中受相应程度干旱事件影响的面积所占的比例来计算的：①根据计算的 SPI 和不同土地利用/覆被的空间分布，按土地利用/覆被类型提取受干旱影响区；②计算各土地利用/覆被类型的平均干旱强度；③计算平均干旱强度与受干旱影响面积的乘积。

植被活动方面，利用 CASA 模型估算 2001～2010 年我国逐月和逐年植被 NPP 的时空分布。在此基础上，利用式（7-13）计算植被 NPP 异常变化。为探讨干旱严重程度与植被 NPP 异常的关系，分别提取了不同覆被类型的 SAI-NPP。以 1 个、3 个、6 个、9 个、12 个月为时间尺度，分别对 SAI-NPP 与 SPI 开展皮尔逊相关分析。此外，我们还分析了植被 NPP 的年际变化与植被 NDVI、太阳辐射、气温异常等因素之间的关系。

7.2.5　植被 NPP 和 SAI-NPP 的可靠性检验

本章利用 CASA 模型对我国植被 NPP 的时空分布进行了模拟。为了验证该模型的可靠性，我们基于罗天祥（1996）整理的森林 NPP 调查数据和其他文献结果，选取与植被图中具有相同植被类型的样地记录对 CASA 模型结果进行了验证。结果指出，我们利用 CASA 模型模拟的植被 NPP 和基于样地观测的数据之间存在显著的相关性（$R=0.733$；$N=248$；$P<0.001$）。此外，我们还对 CASA 模型估算的植被 NPP 与以往研究中植被 NPP 建模结果进行了比较。本书模拟的 2001～2010 年我国年均植被 NPP 为 2.54 Pg C，介于公开报道的 1.95～6.13 Pg C 的范围内（朴世龙等，2001；陈利军等，2001；朱文泉等，2007；Feng et al.，2007），这表明 CASA 模型适用于我国植被 NPP 的建模。

VHI 通常反映了水分和热量条件的组合特征，被广泛用于监测植被活动状况

（Kogan et al.，2004；Kogan et al.，2011）。因此，根据 2001～2010 年的 VHI 数据时间序列，对 SAI-NPP 和 VHI 进行相关性分析，从而验证 SAI-NPP 的合理性。根据分析，SAI-NPP 与 VHI 之间存在显著相关性（$R = 0.717$；$N = 10$；$P = 0.020$），这也一定程度上表明 SAI-NPP 能够反映中国植被 NPP 的异常变化。

7.3 2001～2010 年中国干旱事件变化

我国近一半地区处于季风影响地区，水、热气候条件时空分布严重不均。研究发现，2001～2010 年我国发生了不同强度、范围各异的气候干旱事件（图 7-1～图 7-4）。基于 3 个月时间尺度 SPI 识别的我国 2001 年、2006 年和 2009 年的干旱事件（图 7-1）与 Wang 等（2011）和 Wu 等（2011）的研究结果较为一致，这表明 SPI 可以有效地应用于我国的干旱监测。

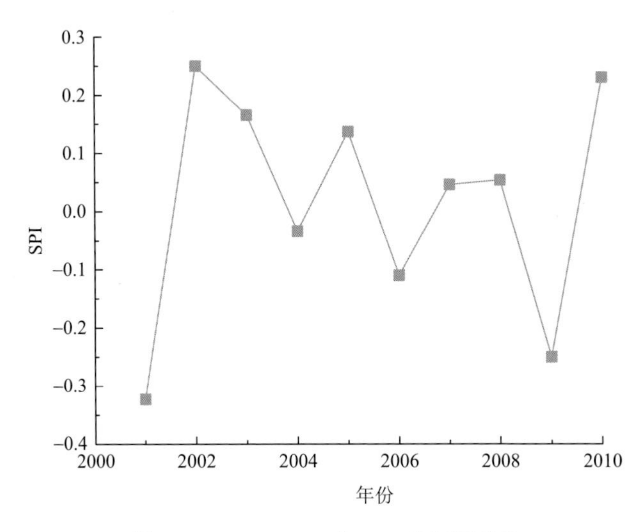

图 7-1 2001～2010 年 SPI 的年际变化

如图 7-2 所示，2001 年我国北方发生了近年最严重的一次干旱。根据计算，2001 年全国受旱面积达 646 万 km^2，占全国陆地面积的 67.84%。其中，重度/极端干旱面积约为 74 万 km^2，而轻度干旱面积为 572 万 km^2（分别占全国陆地面积的 7.84%和 60%）。此外，2009 年全国旱灾面积约为 702 万 km^2，约占全国陆地总面积的 74%，比 2001 年有所增加（图 7-1 和图 7-4）。然而，2009 年的严重/极端干旱地区面积较小，约为 21 万 km^2，仅约为 2001 年的 28%。就干旱强度而言，2001 年平均 SPI 值达到−0.32，小于 2009 年的平均 SPI（约−0.25），以上这些都表明 2001 年发生了极为严重的干旱，这可能与亚欧大陆持续异常环流有关（卫捷等，2004）。

2006 年，干旱强度较 2001 年和 2009 年有所减弱，重度/极端干旱面积仅为 0.05 万 km^2。但轻度干旱面积达到 640 万 km^2，与 2001 年和 2009 年相当。此外，2006 年的干旱强度也很弱，平均 SPI 为–0.1。在空间分布上，2006 年的干旱主要发生在川渝地区（郝志新等，2007）（图 7-3）。

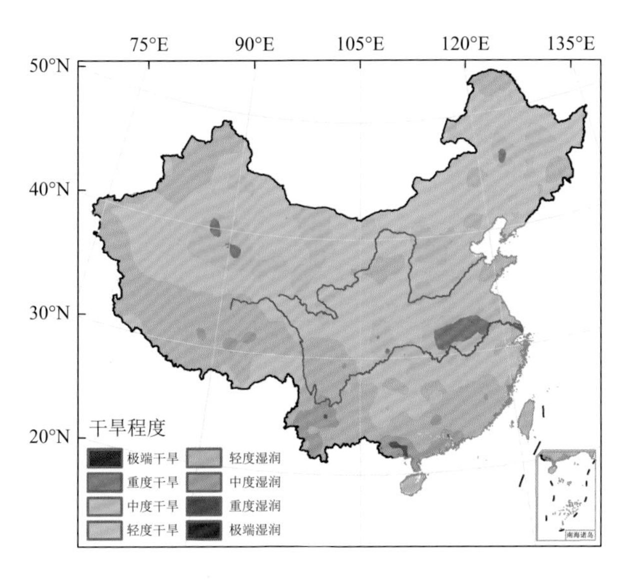

图 7-2　2001 年中国干旱严重程度的空间分布

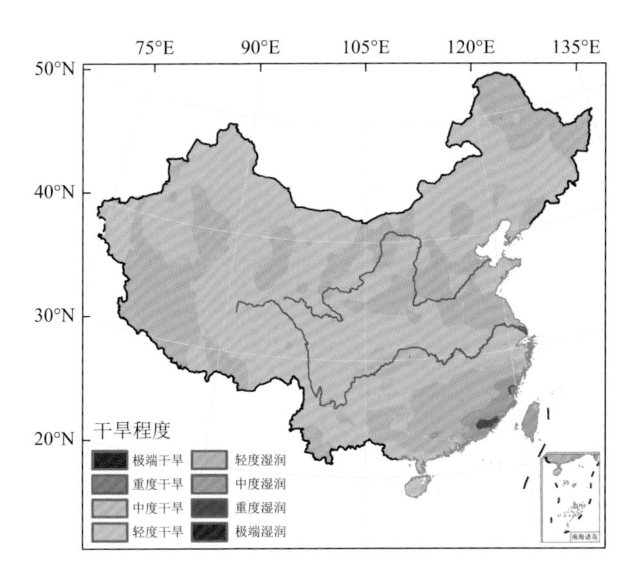

图 7-3　2006 年中国干旱严重程度的空间分布

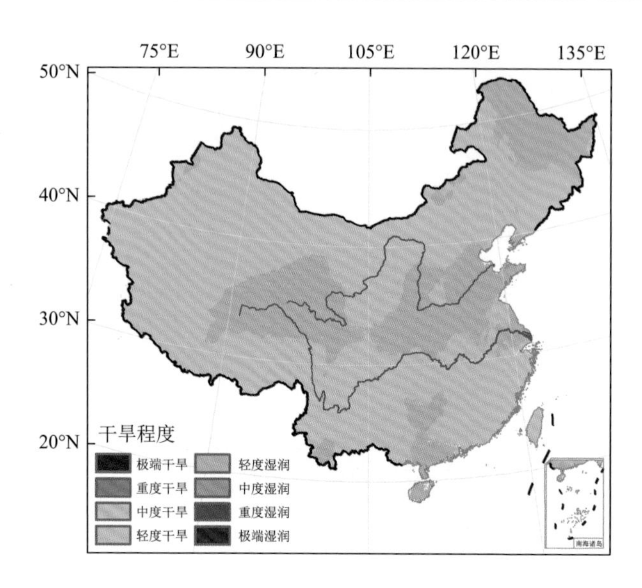

图 7-4　2009 年中国干旱严重程度的空间分布

7.4　2001～2010 年中国干旱事件对植被 NPP 的影响

为了探讨气候干旱对植被 NPP 的影响，本章以 2001 年和 2009 年为例，从多个时间尺度（1 个、3 个、6 个、9 个和 12 个月）开展了对我国干旱事件的分析，探讨了生长季平均 SPI 与 SAI-NPP 的相关系数的时间变化。研究发现，不同植被类型的 SPI 与植被 NPP 异常在时间尺度上表现出较好的相关性。此外，NDVI 和供水植被指数（WSVI）是植被活动的重要表征因子（Xiao et al.，2009；Imhoff et al.，2000；Wang et al.，2003）。我们发现 SPI 和 NDVI 之间的相关性在不同时间尺度上经常发生波动（Ji and Peters，2003）。此外，SPI 和 WSVI 之间的相关系数在 0.022～0.697（Jain et al.，2010）。如表 7-2 和表 7-3 所示，研究估计的相关系数在 0.05～0.44，均符合已有研究结果，表明我们研究结果的可靠性。

表 7-2　2001 年不同时间尺度下相关系数的变化

植被类型	1 个月		3 个月		6 个月		9 个月		12 个月	
	R	AWDI	*R*	AWDI	*R*	AWDI	*R*	AWDI	*R*	AWDI
林地	0.26	−0.30	0.31	−0.38	0.27	−0.43	0.28	−0.33	0.33	−0.29
灌丛	0.20	−0.28	0.25	−0.38	0.24	−0.43	0.26	−0.34	0.28	−0.28
草地	0.35	−0.21	0.40	−0.37	0.38	−0.44	0.39	−0.42	0.40	−0.42

续表

植被类型	1 个月		3 个月		6 个月		9 个月		12 个月	
	R	AWDI	*R*	AWDI	*R*	AWDI	*R*	AWDI	*R*	AWDI
农田	0.32	−0.44	0.40	−0.63	0.39	−0.70	0.39	−0.51	0.34	−0.39
城市用地	0.21	−0.44	0.27	−0.58	0.26	−0.62	0.27	−0.41	0.25	−0.32
稀疏植被	0.20	−0.24	0.21	−0.60	0.21	−0.77	0.23	−0.77	0.22	−0.66

注：*R* 表示生长季平均 SPI 与年 SAI-NPP 的相关系数；AWDI 代表一个地区干旱的平均严重程度；*n* 表示计算此相关系数所使用的样本数，$n_{林地}=66\ 082$，$n_{灌丛}=38\ 559$，$n_{草地}=117\ 444$，$n_{农田}=74\ 384$，$n_{城市用地}=1675$，$n_{稀疏植被}=83\ 678$，$P<0.0001$。

表 7-3　2009 年不同时间尺度下相关系数的变化

植被类型	1 个月		3 个月		6 个月		9 个月		12 个月	
	R	AWDI	*R*	AWDI	*R*	AWDI	*R*	AWDI	*R*	AWDI
林地	0.05	−0.20	0.08	−0.23	0.15	−0.30	0.15	−0.30	0.06	−0.29
灌丛	0.07	−0.24	0.10	−0.27	0.07	−0.33	0.11	−0.29	0.09	−0.23
草地	0.40	−0.20	0.42	−0.32	0.31	−0.38	0.39	−0.36	0.44	−0.26
农田	0.34	−0.20	0.28	−0.22	0.18	−0.24	0.18	−0.24	0.17	−0.22
城市用地	0.17	−0.14	0.15	−0.16	0.10	−0.19	0.10	−0.21	0.12	−0.18
稀疏植被	0.11	−0.19	0.14	−0.61	0.10	−0.70	0.14	−0.65	0.20	−0.50

注：$n_{林地}=66\ 082$，$n_{灌丛}=38\ 559$，$n_{草地}=117\ 444$，$n_{农田}=74\ 384$，$n_{城市用地}=1675$，$n_{稀疏植被}=83\ 678$，$P<0.0001$。

在干旱强度方面，2001 年我国各地遭受严重干旱，以 6 个月时间尺度为例，最小 AWDI 值为−0.77（表 7-2）。此外，利用 AWDI 分析 12 个月、9 个月、6 个月、3 个月和 1 个月的干旱严重程度的时间变化。结果指出：AWDI 在 6 个月的时间尺度上达到峰值，而在 1 个月和 12 个月的时间尺度下降到较低值，表明 2001 年大部分月份降水较为不足。这些明显的趋势表明了我国干旱强度的时间变异性。

2001 年发生的干旱事件对我国的植被 NPP 也产生了显著的影响。研究发现，所有不同土地利用/覆被类型的 SPI 和 SAI-NPP 之间都存在显著的正相关关系（表 7-2），且相关系数 *R* 和 AWDI 在不同时间尺度上存在明显变化趋势，即 AWDI 在 6 个月的时间尺度达到峰值后，相关系数在 3 个月的时间尺度上达到最大值。除稀疏植被（6 个月）外，大部分土地利用/覆被类型都存在类似特点（表 7-2）。

有关各种土地利用/覆被类型的干旱强度指标，2009 年大部分情况下 AWDI 数值都大于 2001 年（表 7-2 和表 7-3），这意味着这一时期的干旱压力相对低。而相关系数小于 2001 年的值，3 个月时间尺度上草地的相关系数达到最大（等于 0.42）。AWDI 在不同时间尺度上也表现出明显的变化趋势。其中，2009 年的 AWDI 在 6

个月和 9 个月的时间尺度上达到峰值，这可以用降水赤字的累积效应来解释。

此外，2009 年不同时间尺度各土地利用/覆被类型下 AWDI 和 R 组合的时间趋势特点也较为明显，即通常在 AWDI 达到峰值后 R 也达到最大值（表 7-3）。例如，对于农田，AWDI 在 6 个月的时间尺度上达到高峰，而 R 在 1 个月的时间尺度上达到高峰。其他土地覆被类型也有类似的现象。与 2001 年类似，该现象可归因于植被活动对降水不足的累积和滞后效应，该研究结果与 Ji 和 Peters（2003）的研究一致，这一发现对于利用 SPI 监测干旱对植被 NPP 异常的影响至关重要。

除了气候干旱及植被 NPP 异常与 SPI 的相关关系外，本章还分析了植被 NPP 的年际变化。过去 10 年中，我国的植被 NPP 从 2001 年的 2.25 Pg C 增加到 2010 年的 2.44 Pg C，年均增长率为 0.90%。如图 7-5 所示，2001 年，我国的植被 NPP 异常偏低，这可能与 1999～2002 年全国发生的大面积严重干旱的累积效应有关（Wu et al.，2011）。

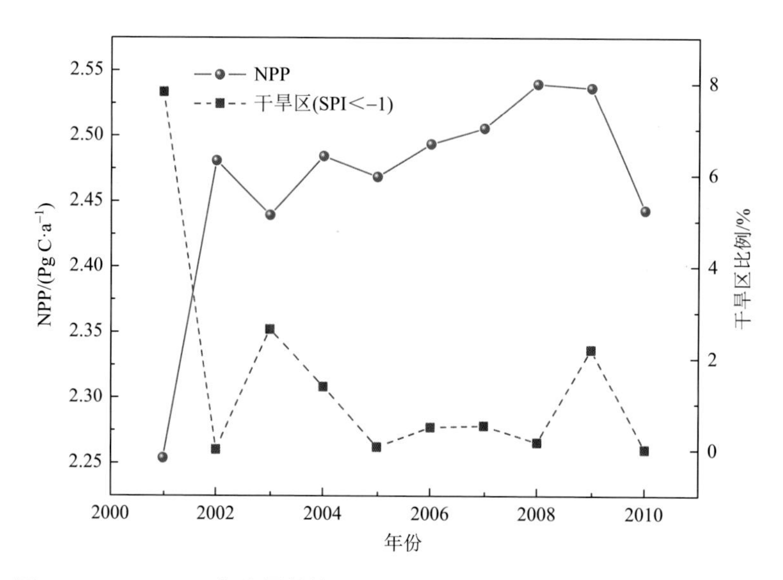

图 7-5 2001～2010 年我国植被 NPP 和干旱区比例（SPI<−1）的年际变化

2006 年，我国以轻度干旱为主，轻度受旱面积达到 640 万 km^2，占全国总面积的 67%（图 7-3 和图 7-5）。尽管如此，相对其他年份，2006 年的植被 NPP 呈现较高值（图 7-5）。这表明轻度干旱对植被 NPP 的影响并不明显。相反，轻度干旱可能造成云量减少，增加了光合有效辐射（PAR），从而可能增加湿润地区的植物生长（Xiao et al.，2009）。另外，尽管 2009 年发生了严重的干旱（图 7-1 和图 7-4），但植被 NPP 仍然较高（2.54 Pg $C·a^{-1}$），这一现象可能与轻度干旱（约 681 万 km^2，占中国陆地总面积的 71.89%）的广泛分布有关（图 7-4）。

我们进一步探讨了植被 NPP 异常与干旱的时间变化。有关干旱强度，SPI 值在–0.99～0.99 反映了较好的植被光合作用。因此，我们只研究了 SPI＜–1 的干旱地区。如图 7-5 所示，2001～2010 年，SPI＜–1 的干旱地区出现了轻微的波动，植被 NPP 与相应的干旱范围（SPI＜–1）之间存在着相当大的年际变化。结果指出，植被 NPP 的时间变化与干旱区 SPI＜–1 呈负相关（$R = -0.842$；$N = 10$；$P = 0.002$）。这表明严重干旱（SPI＜–1）降低了陆地植被 NPP，而轻度干旱（–1＜SPI＜0）对全国植被 NPP 的降低作用不明显。特别是，轻度干旱甚至可以通过增加 PAR 而轻微增加湿润条件下的植被 NPP。这一现象可能与干旱强度、干旱持续时间及受旱面积有关。除干旱条件外，植被 NPP 的变化还可能与气温、降水、太阳辐射等因素有关。因此，我们进一步探讨了植被 NPP 的年际变化及其与其他气候因子的关系。

如图 7-6 所示，2001～2010 年我国植被 NPP 总体上略有增加。植被 NPP 的年际异常与 NDVI 平均值呈正相关（$R = 0.838$；$N = 10$；$P = 0.002$）。尽管 2001 年的太阳辐射量比其他年份高得多（图 7-7），但这一时期的植被 NPP 却较低。这可能与该时期降水不足有关(图 7-2)。因此，气候干旱、NDVI 和太阳辐射可能是 2001～2010 年我国植被 NPP 异常变化的关键影响因素。此外，2001～2010 年我国平均气温略有上升。然而，气温与植被 NPP 异常之间的相关性并不显著（$R = 0.412$；$N = 10$；$P = 0.237$），这与朴世龙等（2001）的研究结果一致。

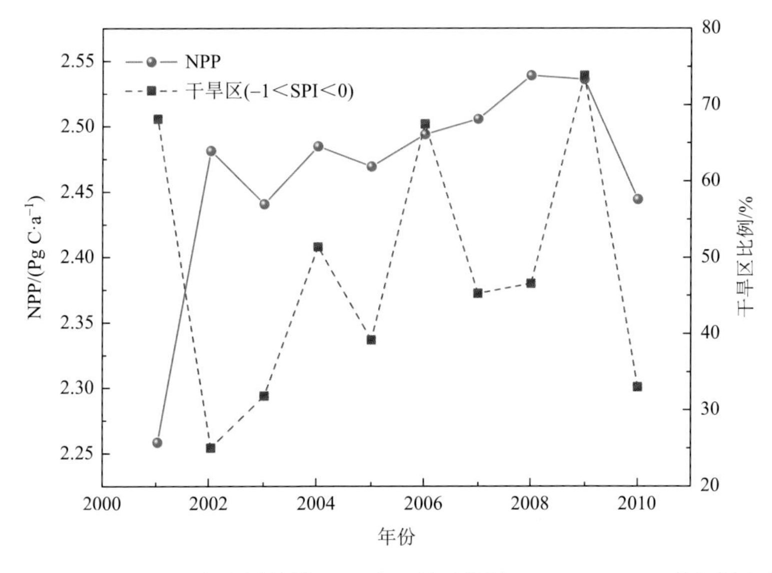

图 7-6　2001～2010 年我国植被 NPP 和干旱区比例（–1＜SPI＜0）的年际变化

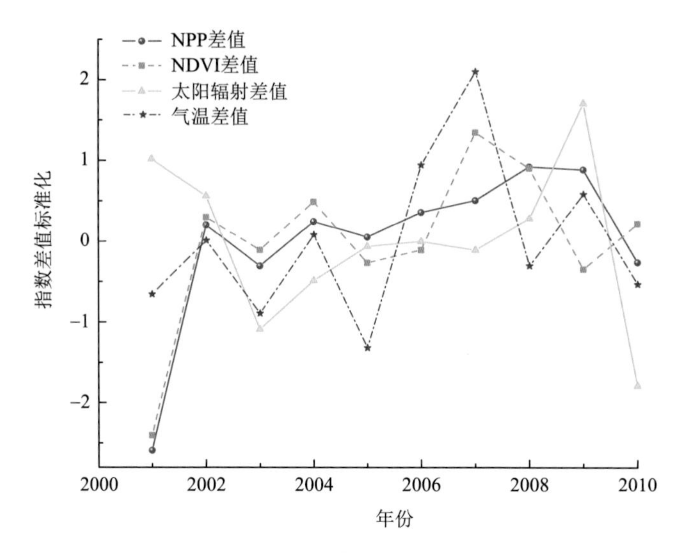

图 7-7　2001～2010 年植被 NPP、NDVI、太阳辐射和气温差值的年际变化

植被 NPP 受气温、降水量变化等多种因素的共同影响，影响机制错综复杂。通过开展植被 NPP 对干旱响应的探讨有助于理解全球碳循环中其他因素的影响，包括气候变化、森林砍伐和野火等方面。本章运用 SPI 识别了 2001～2010 年我国发生的干旱事件，基于 SAI 原理将植被 NPP 扩展为 SAI-NPP。在此基础上，利用 SPI 和 SAI-NPP 对近 10 年来我国与干旱有关的植被 NPP 异常进行了探讨。研究发现：当干旱强度达到峰值及之后，SPI 与植被 NPP 异常之间的相关性最强，该现象可能与干旱强度、干旱持续时间、干旱范围的区域差异，以及植被对降水亏缺的累积和滞后响应有关。此外，NDVI、太阳辐射和气温差异也会对其产生重要影响（Pei et al.，2013）。

参 考 文 献

陈利军，刘高焕，冯险峰. 2001. 运用遥感估算中国陆地植被净第一性生产力. 植物学报，(11)：1191-1198.

郝志新，葛全胜，郑景云，等. 2007. 2006 年重庆大旱的历史透视. 地理研究，(4)：828-834.

罗天祥. 1996. 中国主要森林类型生物生产力格局及其数学模型. 北京：中国科学院.

朴世龙，方精云，郭庆华. 2001. 利用 CASA 模型估算我国植被净第一性生产力. 植物生态学报，(5)：603-608.

卫捷，张庆云，陶诗言. 2004. 1999 及 2000 年夏季华北严重干旱的物理成因分析. 大气科学，28 (1)：125-137.

朱文泉，潘耀忠，张锦水. 2007. 中国陆地植被净初级生产力遥感估算. 植物生态学报，(3)：413-424.

Abramowitz M，Stegun I A. 1964. Handbook of mathematical functions with formulas，graphs，and mathematical table//US Department of Commerce. National Bureau of Standards Applied Mathematics Series，55：1965.

Arnone III J A，Verburg P S J，Johnson D W，et al. 2008. Prolonged suppression of ecosystem carbon dioxide uptake after an anomalously warm year. Nature，455 (7211)：383-386.

Burke E J，Brown S J，Christidis N. 2006. Modeling the recent evolution of global drought and projections for the twenty-first century with the Hadley Centre climate model. Journal of Hydrometeorology，7（5）：1113-1125.

Canadell J G，Le Quéré C，Raupach M R，et al. 2007. Contributions to accelerating atmospheric CO_2 growth from economic activity，carbon intensity，and efficiency of natural sinks. Proceedings of the National Academy of Sciences，104（47）：18866-18870.

Ciais P，Reichstein M，Viovy N，et al. 2005. Europe-wide reduction in primary productivity caused by the heat and drought in 2003. Nature，437（7058）：529-533.

Fan S，Gloor M，Mahlman J，et al. 1998. A large terrestrial carbon sink in North America implied by atmospheric and oceanic carbon dioxide data and models. Science，282（5388）：442-446.

Feng X F，Liu G H，Chen J M，et al. 2007. Net primary productivity of China's terrestrial ecosystems from a process model driven by remote sensing. Journal of Environmental Management，85（3）：563-573.

Fernandes D S，Heinemann A B. 2011. Rice yield variability estimates at different time scales of SPI index. Pesquisa Agropecuária Brasileira，46（4）：335-343.

Fung I Y，Doney S C，Lindsay K，et al. 2005. Evolution of carbon sinks in a changing climate. Proceedings of the National Academy of Sciences，102（32）：11201-11206.

Giuffrida A，Conte M. 1989. The long term evolution of the Italian climate outlined by using the standardized anomaly indes（SAI）. Conference on Climate and Water，Helsinki Finland.

Goodale C L，Apps M J，Birdsey R A，et al. 2002. Forest carbon sinks in the Northern Hemisphere. Ecological Applications，12（3）：891-899.

Gregory J M，Mitchell J F B，Brady A J. 1997. Summer drought in northern midlatitudes in a time-dependent CO_2 climate experiment. Journal of Climate，10（4）：662-686.

Hereford R，Webb R H，Graham S. 2002. Precipitation history of the Colorado Plateau region，1900-2000. US Department of the Interior，US Geological Survey. http://geopubs.wr.usgs.gov/fact-sheet/fs119-02/.

Houghton R A，Goodale C L. 2004. Effects of land-use change on the carbon balance of terrestrial ecosystems. Ecosystems and Land Use Change，153：85-98.

Imhoff M L，Tucker C J，Lawrence W T，et al. 2000. The use of multisource satellite and geospatial data to study the effect of urbanization on primary productivity in the United States. IEEE Transactions on Geoscience and Remote Sensing，38（6）：2549-2556.

IPCC. 2007. Climate Change 2007：Synthesis Report. Contribution of Working Groups Ⅰ，Ⅱ and Ⅲ to the Fourth Assessment Report of the Intergovernmental Panel on Climate Change. IPCC，Geneva，Switzerland：53.

Jain S K，Keshri R，Goswami A，et al. 2010. Application of meteorological and vegetation indices for evaluation of drought impact：A case study for Rajasthan，India. Natural Hazards，54（3）：643-656.

Ji L，Peters A J. 2003. Assessing vegetation response to drought in the northern great plains using vegetation and drought indices. Remote Sensing of Environment，87（1）：85-98.

Katz R W，Glantz M H. 1986. Anatomy of a rainfall index. Monthly Weather Review，114（4）：764-771.

Kogan F，Adamenko T，Kulbida M. 2011. Satellite-Based Crop Production Monitoring in Ukraine and Regional Food Security. Use of Satellite and in-situ Data to Improve Sustainability：99-104.

Kogan F，Stark R，Gitelson A，et al. 2004. Derivation of pasture biomass in Mongolia from AVHRR-based vegetation health indices. International Journal of Remote Sensing，25（14）：2889-2896.

Kurz W A，Stinson G，Rampley G J，et al. 2008. Risk of natural disturbances makes future contribution of Canada's forests to the global carbon cycle highly uncertain. Proceedings of the National Academy of Sciences，105（5）：1551-1555.

Liu W T，Juárez R I N. 2001. ENSO drought onset prediction in northeast Brazil using NDVI. International Journal of

Remote Sensing，22（17）：3483-3501.

Lloyd-Hughes B，Saunders M A. 2002. A drought climatology for Europe. International Journal of Climatology：A Journal of the Royal Meteorological Society，22（13）：1571-1592.

McKee T B，Doesken N J，Kleist J. 1993. The relationship of drought frequency and duration to time scales. Proceedings of the 8th Conference on Applied Climatology，Boston.

Nigrelli G，Collimedaglia M. 2012. Reconstruction and analysis of two long-term precipitation time series：Alpe Devero and Domodossola（Italian Western Alps）. Theoretical and Applied Climatology，109（3-4）：397-405.

Palmer W C，Bureau E U W. 1965. Meteorological drought. US Department of Commerce，Weather Bureau.

Pei F S，Li X，Liu X P，et al. 2013. Assessing the impacts of droughts on net primary productivity in China. Journal of Environmental Management，114：362-371.

Peters A J，Walter-Shea E A，Ji L，et al. 2002. Drought monitoring with NDVI-based standardized vegetation index. Photogrammetric Engineering and Remote Sensing，68（1）：71-75.

Peylin P，Baker D，Sarmiento J，et al. 2002. Influence of transport uncertainty on annual mean and seasonal inversions of atmospheric CO_2 data. Journal of Geophysical Research：Atmospheres，107（D19）：ACH-5.

Pickett S T A，White P S. 1986. The Ecology of Natural Disturbance and Patch Dynamics. New York：Academic Press.

Potter C，Tan P N，Steinbach M，et al. 2003. Major disturbance events in terrestrial ecosystems detected using global satellite data sets. Global Change Biology，9（7）：1005-1021.

Robertson A W，Moron V，Swarinoto Y. 2009. Seasonal predictability of daily rainfall statistics over Indramayu district，Indonesia. International Journal of Climatology，29（10）：1449-1462.

Running S W. 2008. Ecosystem disturbance，carbon，and climate. Science，321（5889）：652-653.

Samanta A，Costa M H，Nunes E L，et al. 2011. Comment on “Drought-Induced Reduction in Global Terrestrial Net Primary Production from 2000 Through 2009”. Science，333（6046）：1093.

Stephens B B，Gurney K R，Tans P P，et al. 2007. Weak northern and strong tropical land carbon uptake from vertical profiles of atmospheric CO_2. Science，316（5832）：1732-1735.

Tsakiris G，Vangelis H. 2005. Establishing a drought index incorporating evapotranspiration. European Water，9（10）：3-11.

Valt M，Cianfarra P. 2010. Recent snow cover variability in the Italian Alps. Cold Regions Science and Technology，64（2）：146-157.

van der Werf G R，Randerson J T，Giglio L，et al. 2010. Global fire emissions and the contribution of deforestation，savanna，forest，agricultural，and peat fires（1997-2009）. Atmospheric Chemistry and Physics，10（23）：11707-11735.

Wang J，Rich P M，Price K P. 2003. Temporal responses of NDVI to precipitation and temperature in the central Great Plains，USA. International Journal of Remote Sensing，24（11）：2345-2364.

Wu Z Y，Lu G H，Wen L，et al. 2011. Reconstructing and analyzing China's fifty-nine year（1951-2009）drought history using hydrological model simulation. Hydrology and Earth System Sciences Discussions，8（1）：1861-1893.

Xiao J F，Zhuang Q L，Liang E Y，et al. 2009. Twentieth-century droughts and their impacts on terrestrial carbon cycling in China. Earth Interactions，13（10）：1-31.

Xu C，Liu M，An S，et al. 2007. Assessing the impact of urbanization on regional net primary productivity in Jiangyin County，China. Journal of Environmental Management，85（3）：597-606.

Zhao M S，Running S W. 2010. Drought-induced reduction in global terrestrial net primary production from 2000 through 2009. Science，329（5994）：940-943.

Zhao M S，Running S W. 2011. Response to Comments on “Drought-Induced Reduction in Global Terrestrial Net Primary Production from 2000 Through 2009”. Science，333（6046）：1093.

第8章　中国东部南北样带极端气温变化及其对植被活动的影响

20世纪50年代以来，全球气候变暖加剧。过去30年北半球可能是近1400年以来温度最高的时期（沈永平和王国亚，2013）。中国陆地区域年平均地面温度升高了1.3℃，且以0.25℃·（10a）$^{-1}$增加（任国玉等，2005）。全球持续变暖不断诱发极端气候事件，如干旱、高温热浪、暴雨、洪涝，且其发生的频率和强度呈增加趋势（Alexander et al.，2006），给全球生态环境带来严重的影响（Xu et al.，2019；Kunkel et al.，1999；Frank et al.，2015；Babcock et al.，2019）。

极端气候事件具有突发性、预测难和破坏力大的特点，对陆地生态系统的影响十分复杂。陆地植被作为陆地生态系统中的关键组成部分，其受极端气候的影响更为明显（朴世龙和方精云，2003；Reichstein et al.，2013；Frank et al.，2015）。当气候变化，尤其是极端气候事件的强度和频率超过陆地生态系统适应能力时，生态系统的结构和功能发生明显变化，生态系统健康遭遇巨大的挑战（沈永平和王国亚，2013；Siegmund et al.，2016）。因而，极端气候变化及对植被活动影响相关研究成为全球变化研究的一个重要研究热点和难点。本章以中国东部南北样带为例，基于MODIS NDVI数据、日光诱导叶绿素荧光数据（SIF）、地面逐日气象观测数据及其他辅助数据，分析了2000～2018年中国东部南北样带地区极端气温事件的时空动态变化特征；基于选取的极端气温指标，分析了极端高温和极端低温事件对植被活动的影响（Zhou et al.，2019）。

8.1　研究区和数据

中国东部南北样带（the North South Transect of Eastern China，NSTEC）由三条经线（108°E、118°E与128°E）、一条纬线（40°N）与我国陆地边界划分的两部分组成（图8-1）。具体而言，在108°E～118°E，由40°N南下至海南岛南侧区域与118°E～128°E范围内，由40°N北上至国境的区域共同组成中国东部南北样带（简称样带，下同）。植被类型主要包括：高山植被（AV）、阔叶林（BLF）、针阔混交林（C1）、针叶林（C2）、栽培植被（C3）、荒漠（D）、草原（G）、草甸（M）、其他（O）、灌木（S1）、沼泽（S2）和草丛（TGG）。

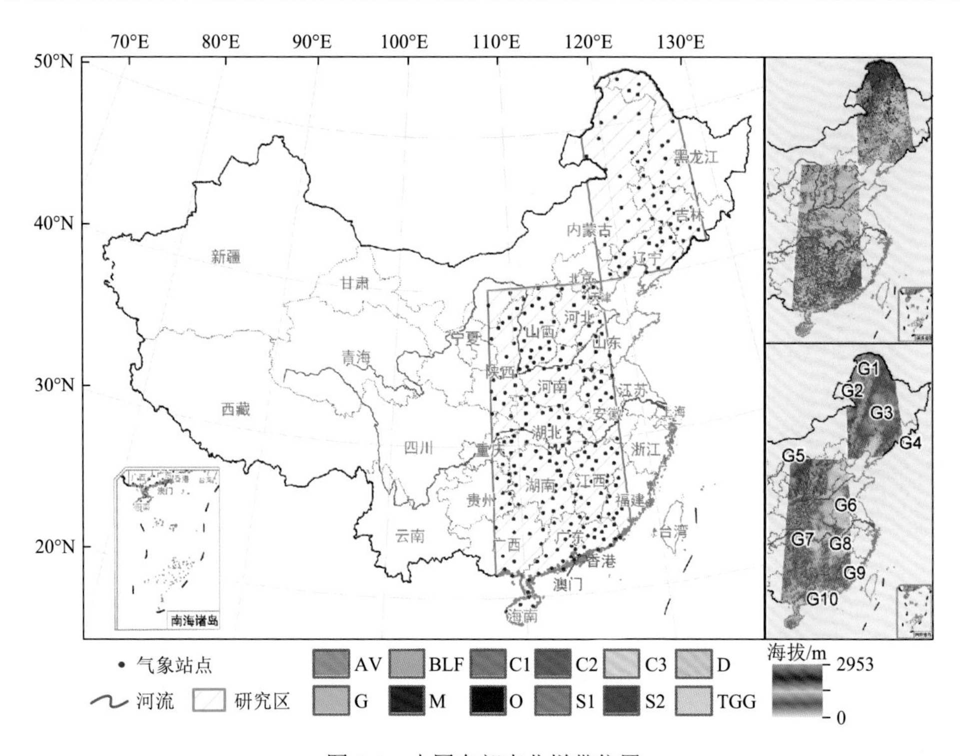

图 8-1　中国东部南北样带位置

大兴安岭（G1）、内蒙古高原（G2）、东北平原（G3）、长白山（G4）、黄土高原（G5）、华北平原（G6）、江汉-洞庭湖平原（G7）、长江流域（G8）、武夷山地区（G9）和珠江三角洲（G10）

本章使用的数据主要包括：气象数据、NDVI 数据、SIF 数据，以及用于辅助分析的地貌数据、植被类型数据、生态区数据等。气象数据选取国家气象信息中心 2000～2018 年的日最高气温和日最低气温资料。数据的质量控制主要是通过人工检查时间一致性和极值验证进行。最后，选取了 342 个气象站进行进一步分析。为提取气象站周围相应的 NDVI 值，利用 GIS 提取气象站点所在网格的栅格属性值参与后续计算。用于辅助分析的中国 1∶1 000 000 地貌类型空间分布数据、中国 1∶1 000 000 植被类型空间分布数据，以及生态区数据等由中国科学院地理科学与资源研究所资源环境科学与数据中心提供（http://www.resdc.cn/）。本章选取美国地质勘探局提供的 MODIS 传感器的归一化植被指数数据产品（MOD13Q1）。该数据集已经经过几何纠正、辐射校正等预处理，消除了太阳高度角、传感器灵敏度时间变化的影响。数据分辨率为 250 m×250 m，选取的时间范围为 2000 年 2 月～2018 年 12 月。中国东部南北样带覆盖了 13 景 MOD13Q1 产品数据。由于 2000 年前三期数据缺乏，在进行时间序列分析时做缺省处理。运用 Google Earth Engine 提供的在线遥感数据处理平台统计 1～12 月 NDVI 的平均值、各季度的均值数据及年

NDVI 数据及变化趋势。SIF 数据采用 Li 和 Xiao（2019）提供的预测性 SIF 模型数据，该模型提供分辨率为 0.05°×0.05°的周期为 8 天间隔的 SIF 数据、月合成数据与年合成 SIF 数据。具体地，该数据是基于离散 OCO-2 SIF 数据与 MODIS 遥感数据及气象再分析数据合成。与直接从 OCO-2 探测结果中汇总得到的低分辨率 SIF 相比，Li 和 Xiao（2019）提供的 GOSIF 数据具有更好的空间分辨率、更广的覆盖范围和更长的时间序列记录。因而，本章选取 2000～2018 年 GOSIF 产品与 NDVI 数据进行植被活动的时空变化分析及综合评估极端气候事件对植被活动的影响。

8.2 研 究 方 法

本章选取气候变化与监测指数专家团队（ETCCDI）推荐的极端气候指数中的 6 个极端温度指数来反映中国东部南北样带极端气温的时空变化（表 8-1）。具体地，选取 TXX 和 TNN 来监测极端高温、极端低温事件强度；选取 TN10P、TX90P、CSDI 和 WSDI 来反映极端高温、极端低温事件频数的变化；选取 MODIS MOD13Q1 的 NDVI 产品与 SIF 合成数据表征植被生长状况。在此基础上，利用反距离加权插值法计算中国东部南北样带 342 个站点周围极端气候事件空间分布情况，进而利用 GIS 掩膜工具提取出研究区内 2000～2018 年植被活动指数数据，基于相关分析和回归分析方法分析极端气候事件对植被活动的影响。

表 8-1　数据来源

名称	定义	单位
TN10P	日最低温高于阈值的日数（90%阈值）	d
TX90P	日最高温高于阈值的日数（90%阈值）	d
TXX	每月日最高温的最大值	℃
TNN	每月日最低温的最小值	℃
WSDI	连续 6 日高温低于阈值日数（90%阈值）	d
CSDI	连续 6 日低温低于阈值日数（10%阈值）	d

对于极端气温事件的强度特征，本章采用线性回归方法分析其变化趋势。考虑到极端气温事件发生数量的离散性，本章采用泊松回归模型监测极端气温事件频率的时空趋势。具体地，假设某年份 i 的极端事件数量（N_i）服从发生率（λ_i）下的条件泊松分布：

$$P(N_i = k \mid \lambda_i) = \frac{\mathrm{e}^{-\lambda_i} \lambda_i^k}{k!} (k = 0, 1, 2, \cdots) \tag{8-1}$$

为了评估极端事件的时间趋势，把发生率 λ_i 作为时间 t 的线性函数（以对数函数作为连接函数）：

$$\lambda_i = e^{\beta_0 + \beta_1 \cdot t_i} \tag{8-2}$$

如果回归系数 β_1 大于（或小于）0，并且 P<0.05，则表明极端气候指数具有统计学意义的时间变化趋势。

8.3　中国东部南北样带极端温度时空变化趋势

8.3.1　极端温度频率的时间变化趋势

根据图 8-2，极端低温事件的发生频率（包括 CSDI 和 TN10P）呈现下降的趋势，速率分别为–0.17±0.25 d·a^{-1} 和–0.16±0.43 d·a^{-1}。CSDI 和 TN10P 的变化均未通过 95%显著性检验。尤其是在 2012 年，极端低温出现的天数为 60d 左右，而连续极端低温也高于常年平均水平。

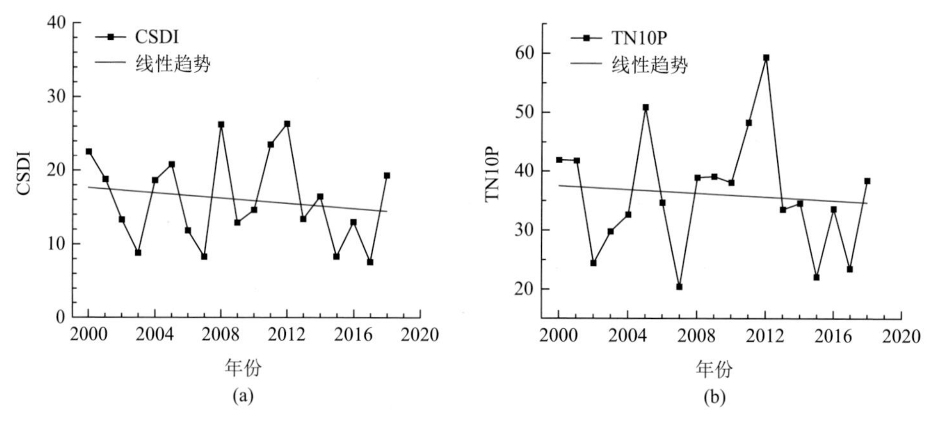

图 8-2　极端低温事件频率

（a）CSDI；（b）TN10P

相比极端低温事件，极端高温事件频率呈现波动上升的趋势。如图 8-3 所示，TX90P 的年际波动较大，变化率达到（0.26±0.16）d·a^{-1}（$P=0.13$）。此外，WSDI 年变化率达到（0.13±0.07）d·a^{-1}（$P=0.10$）。

综上，极端高温频率表现出微弱上升的趋势，极端低温频率则为微弱下降的趋势，其中连续极端高温事件的增加速率低于单日极端高温事件的增加速度，连续极端低温事件与单日极端低温事件的增加速度无显著差异。这表明高温事件频发而低温事件较过去减少，样带内极端温度有上升的迹象。

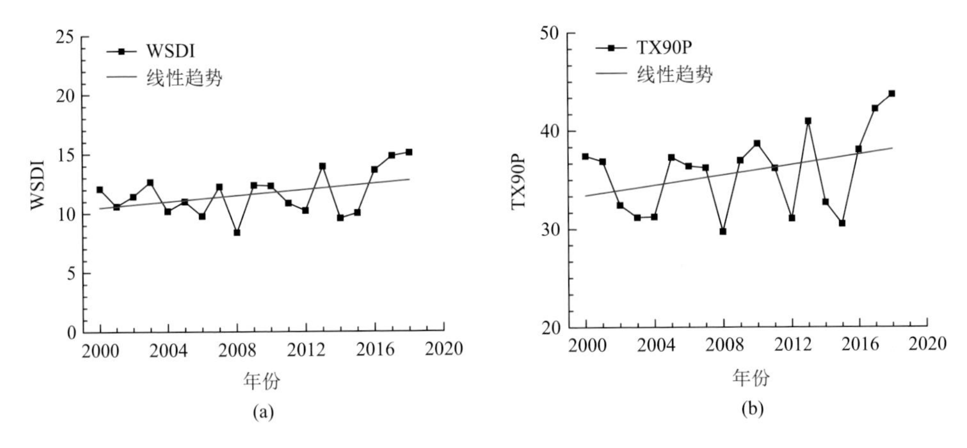

(a)　(b)

图 8-3　极端高温事件发生频率

（a）WSDI；（b）TX90P

8.3.2　极端温度频率的空间变化趋势

本节利用 CSDI、TN10P、WSDI 和 TX90P 来分析 2000～2018 年中国东部南北样带极端温度频率变化趋势的空间异质性。如图 8-4 所示，连续极端低温指标

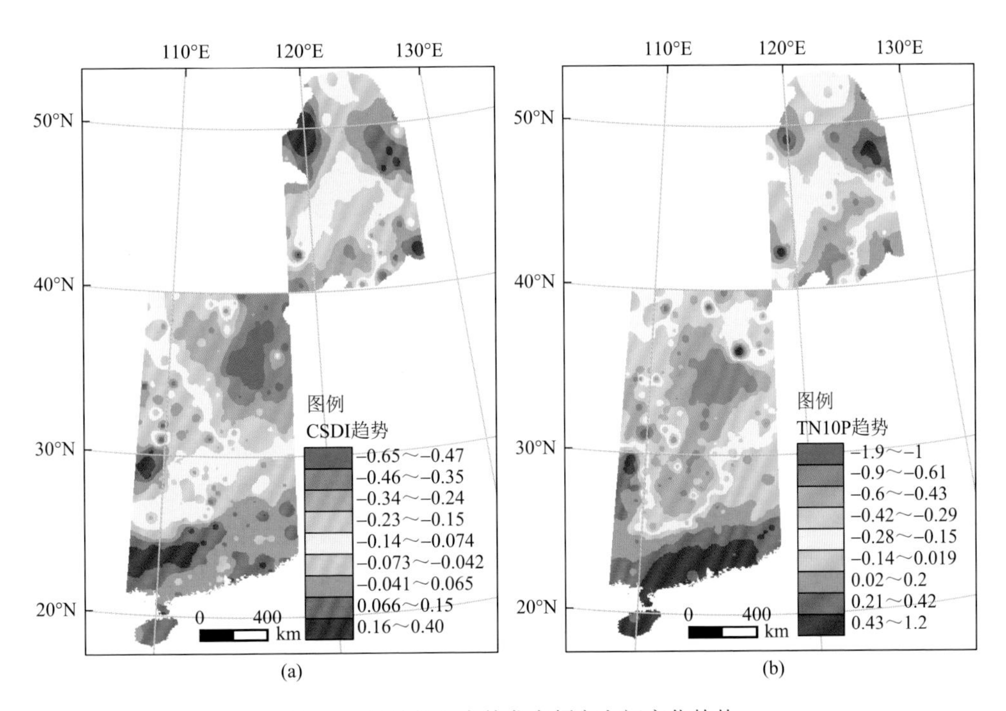

(a)　(b)

图 8-4　极端低温事件发生频率空间变化趋势

（a）CSDI；（b）TN10P

CSDI 与 TN10P 在两广丘陵地区、秦岭及以南地区以及大兴安岭、小兴安岭、长白山地区有明显增强趋势，而在东北平原地区及华北平原等地区呈现出下降趋势。

如图 8-5 所示，中国东部南北样带内极端高温指数（WSDI 和 TX90P）在空间变化趋势上有一定的差异性。其主要表现为连续极端高温事件指数 WSDI 增加的范围集中在长江流域；大兴安岭及长白山地区少有分布；样带内其他地区则以减少趋势为主，如两广丘陵地区、黄土高原地区及东北平原地区。

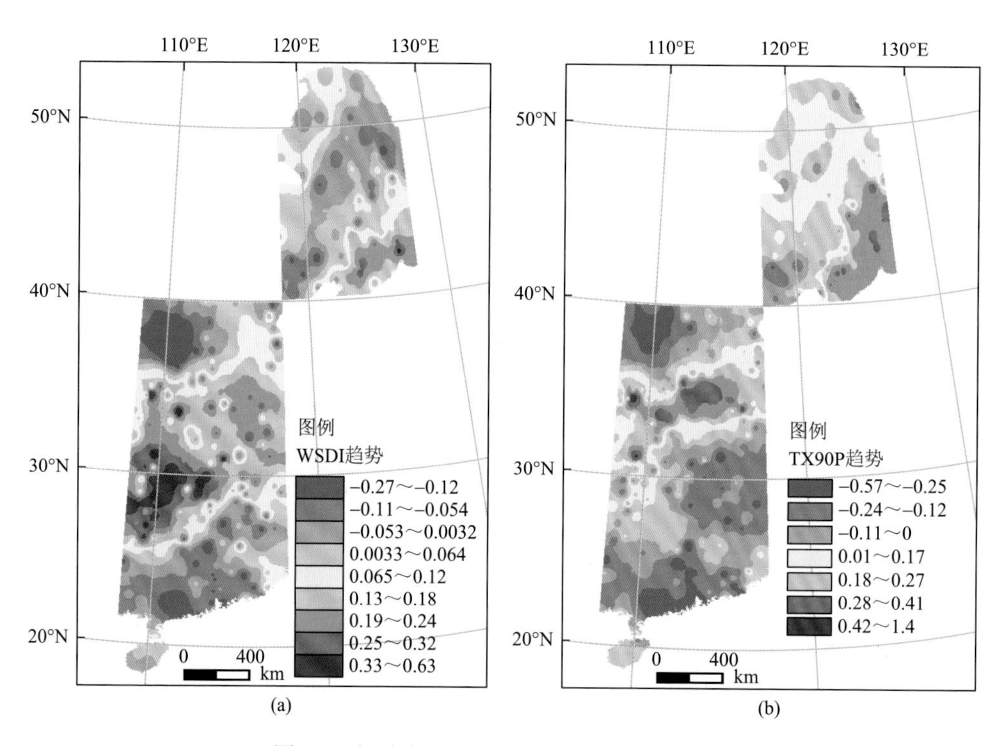

图 8-5　极端高温事件发生频率空间变化趋势

（a）WSDI；（b）TX90P

图 8-5（b）反映了 TX90P 的空间变化趋势，即在秦岭—淮河沿线地区极端高温事件发生频率增加，长白山地区也出现较大范围的变暖趋势；而在黄土高原地区、两广丘陵地区出现明显的减少趋势。

从以上分析可以看出，中国东部南北样带内极端气温事件呈现不同发展趋势：第一种为极端高温事件减少、极端低温事件增多。这类地区分布在两广地区、海南岛及周边沿海地区；第二种为极端高温事件增多、极端低温事件增多。该类地区少量分布在 30°N，110°E（武陵山附近）地区、长白山地区，以及大兴安岭周边地区；第三种为极端高温事件增多、极端低温事件减少，这类地区集中分布在华北平原地区；第四种为极端高温事件减少，极端低温事件减少，这类地区以京津沿海地区为主。

8.3.3　极端温度强度的时间变化趋势

根据图 8-6，极端温度强度的年际波动较大。极端低温强度指数 TNN 有明显的年际震荡现象，未表现出显著变化趋势，且常年保持在−6～0 范围内，这可能与样带纬度跨度大、采样点数据之间的温度差异悬殊有关。此外，极端高温强度 TXX 在 2000～2018 年呈现出“V”形变化特征。将研究时间分为 2000～2009 年、2009～2018 年两个十年时长的区间做趋势分析可以发现，2000～2009 年，TXX 年均下降速度为（0.15±0.03）℃·a^{-1}（$P=0.002$）；而 2009～2018 年，TXX 以每年（0.12±0.05）℃（$P=0.004$）的速度增加。

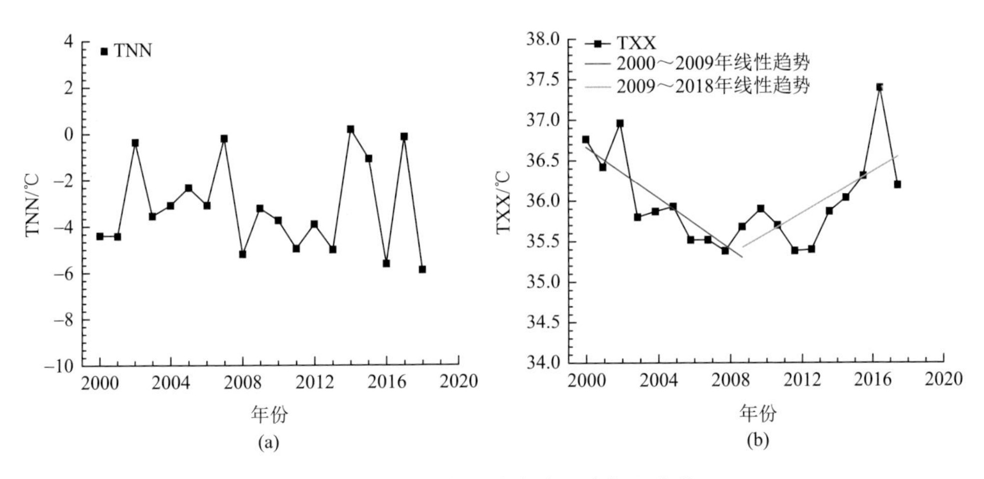

图 8-6　极端温度强度发生强度年际变化

（a）TNN；（b）TXX

8.3.4　极端温度强度的空间变化趋势

图 8-7 反映了极端温度强度的空间变化趋势。从图中可以看出，TNN 在东北平原、华北平原及鄱阳湖流域等地有上升趋势，表明上述区域在 2000～2018 年呈现出变暖的迹象；而在秦岭及两广丘陵地区则以变冷趋势为主。TXX 整体表现为微弱增加趋势，在海南岛、秦岭、黄淮平原及长白山地带，则表现出极端高温强

度的增强，最高温度逐渐升高。而在京津地区、东北平原北部、黄土高原地区的极端高温强度有所减弱。

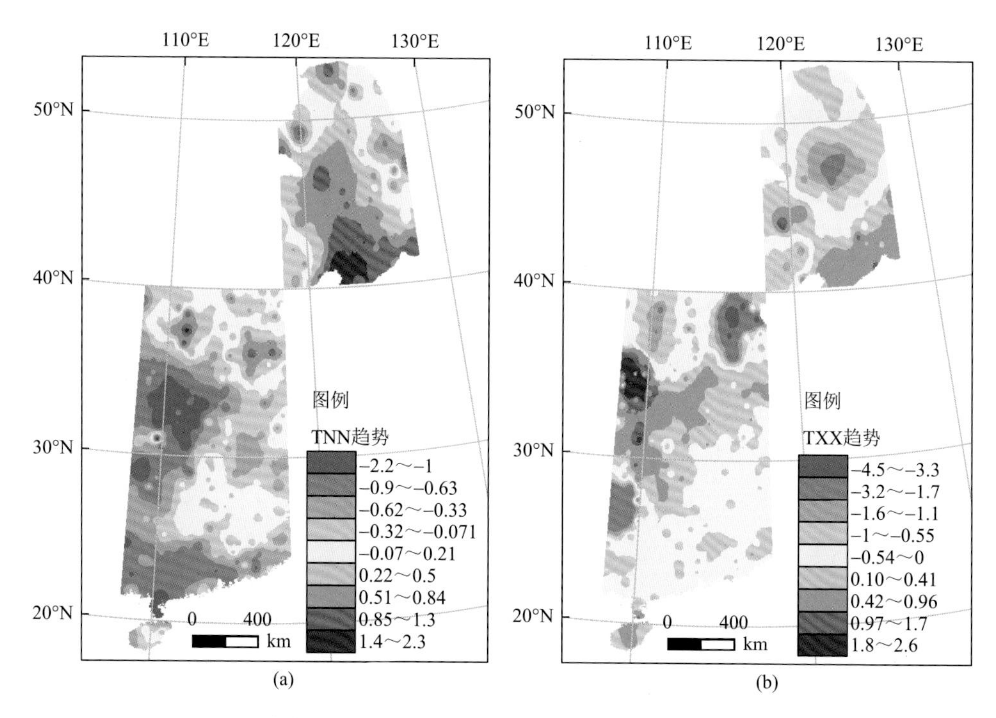

图 8-7　极端温度事件发生强度空间变化趋势

（a）TNN；（b）TXX

8.4　中国东部南北样带植被活动的时空变化规律

极端气温事件的变化可能对陆地生态系统造成严重的影响。本节从时间、空间角度分析 2000～2018 年中国东部南北样带内植被活动的变化。

8.4.1　植被活动的时间变化特征

1. 年际变化分析

本节分别利用 NDVI 和 SIF 数据分析了植被活动的时空变化趋势。图 8-8 反映了基于 NDVI 的中国东部南北样带植被活动年际变化。结果显示，2000～2018 年，样带植被活动呈现显著增加趋势，年均增长率为 0.004±0.0004（$P=0.000$）。此外，

图 8-9 反映了 SIF 的年均变化状况，年均增长率达到（0.002±0.0001）$W\cdot m^{-2}\cdot \mu m^{-1}\cdot sr^{-1}$（$P<0.001$）。

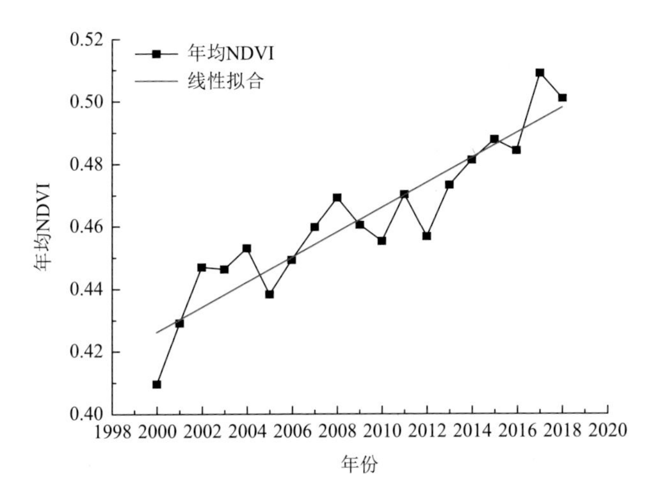

图 8-8　NDVI 年际变化趋势

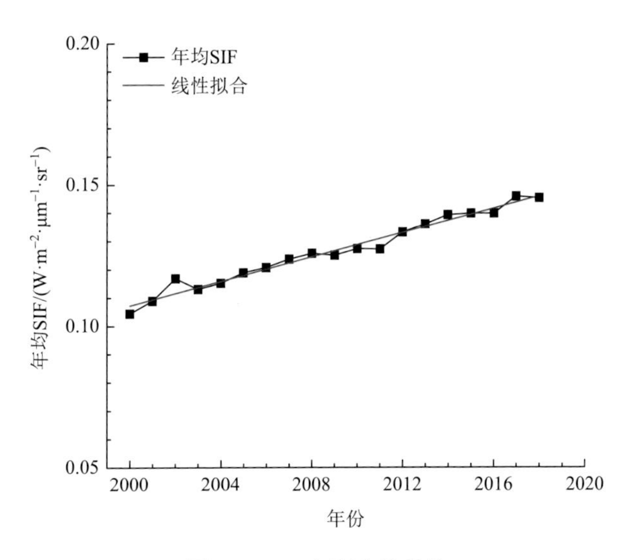

图 8-9　SIF 年际变化趋势

2. 季节序列变化

除了年际变化，我们还分析了季节尺度的植被活动变化。从图 8-10 中可以看出不同季节 NDVI 均呈现上升趋势。其中，春季变化趋势最为明显，变化速率最快，每年 NDVI 的变化达到 0.0042±0.0007（$P=0.00$）；其次是秋季，年变化率为 0.0039±0.0005（$P=0.00$）；冬季和夏季植被 NDVI 增速最低，分别为 0.0037±0.0008（$P=0.00$）和 0.0036±0.0004（$P=0.00$）。

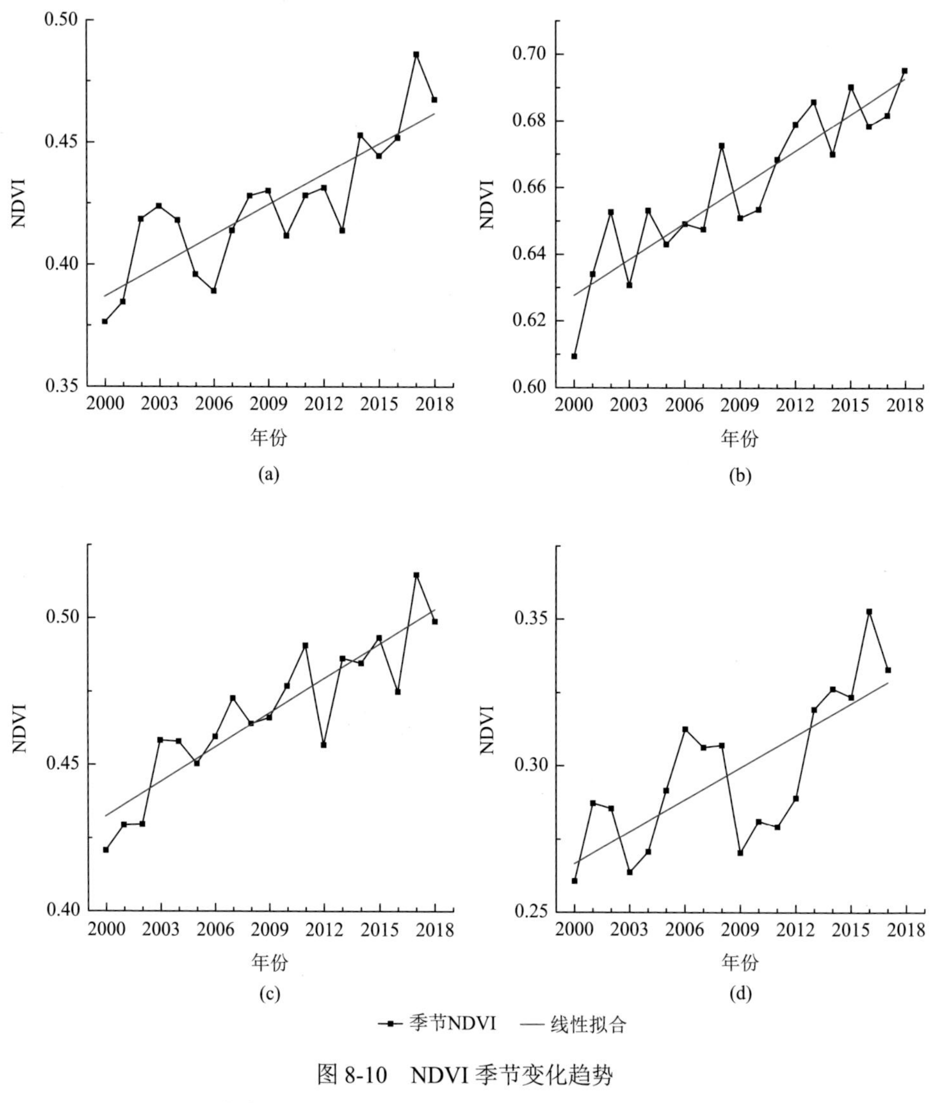

图 8-10　NDVI 季节变化趋势

（a）春季 NDVI；（b）夏季 NDVI；（c）秋季 NDVI；（d）冬季 NDVI

图 8-11 显示了不同季节 SIF 的年际变化趋势。有别于植被 NDVI 的季节性变化，SIF 在不同季节的增加速度有着明显的差异。其中，夏季的 SIF 增加最为

迅速，变化率为（0.0036±0.0002）$W\cdot m^{-2}\cdot \mu m^{-1}\cdot sr^{-1}$（$P = 0.00$）；春季 SIF 增速次于夏季，年均增速为（0.0025±0.0003）$W\cdot m^{-2}\cdot \mu m^{-1}\cdot sr^{-1}$（$P = 0.00$）；秋季变化率为（0.0017±0.0001）$W\cdot m^{-2}\cdot \mu m^{-1}\cdot sr^{-1}$（$P = 0.00$）；冬季 SIF 年际波动较大，（0.0009±0.0001）$W\cdot m^{-2}\cdot \mu m^{-1}\cdot sr^{-1}$（$P = 0.00$）。

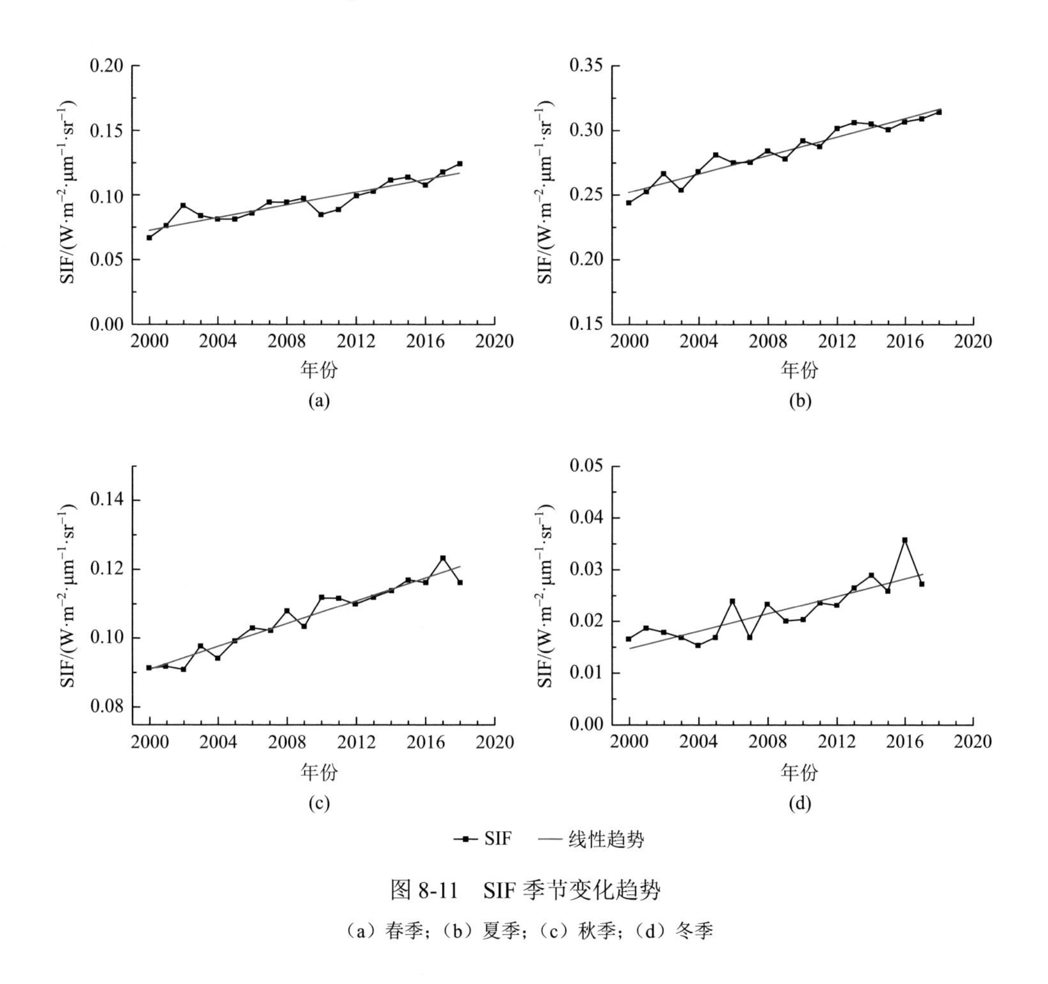

图 8-11　SIF 季节变化趋势

（a）春季；（b）夏季；（c）秋季；（d）冬季

3. 月尺度序列变化

除了年尺度、季节尺度的植被活动规律，我们还分析了月尺度的植被活动动态变化。图 8-12、图 8-13、表 8-2 反映了 NDVI 与 SIF 的月际变化趋势及相应变化率。从表 8-2 可知，NDVI 与 SIF 在各月均为上升趋势，且通过 95%显著性检验。在 NDVI 的月际变化趋势中，以 2 月、4 月、10 月的 NDVI 变化趋势稍强，1 月、6 月、8 月与 11 月的 NDVI 变化稍小。总体而言，各月份增速差异不明显。

结合图 8-12 中 NDVI 月变化趋势发现，冬春季节 NDVI 各年差异较大，7～10 月的月变化趋势波动较小。

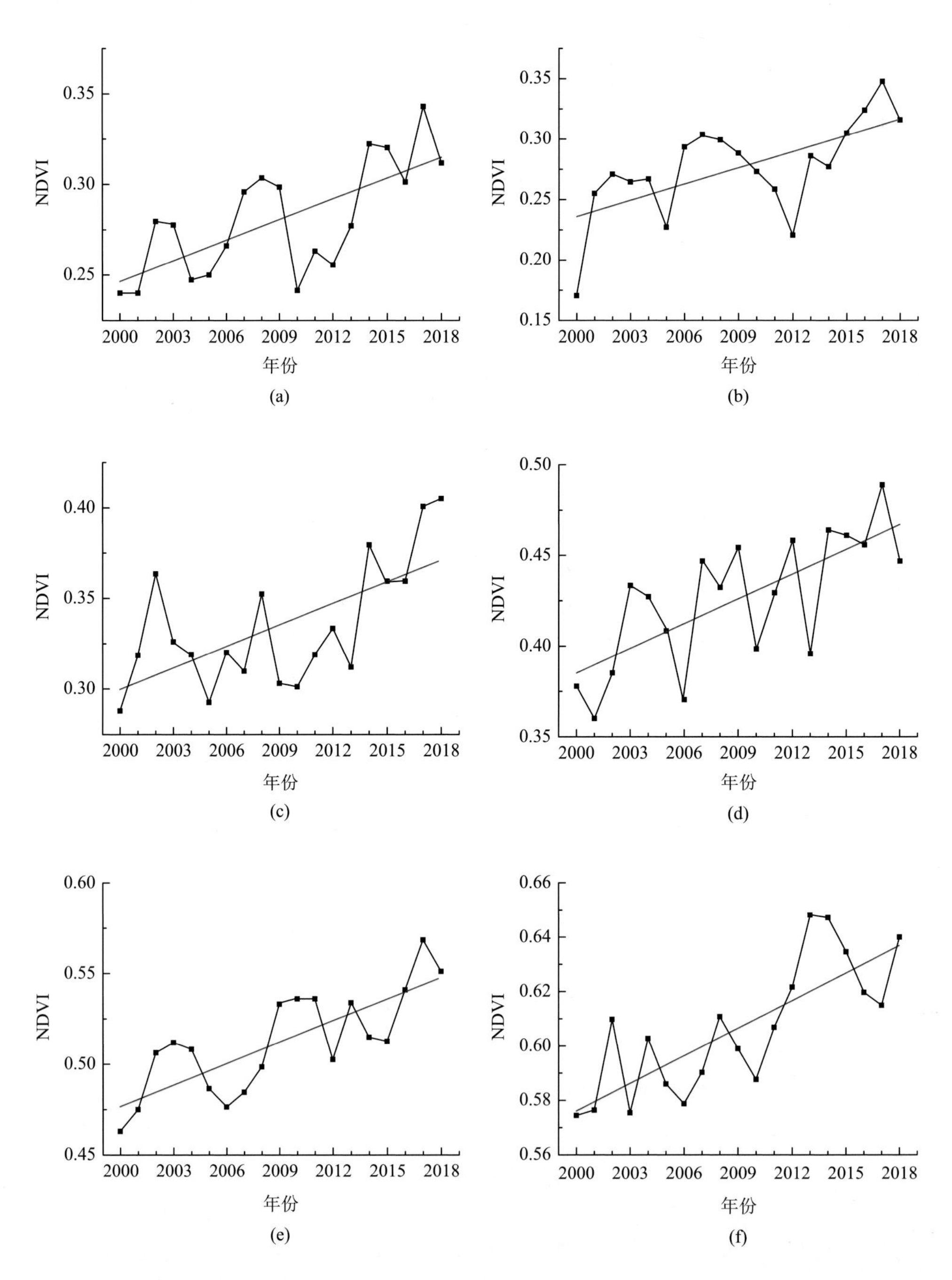

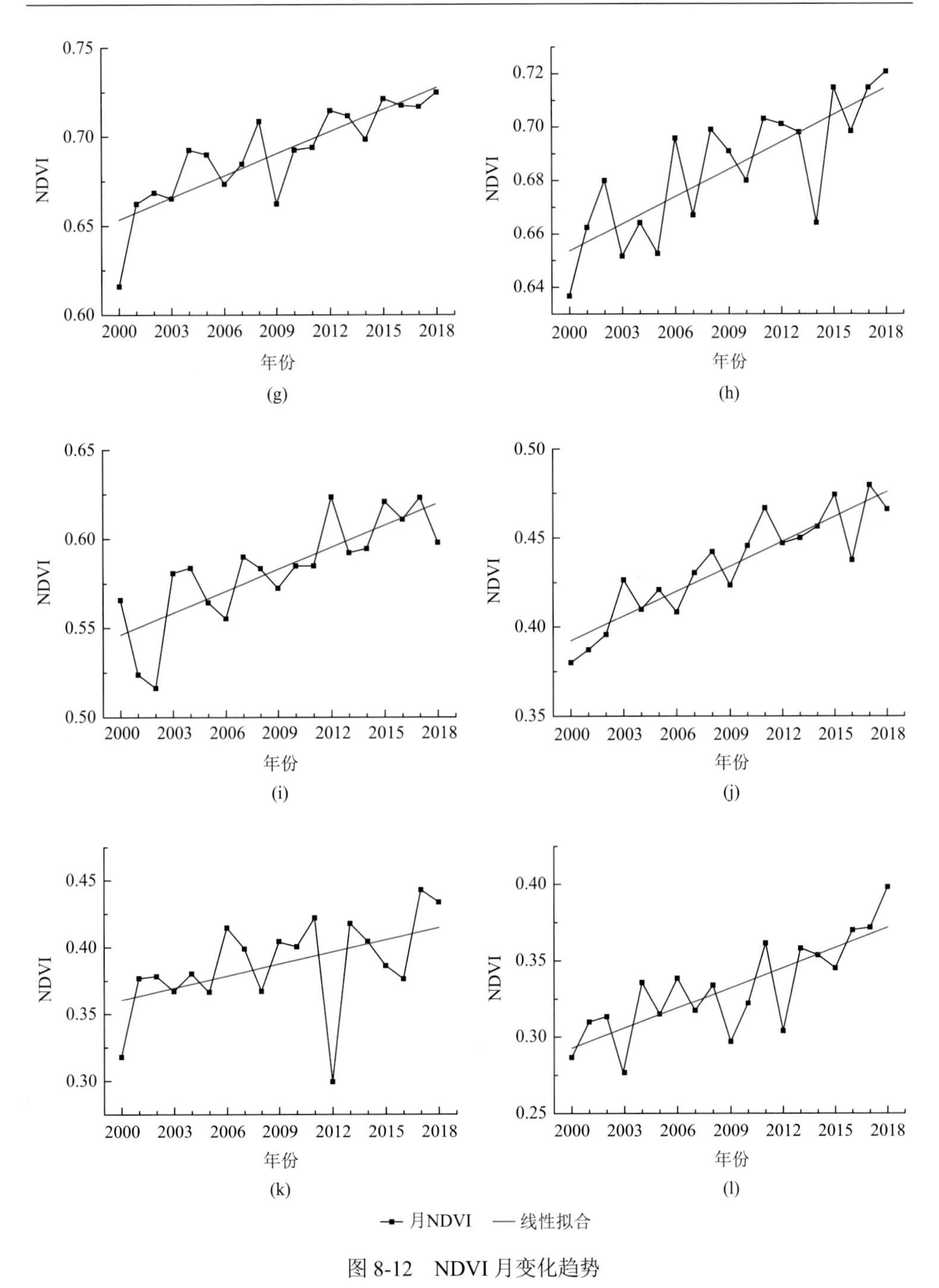

图 8-12　NDVI 月变化趋势

（a）1 月；（b）2 月；（c）3 月；（d）4 月；（e）5 月；（f）6 月；（g）7 月；（h）8 月；（i）9 月；（j）10 月；（k）11 月；（l）12 月

根据图 8-13，SIF 在 6 月和 7 月的增速最快，分别达到 0.0041 $W \cdot m^{-2} \cdot \mu m^{-1} \cdot sr^{-1}$ 与 0.0040 $W \cdot m^{-2} \cdot \mu m^{-1} \cdot sr^{-1}$。冬季的 SIF 增速较慢，12 月、1 月、2 月的增速为 0.0009 $W \cdot m^{-2} \cdot \mu m^{-1} \cdot sr^{-1}$、0.0008 $W \cdot m^{-2} \cdot \mu m^{-1} \cdot sr^{-1}$ 与 0.0008 $W \cdot m^{-2} \cdot \mu m^{-1} \cdot sr^{-1}$。

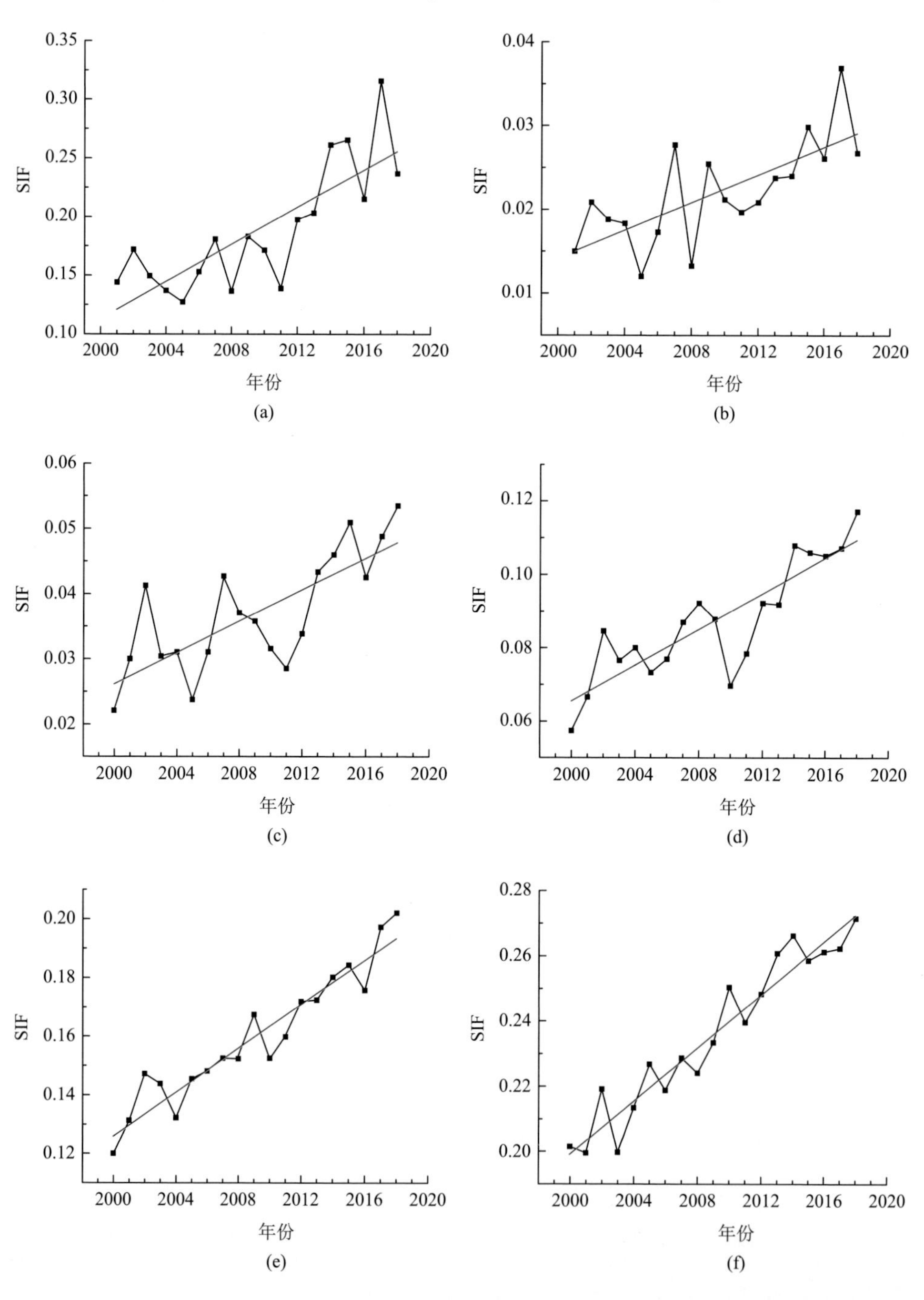

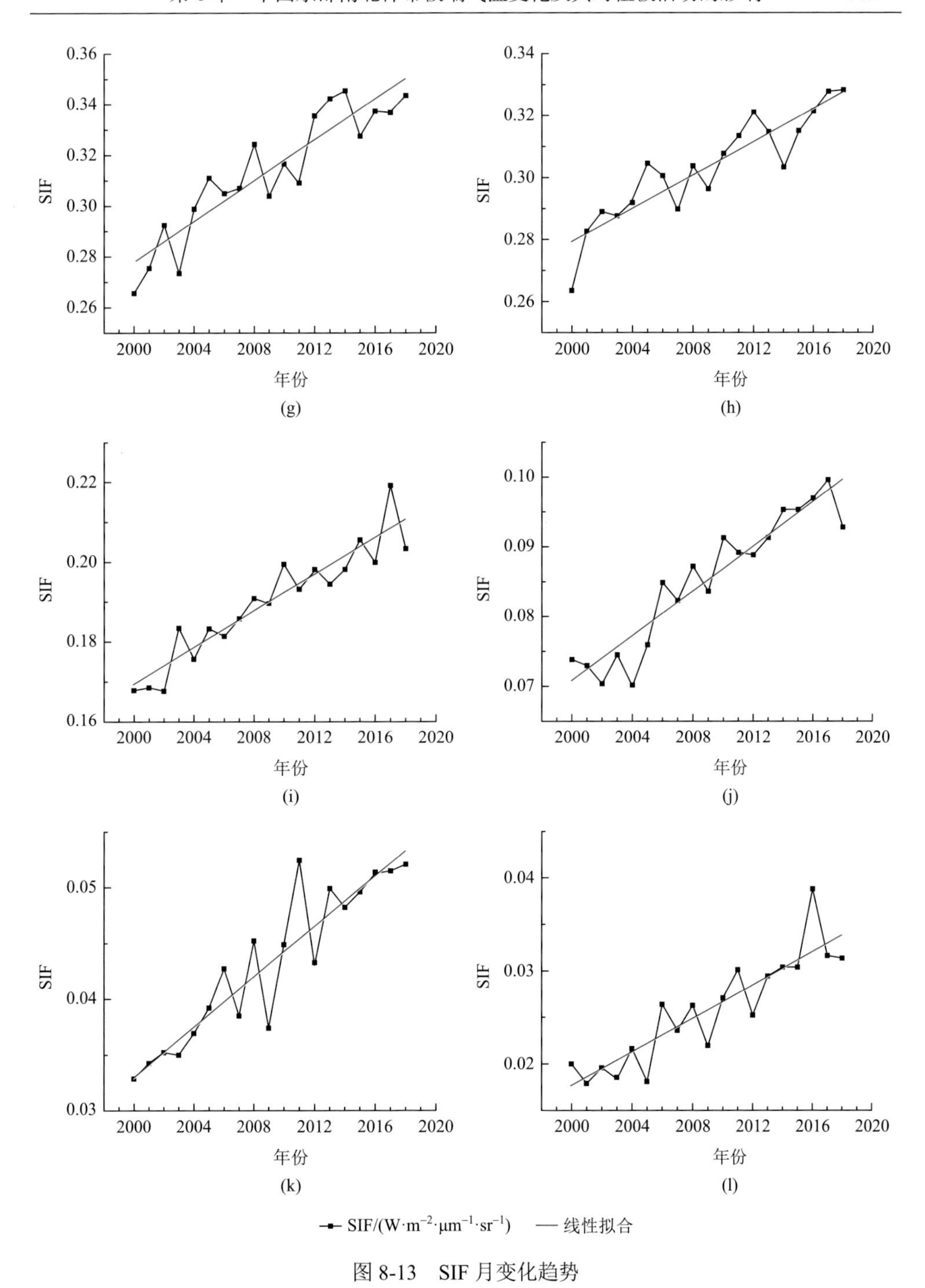

图 8-13　SIF 月变化趋势

（a）1 月；（b）2 月；（c）3 月；（d）4 月；（e）5 月；（f）6 月；（g）7 月；（h）8 月；（i）9 月；（j）10 月；（k）11 月；（l）12 月

表 8-2 NDVI 与 SIF 月变化率

月份	NDVI		SIF	
	变化率	P 值	变化率/($W \cdot m^{-2} \cdot \mu m^{-1} \cdot sr^{-1}$)	P 值
1	0.0038±0.0010	1×10^{-3}	0.0008±0.0002	8.9×10^{-5}
2	0.0046±0.0013	3.3×10^{-3}	0.0008±0.0002	1.1×10^{-5}
3	0.0040±0.0011	3×10^{-3}	0.0012±0.0003	1.9×10^{-4}
4	0.0046±0.0011	5.6×10^{-4}	0.0024±0.0004	2.2×10^{-6}
5	0.0039±0.0008	8.4×10^{-5}	0.0038±0.0003	3.9×10^{-10}
6	0.0034±0.0007	6.6×10^{-5}	0.0041±0.0003	7.4×10^{-11}
7	0.0041±0.0006	6×10^{-6}	0.0040±0.0004	4.5×10^{-8}
8	0.0034±0.0006	6.1×10^{-5}	0.0027±0.0003	8×10^{-8}
9	0.0041±0.0008	6.1×10^{-5}	0.0023±0.0002	3.7×10^{-9}
10	0.0046±0.0006	1.7×10^{-7}	0.0016±0.0001	2.3×10^{-9}
11	0.0030±0.0014	4×10^{-2}	0.0011±0.0001	2.2×10^{-8}
12	0.0044±0.0008	6.1×10^{-5}	0.0009±0.0001	3.6×10^{-7}

8.4.2 植被活动的空间分布特征

1. 植被年均变化空间分布

除了时间变化以外，我们还分析了植被活动的空间分布特征。从图 8-14（a）可以看出，2000～2018 年 NDVI 呈现总体上升的趋势，在大、小兴安岭以北地区、东北平原、吕梁山、太行山、黄土高原东部、华北平原中东部地区、四川盆地及大巴山地区、雪峰山及两广丘陵南部地区 NDVI 上升趋势明显，其中以吕梁山、太行山地区最为集中。在大兴安岭、小兴安岭及长白山地区、华北地区的天津—石家庄—郑州沿线、黄土高原与秦岭交界的西安—郑州沿线、江汉-洞庭湖平原的长沙—武汉地区、环鄱阳湖地区及珠江三角洲地区、汕头、厦门地区有明显的减弱趋势，其中，环华北平原的大兴安岭—小兴安岭—长白山地区植被活动减弱或缓慢增强。

根据图 8-14（b），2000～2018 年 SIF 整体呈现出纬度地带性分异规律，即自北向南，SIF 逐渐增强。具体而言，在南方沿海地区（包括海南岛）、两广丘陵地区，植被活动呈现出较为明显的增强趋势；其次，在黄淮平原、东北平原北部、长白山南部、秦岭、黄土高原等地，植被光合作用明显增强。然而，大兴安岭、华北平原北部、西安—郑州—徐州—石家庄—天津等沿线、环九岭山北部地区涉及长

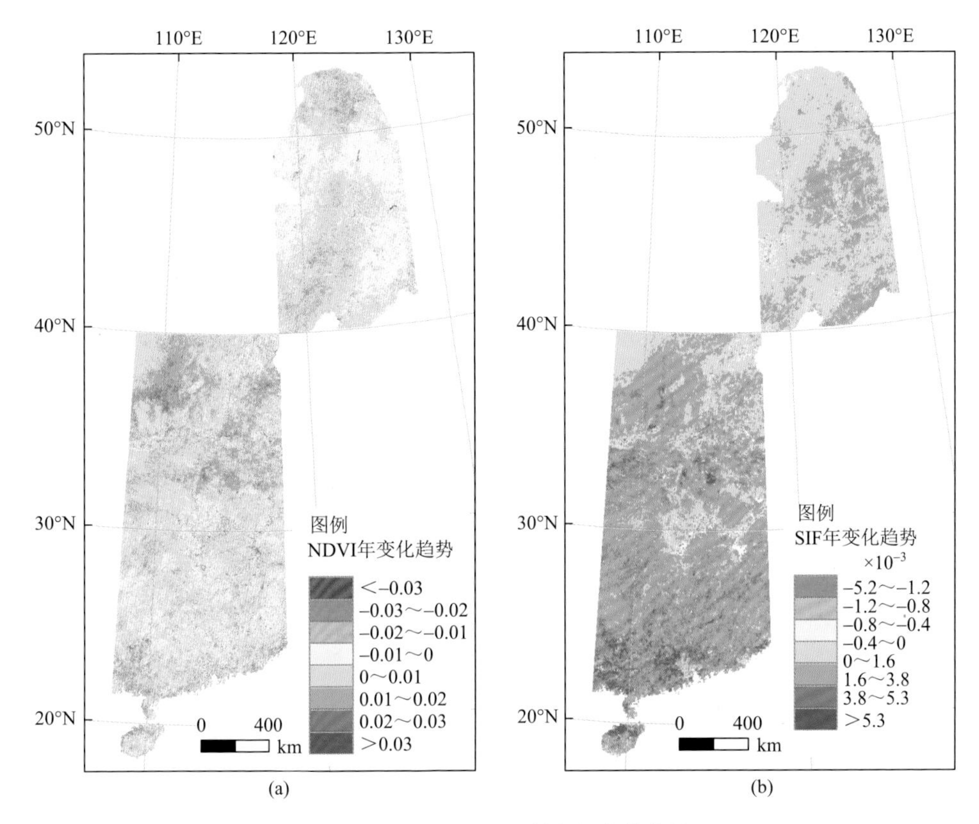

图 8-14　NDVI 和 SIF 的空间变化趋势

（a）NDVI；（b）SIF（单位：$W \cdot m^{-2} \cdot \mu m^{-1} \cdot sr^{-1}$）

沙、武汉、南昌地区等地、近渤海湾地区 SIF 出现减弱的趋势。综上，样带内有两个区域的 SIF 呈现增强趋势，主要集中在两广丘陵与黄淮平原。

综合 NDVI 与 SIF 数据的结果，发现基于 NDVI 与 SIF 数据的植被活动变化趋势具有地域差异性与总体一致性特征。植被活动增强的地区从样带整体来看较为一致，尤其在北纬 40°以南的大部分区域，两广丘陵、秦岭、黄淮平原及东北平原地区的植被活动呈现增强趋势。在东北地区，尤其是大兴安岭与东北平原的过渡区，NDVI 与 SIF 数据表现出相反的变化趋势，NDVI 和 SIF 分别呈现减弱和增强的趋势。

2. 植被季节变化空间分布

除了年际空间变化，我们还按季节分析了 NDVI 与 SIF 变化趋势，进而分析不同季节的植被活动情况。具体地，计算了 2000～2018 年的春、夏、秋季 NDVI、SIF 均值数据与 2000～2017 年冬季数据，并且逐像元计算了 NDVI 与 SIF 的季节变化趋势（图 8-15 和图 8-16）。

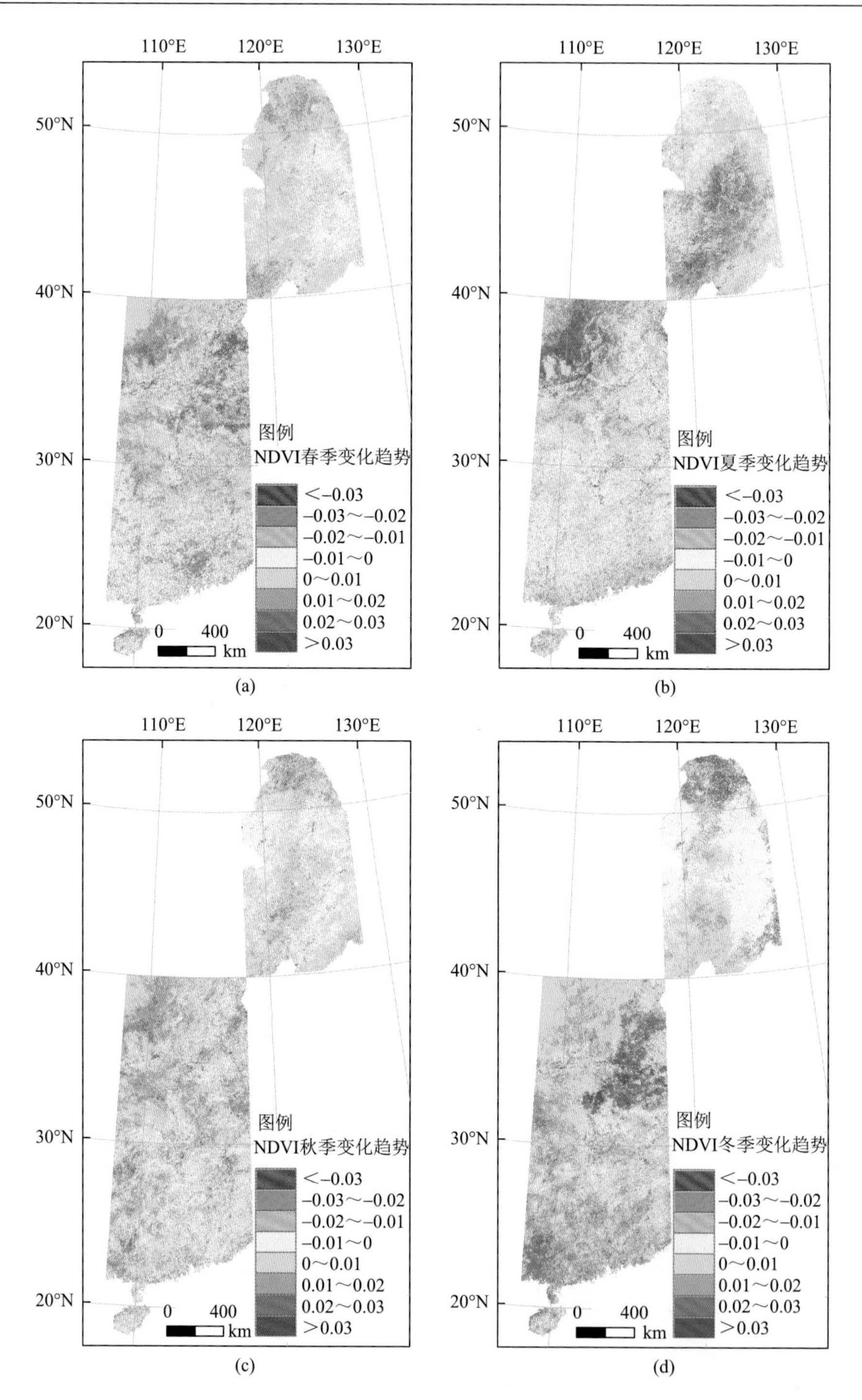

图 8-15　NDVI 季节空间变化趋势

（a）春季；（b）夏季；（c）秋季；（d）冬季

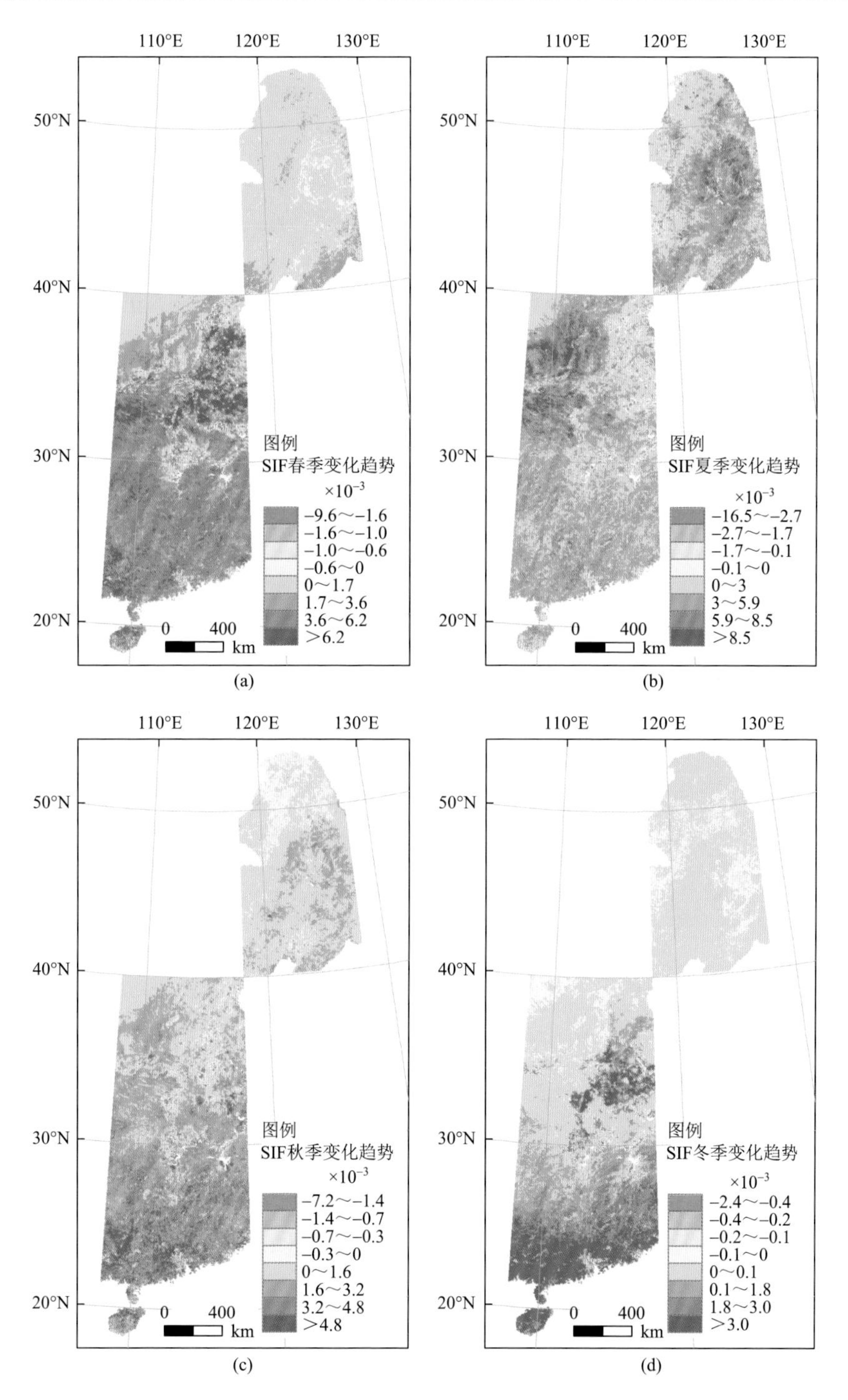

图 8-16 SIF 季节空间变化趋势（单位：$W·m^{-2}·\mu m^{-1}·sr^{-1}$）

（a）春季；（b）夏季；（c）秋季；（d）冬季

2000～2018 年春季的植被 NDVI 整体表现为北增南减的趋势。具体表现在：大兴安岭以北地区、太行山地区及山东北部黄河三角洲地区、华北平原、黄土高原、海南岛地区的 NDVI 呈现增强趋势；NDVI 呈现大范围减弱趋势的地区集中分布在两广丘陵地区和东北平原，其中两广丘陵地区的减幅最为剧烈。

从夏季 NDVI 变化趋势看出：NDVI 变绿的趋势往北移动，以黄土高原的太行山和吕梁山地区、东北平原地区为主；大兴安岭、小兴安岭、长白山、华东平原、长江中下游地区的 NDVI 开始呈现减弱趋势；变化速率较大的地区集中在长江沿线的城市群，以及以西安—郑州—徐州、石家庄—郑州等沿线状分布的城市发展地区及周边地区。

秋季 NDVI 的变化趋势呈现零散分布。大兴安岭北以北、太行山地区、雪峰山—十万大山沿线等地区、黄河三角洲地区的 NDVI 有增强趋势；东北地区大部、江汉平原、大别山以北的黄淮平原及两广丘陵地区以减弱为主；其他地区的 NDVI 呈现微弱增强。

在冬季，大兴安岭、小兴安岭及东北平原的 NDVI 呈现减弱趋势，样带其他地区则主要表现出变绿趋势。其中，两广丘陵和华北平原和大兴安岭以北地区的变化趋势最为剧烈，而长江沿线的 NDVI 以减弱趋势为主。

图 8-16 显示了 SIF 在 2000～2018 年的变化趋势状况。春季 SIF 增速最快的地区位于华北平原与秦岭地区，增加速度超 0.006 $W·m^{-2}·\mu m^{-1}·sr^{-1}·a^{-1}$；长江沿线以南地区至南方沿海地区有普遍的变绿趋势；而在东北地区、黄土高原北部地区 SIF 增加的趋势较为微弱。

对于夏季的 SIF 变化，黄土高原地区、秦岭—大巴山地区及东北平原表现出较明显的增加趋势；而华北平原地区则呈现增加微弱甚至减弱的趋势；其他地区以中等速度增加（为 0.003～0.006 $W·m^{-2}·\mu m^{-1}·sr^{-1}·a^{-1}$）。

秋季 SIF 的变化趋势呈现明显的纬度地带性分布，自低纬度至中高纬度地区的 SIF 增速由高到低。例如，在华北平原及大兴安岭北部有显著的极值点，呈现逐渐减弱的趋势；两广丘陵地区表现出较快的增加趋势，增加速度在 0.0016 $W·m^{-2}·\mu m^{-1}·sr^{-1}·a^{-1}$ 以上；黄淮平原地区零星分布着 SIF 快速增加的地块；华北平原及两湖平原地区的 SIF 有减弱的趋势。

冬季 SIF 除华北平原地区外同样有纬度地带性分布特征。在此季节，SIF 在华南地区及华北平原地区的增加速度最快，超过 0.003 $W·m^{-2}·\mu m^{-1}·sr^{-1}·a^{-1}$，冬季 SIF 整体仍然是呈现增加的趋势，30°N 以北除华北平原的广大地区均表现出微弱增加的趋势，增速约为 0.0001 $W·m^{-2}·\mu m^{-1}·sr^{-1}·a^{-1}$，其可能是受全球变暖的潜在影响。

根据 NDVI 与 SIF 在不同季节的变化趋势：植被活动在 2000～2018 年呈现出增强趋势，NDVI 与 SIF 两种不同的植被指数均能捕获植被活动状态，且有近似的变化趋势。冬春季节以华北平原和华南地区的植被活动增速最为明显，夏季黄土高原地区和东北平原地区植被活动明显增强，而华北平原地区和长江流域出现了微弱下降的趋势。秋季植被活动以华南地区十万大山和黄土高原地区增速明显，NDVI 与 SIF 有一定的差异性。

3. 植被月尺度空间分布

根据逐月 NDVI 变化趋势分析结果，样带内不同地区 NDVI 在不同月份变化速率有巨大差异，且多存在年际周期变化。

样带内 NDVI 在 1 月以增强趋势为主。集中分布在大兴安岭以北地区、华北平原、秦岭、两广丘陵等低纬度地区。黄土高原地区 NDVI 缓慢增加，减弱趋势分布在大兴安岭、小兴安岭及长江沿线地区。2 月低纬度地区 NDVI 增速逐渐提升。植被活动增强的地区以大兴安岭北部地区、华北平原地区及云贵高原以东的武陵山—雪峰山—大瑶山为主。其中，华北平原植被增强的趋势较 1 月有所减弱。3 月 NDVI 出现大幅度的波动情况，体现在两广丘陵地区 NDVI 有强烈的减弱趋势，华北平原地区 NDVI 增加速度持续减弱，并最终出现负增长趋势。此外，黄土高原地区持续表现为低速增加的模式。4 月时，植被活动增强的速度加快，华南地区植被减弱的趋势得到缓解，而其以北地区普遍呈现较高的增加趋势。例如，大兴安岭北部地区、黄土高原、华北平原地区和两湖平原地区。5 月时，NDVI 增强的趋势减弱，仅有黄土高原和华北平原保持较高的增强速度。至 6 月 NDVI 出现大范围的减弱现象，并向华北平原蔓延，此时，黄土高原地区及东北平原 NDVI 出现大幅度增强现象，并一直持续到 9 月。

10 月时，多数地区以微弱速度增强/减弱。云贵高原以东的山地丘陵地带 NDVI 增速较为明显，其次是黄土高原区。是月，东北平原地区 NDVI 的增加速度开始出现明显的减缓。大兴安岭、小兴安岭地区 NDVI 呈现减弱的趋势。11 月的 NDVI 表现为 3 个增长极与 2 个减弱区，3 个增长极为大兴安岭北部的寒温带针叶林区域、华北平原区与雷州半岛北部的热带季风雨林气候区。2 个减弱区分别位于小兴安岭地区和云贵高原冬侧的狭长山地丘陵区。至 12 月时，样带大部分地区出现明显的增强趋势，仅在东北平原及小兴安岭地区有减弱趋势（图 8-17）。

图 8-18 显示了基于月尺度 SIF 的植被活动时空变化。结果显示，2000～2018 年不同地区植被在不同月份的变化趋势有所差异，可大致分为当年 11 月至次年 4 月、7～9 月的稳态，而 5 月、6 月和 10 月为过渡态。

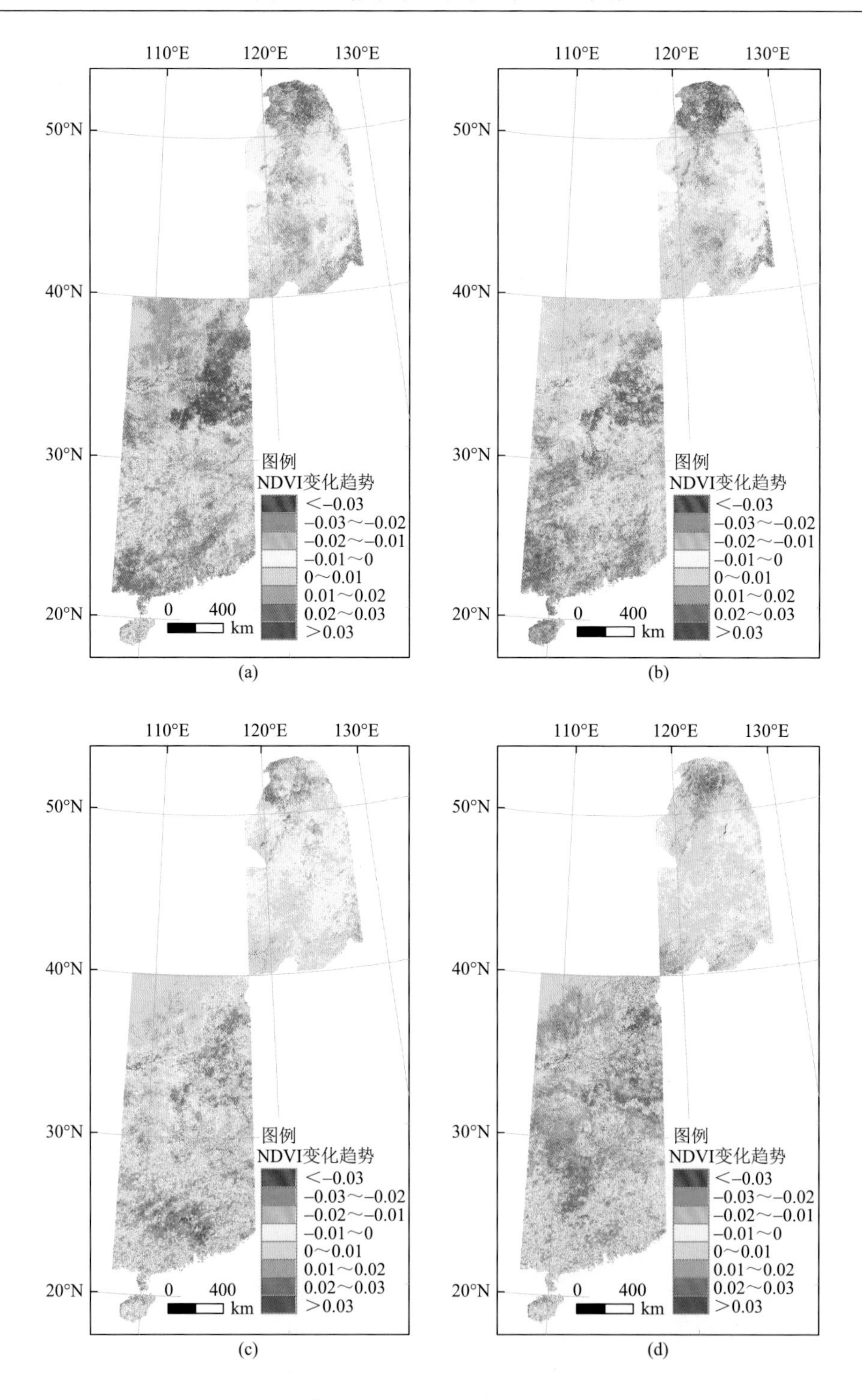
110°E
120°E
130°E
50°N
40°N
30°N
20°N
图例
NDVI变化趋势
<-0.03
-0.03～-0.02
-0.02～-0.01
-0.01～0
0～0.01
0.01～0.02
0.02～0.03
>0.03
0 400
km
(a)
(b)
(c)
(d)

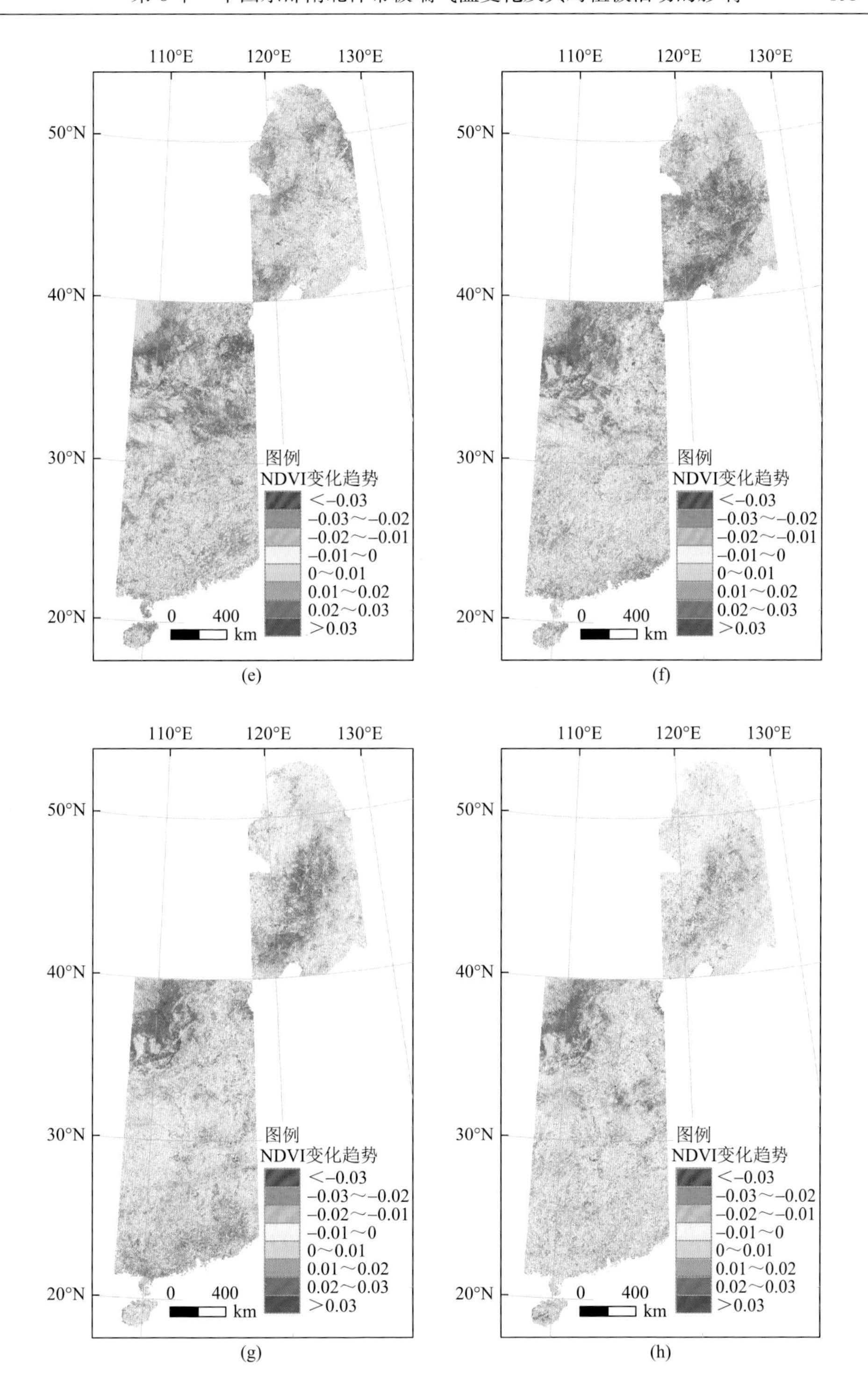
110°E
120°E
130°E
50°N
40°N
30°N
20°N
图例
NDVI变化趋势
<-0.03
-0.03～-0.02
-0.02～-0.01
-0.01～0
0～0.01
0.01～0.02
0.02～0.03
>0.03
0
400
km
(e)
(f)
(g)
(h)

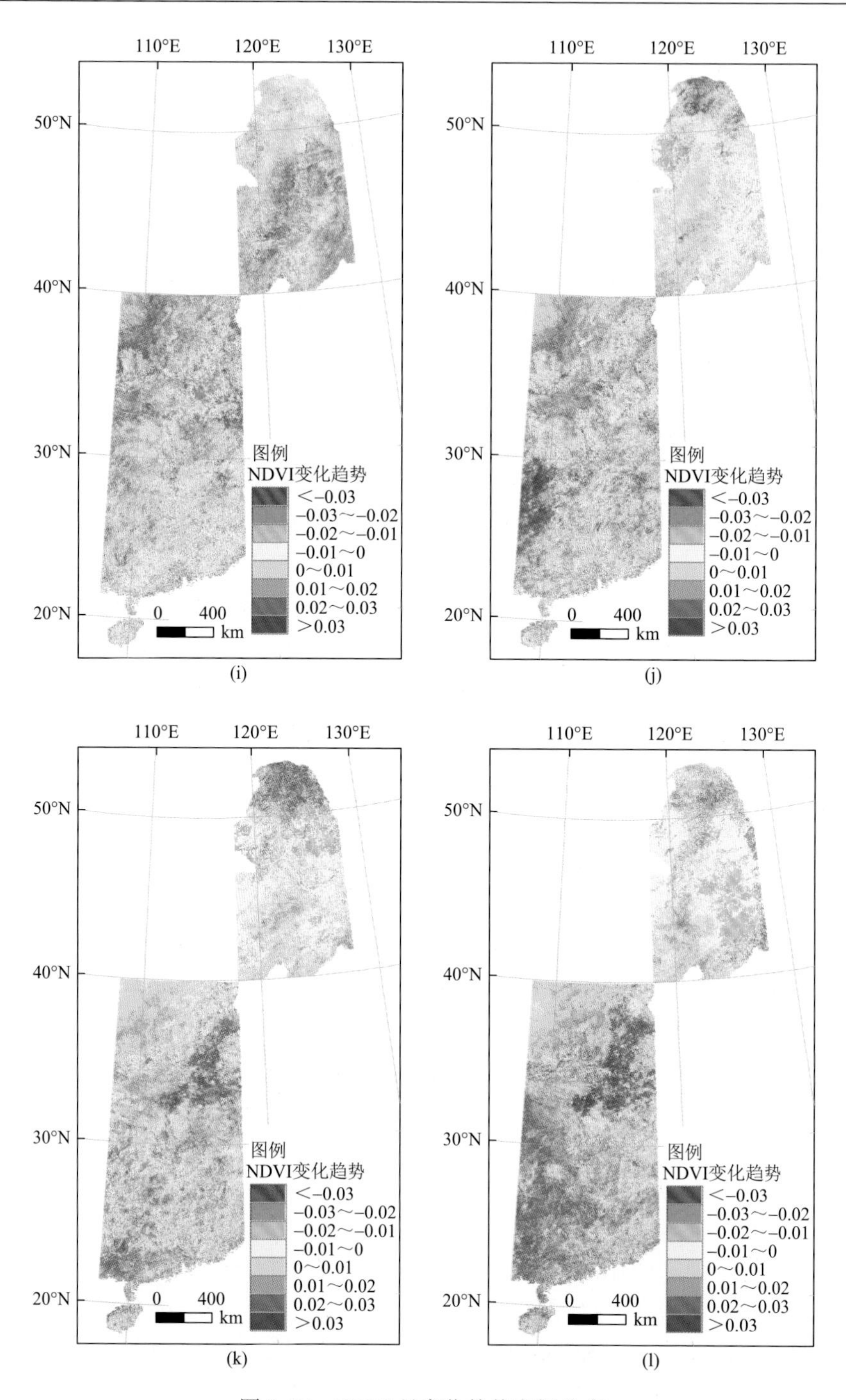

图 8-17　NDVI 月变化趋势空间分布

（a）1 月；（b）2 月；（c）3 月；（d）4 月；（e）5 月；（f）6 月；（g）7 月；（h）8 月；（i）9 月；（j）10 月；（k）11 月；（l）12 月

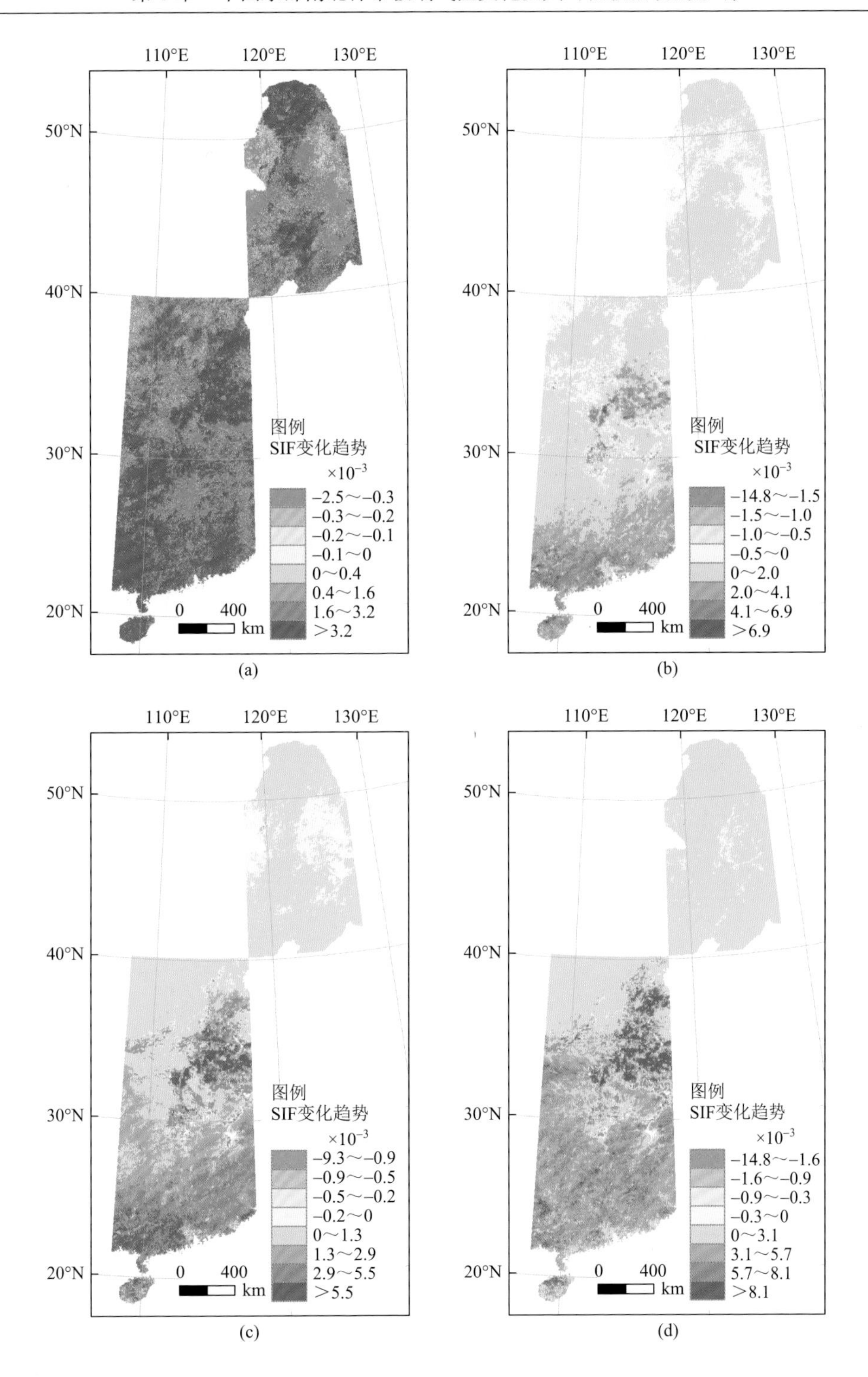
110°E
120°E
130°E
50°N
40°N
30°N
20°N
图例
SIF变化趋势
×10⁻³
−2.5～−0.3
−0.3～−0.2
−0.2～−0.1
−0.1～0
0～0.4
0.4～1.6
1.6～3.2
>3.2
0
400
km
(a)
图例
SIF变化趋势
×10⁻³
−14.8～−1.5
−1.5～−1.0
−1.0～−0.5
−0.5～0
0～2.0
2.0～4.1
4.1～6.9
>6.9
(b)
图例
SIF变化趋势
×10⁻³
−9.3～−0.9
−0.9～−0.5
−0.5～−0.2
−0.2～0
0～1.3
1.3～2.9
2.9～5.5
>5.5
(c)
图例
SIF变化趋势
×10⁻³
−14.8～−1.6
−1.6～−0.9
−0.9～−0.3
−0.3～0
0～3.1
3.1～5.7
5.7～8.1
>8.1
(d)

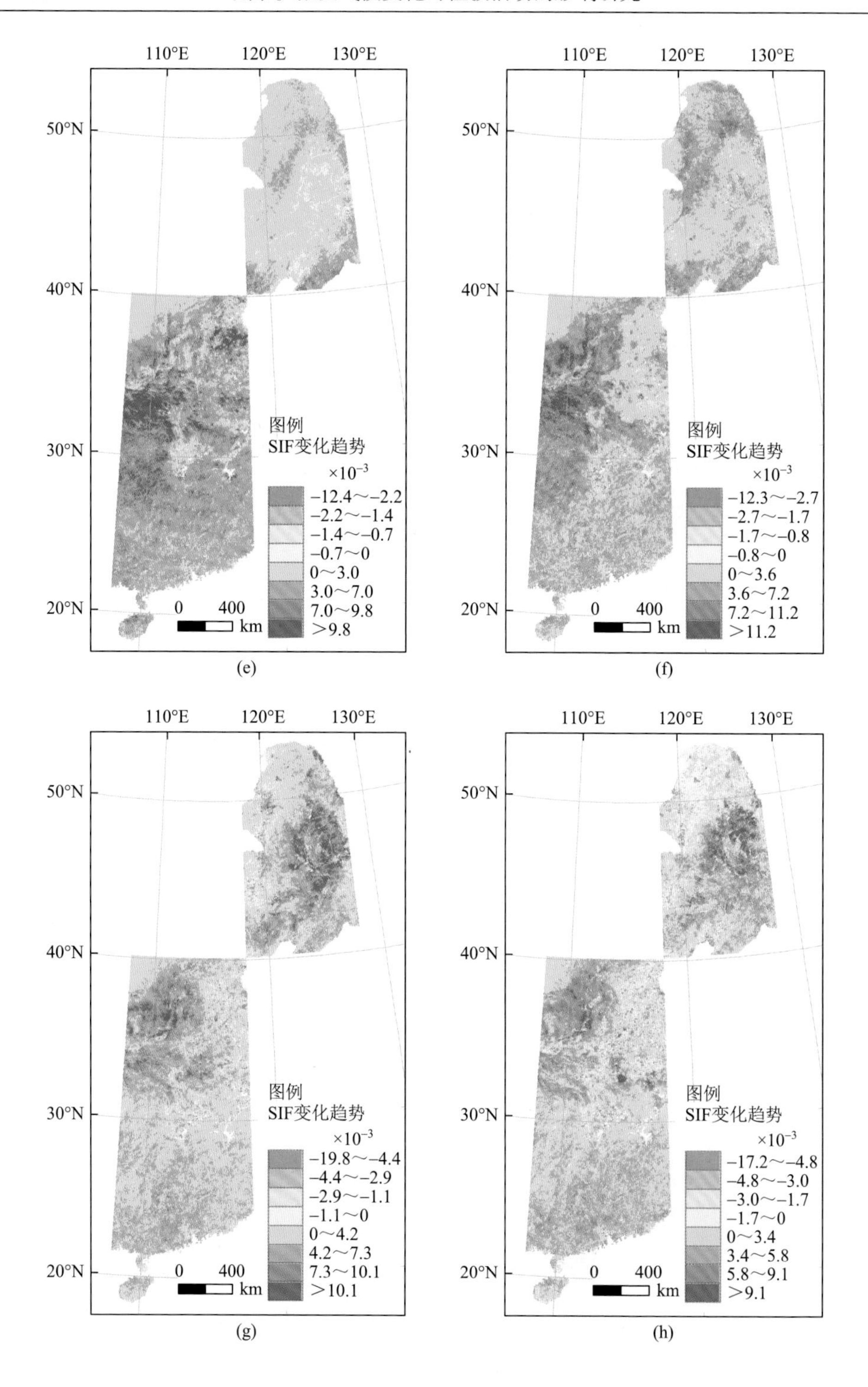
110°E
120°E
130°E
50°N
40°N
30°N
20°N
图例
SIF变化趋势
×10⁻³
−12.4～−2.2
−2.2～−1.4
−1.4～−0.7
−0.7～0
0～3.0
3.0～7.0
7.0～9.8
>9.8
0 400
km
(e)
−12.3～−2.7
−2.7～−1.7
−1.7～−0.8
−0.8～0
0～3.6
3.6～7.2
7.2～11.2
>11.2
(f)
−19.8～−4.4
−4.4～−2.9
−2.9～−1.1
−1.1～0
0～4.2
4.2～7.3
7.3～10.1
>10.1
(g)
−17.2～−4.8
−4.8～−3.0
−3.0～−1.7
−1.7～0
0～3.4
3.4～5.8
5.8～9.1
>9.1
(h)

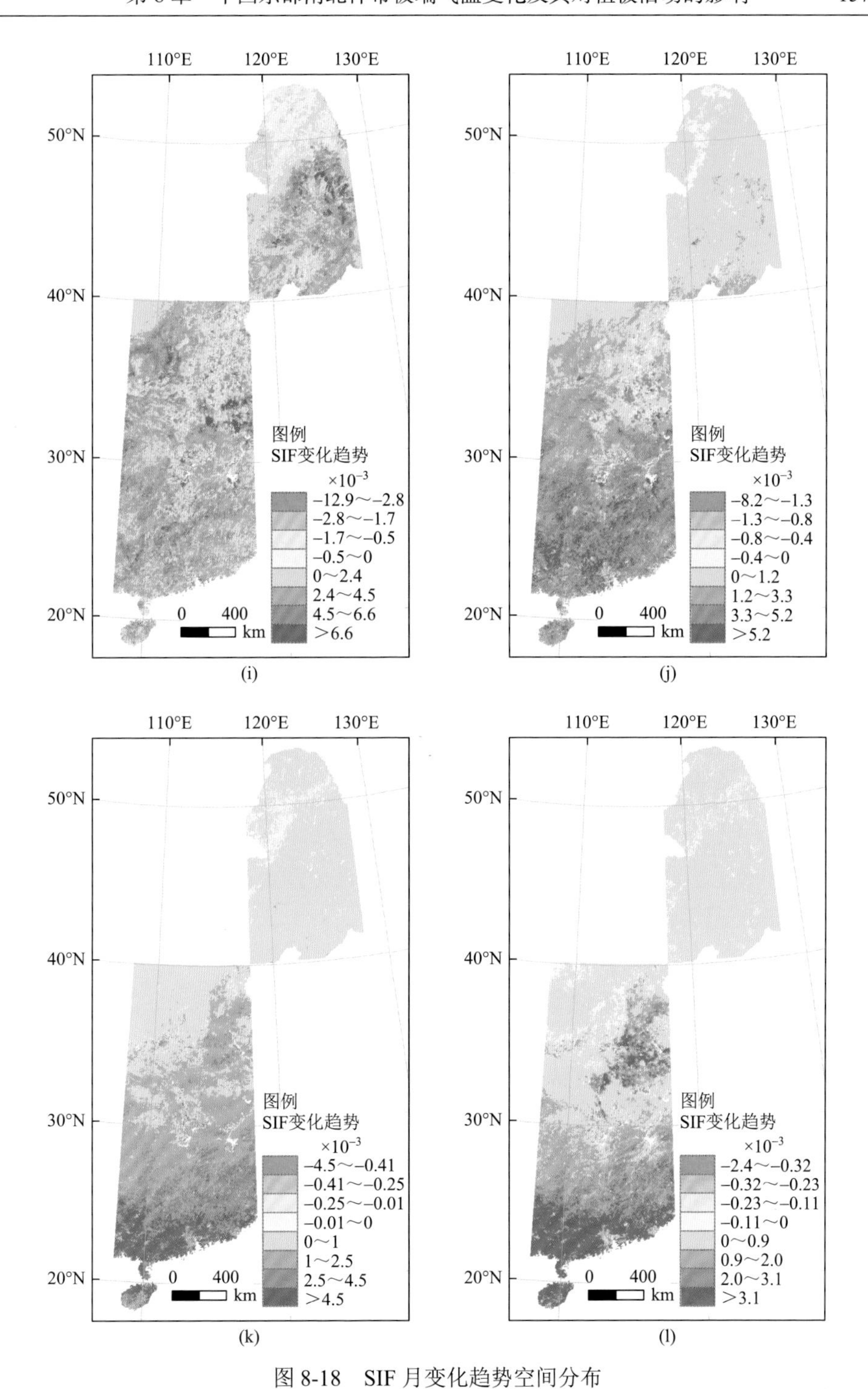

图 8-18　SIF 月变化趋势空间分布

（a）1 月；（b）2 月；（c）3 月；（d）4 月；（e）5 月；（f）6 月；（g）7 月；（h）8 月；（i）9 月；（j）10 月；（k）11 月；（l）12 月

根据图 8-18，11 月至次年 4 月，SIF 变化特征的空间格局较为一致。在增加/减弱速度上稍有差异。华南地区和华北平原地区的 SIF 以快速增加为主。除华北平原外，SIF 增速有明显的纬度地带性分异规律，即自海南岛至长江沿线随着纬度的增加，SIF 逐渐减弱，长江以北地区 SIF 保持微弱增加的趋势。自 4 月开始，中低纬度地区植被 SIF 增加速率加快。5 月时，秦岭地区及黄河三角洲地区植被 SIF 增加速率最快。东北地区林地 SIF 同样开始增加。从 5 月 SIF 变化趋势中可以看出，变化速率最快的地区集中在秦岭—武陵山一带及黄河三角洲地区，东北林区 SIF 微弱增强。至 6 月，华北平原 SIF 变化趋势减弱，黄土高原地区 SIF 有显著增强趋势，与此同时，大兴安岭与长白山南部地区 SIF 较 5 月有所增强。7～9 月时，样带内 SIF 以正向增加为主，其中以东北平原地区和黄土高原 SIF 增速最快。华北平原开始出现减弱态势。至 10 月时，样带 40°N 以北地区 SIF 增速出现大幅度的衰减，且华北平原出现了大面积减弱趋势。

根据逐月尺度的 NDVI 与 SIF 数据分析发现，两种指数在监测植被活动时有一定的一致性。主要表现在：华北平原植被活动自上年 11 月至当年 5 月表现出同样增强的趋势，而在 6～10 月有近似的增速减缓或下降的趋势，如此高度一致的趋势同样出现在两广丘陵区。然而，在东北地区，SIF 监测植被活动的变化趋势则低于 NDVI 的效果。

8.5 中国东部南北样带极端气候变化对植被的影响

本节开展了 2000～2018 年中国东部南北样带极端温度事件强度、频率与植被 NDVI、SIF 的相关性分析。

8.5.1 极端温度对植被活动的影响

1. 极端高温频率对植被活动的影响

持续性高温指数 WSDI 与 NDVI 之间以负相关为主。样带内选取的 342 个站点中，有 245 个站点的 NDVI 与极端高温指数 WSDI 的相关性通过 95%显著性检验，其中 76%的站点为显著负相关，相关性系数均值为–0.33。WSDI 与 SIF 之间同样以负相关为主。有 244 个站点 WSDI 与 SIF 存在显著性相关，且有 67%的站点为显著负相关，平均相关系数为–0.30。

通过 WSDI 与 NDVI、SIF 的相关性指数空间分布（图 8-19）可以看出，与植被活动指数同为负相关的区域集中分布在黄土高原地区及大兴安岭，以及东北平原地区等地区。WSDI 与 NDVI、SIF 相关性峰值达到了–0.73 与–0.70。

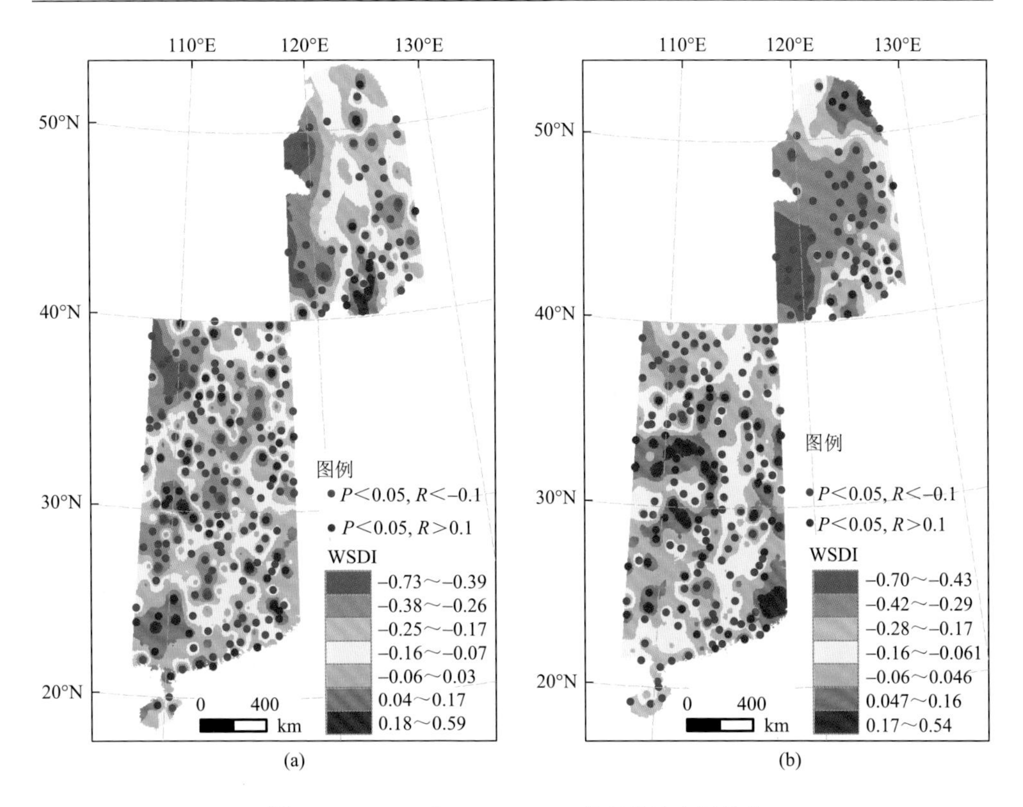

图 8-19　WSDI 与 NDVI、SIF 的相关性空间分布

（a）WSDI 与 NDVI；（b）WSDI 与 SIF

TX90P 与 NDVI 之间以负相关为主。样带内选取的 342 个站点中，有 252 个站点的 NDVI 与极端高温指数 WSDI 的相关性通过 95%显著性检验，其中 75%的站点为显著负相关，相关性系数均值为−0.34。TX90P 与 SIF 的相关性同样以负相关为主，在参与计算的所有站点中，有 254 个站点 WSDI 指数与 SIF 存在显著性相关，且有 67%的站点为显著负相关，平均相关系数为−0.31。

相较于 WSDI，TX90P 与植被指数的相关性更为明显，主要表现在通过显著性检验的数量、平均相关系数与相关系数峰值等，如 TX90P 与 NDVI、SIF 的负相关峰值为−0.79、−0.74，而与之对应的 WSDI 与 NDVI、SIF 的负相关峰值为−0.73 和−0.70。

通过 TX90P 与 NDVI、SIF 的相关性指数空间分布（图 8-20）可以看出，NDVI 与 TX90P 的负相关关系主要集中在大兴安岭与黄土高原地区（Sun and Mu，2017），草地和农田可能会受到极端高温事件的负面影响，加速阻碍植被生长（展小云等，2012）。在两湖平原南部、武夷山地区有零星状分布，而正相关性则普遍零星分布。

在 SIF 与 TX90P 的关系中，负相关以干旱-半干旱地区为主，在珠江三角洲地区、海南岛等地区也有片状分布。而正相关分布于两湖平原—大巴山—秦岭、华北平原、小兴安岭及长白山地区。可以推测，在降水稀少的干旱-半干旱地区，极端高温事件发生频率的增多对于植被的健康状况及呼吸作用会产生不利影响。而在降水丰富的地区，极端高温天气的出现往往伴随着充足的太阳辐射，此外，由于上述区域水分限制较少，为植物的光合作用提供了充分的条件，从而促进植物的生长。

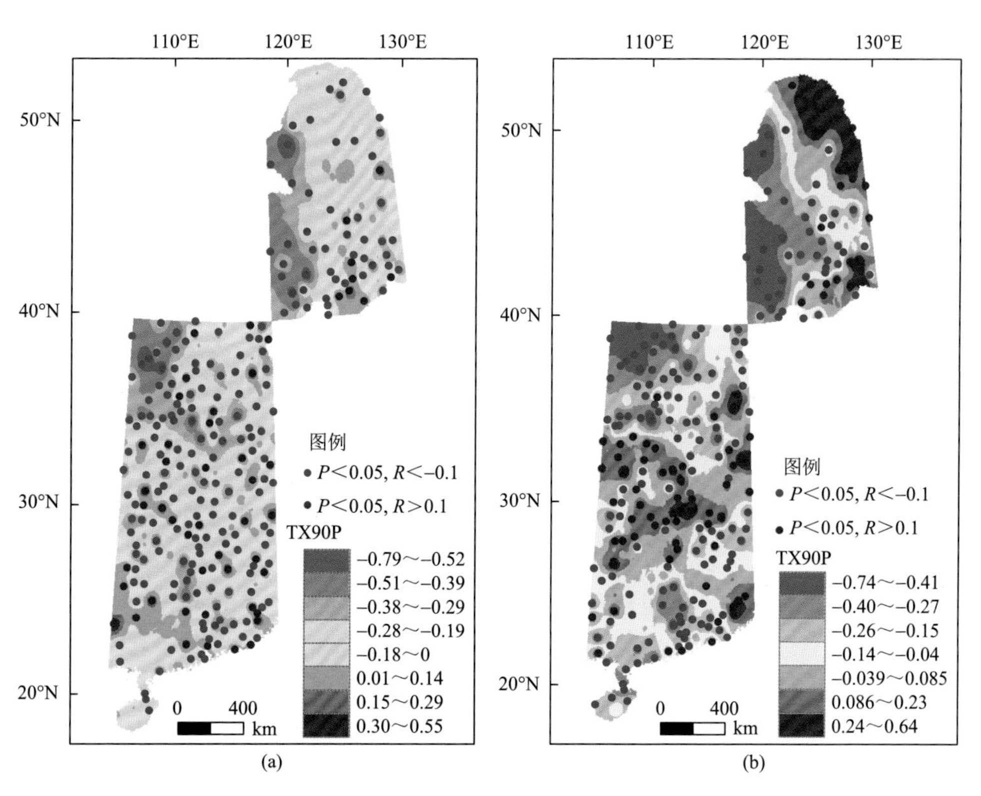

图 8-20　TX90P 与 NDVI、SIF 的相关性空间分布

（a）TX90P 与 NDVI；（b）TX90P 与 SIF

2. 极端低温频率对植被活动的影响

分别运用 CSDI 及 TN10P 指数作为极端低温事件发生频率的指标，开展极端低温事件频率与植被指数的相关性分析，得到植被活动与极端低温事件频率的空间相关分布（图 8-21 和图 8-22）。根据计算，中国南北样带内 79%的气象站点的 CSDI 指数与 NDVI 呈现负相关关系，其中，显著负相关站点数占约 85%，平均

相关系数为–0.32。TN10P 与 SIF 的相关分析中，有 85%的站点表现出负相关结果，其中 87%的站点表现出显著负相关，平均相关系数达到–0.39。结果表明极端低温事件的频率与植被生长活动有明显的负相关关系。

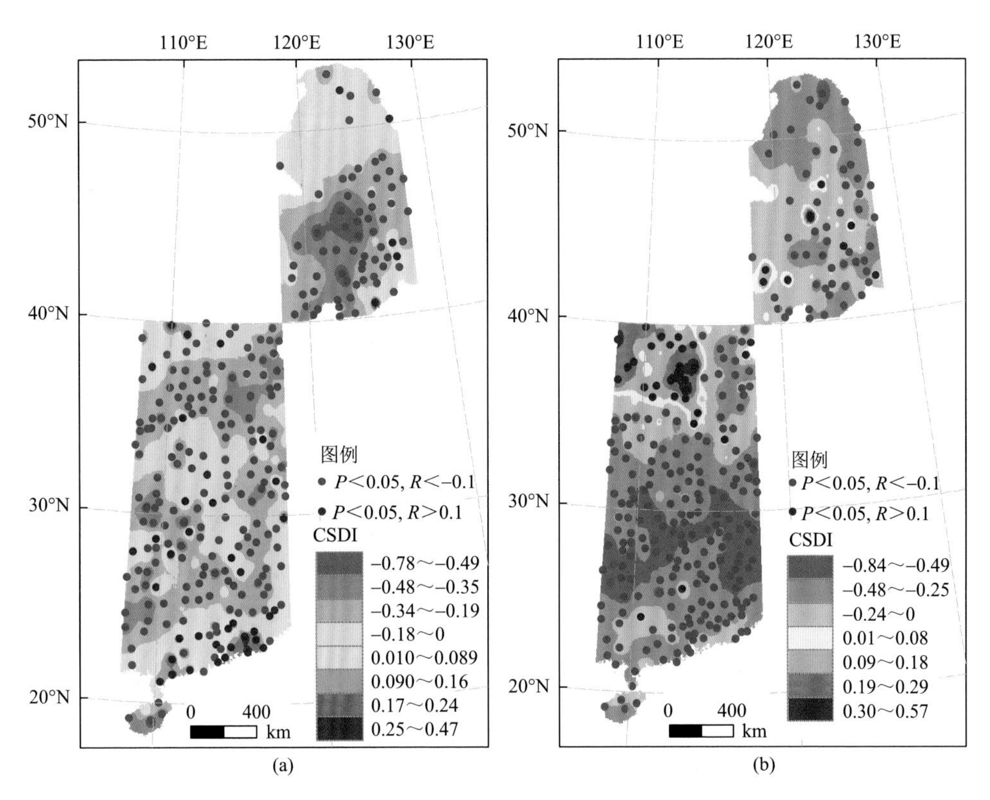

图 8-21　CSDI 与 NDVI、SIF 的相关性空间分布

（a）CSDI 与 NDVI；（b）CSDI 与 SIF

从图 8-21 可以直观看出 CSDI 与 NDVI、SIF 的相关性空间分布状况，连续低温对样带内植被活动有普遍的抑制作用。根据 CSDI 与 NDVI 的相关性分析，东北平原、华北平原、长江中下游平原、东南丘陵地区等呈现负相关分布，正相关分布则以珠江三角洲地区、雷州半岛、黄土高原北部地区及大兴安岭地区为主。作为中国主要的农作物产区，东北平原地区的小麦作物的 NDVI 会随着持续低温天气的减少（增多）而呈现出增强（减弱）的状态。这种结果产生的原因可能是小麦作物受低温胁迫的影响（Lu et al.，2013；Nie et al.，2020），此外，作物的生长也受农业灌溉和土壤水分流失作用的影响（王植等，2010，2011）。

CSDI 与 SIF 的相关系数空间分布以负相关分布为主，长江沿线地区相关系数数值处于较高水平。在黄土高原地区，尤其是太行山地区的 CSDI 与 SIF 的相关系数为正值，此外，东北平原地区零星存在着正相关现象。

图 8-22 揭示了 TN10P 与 NDVI、SIF 的相关系数空间分布格局。与 CSDI 和 NDVI 的相关关系分布相比［图 8-21（a）］，两者的空间分布格局较为一致。具体地，东北平原、华北平原等地以负相关为主，呈片状分布，间以少量其他正相关分布的地区。此外，TN10P 与 SIF 的相关性分布则相对简单，样带内 TN10P 与 SIF 以负相关为主，表明冬季极端低温出现时，植被的生长状态不佳。分布在黄土高原及东北平原西南地区位置的地区则呈现正相关关系。

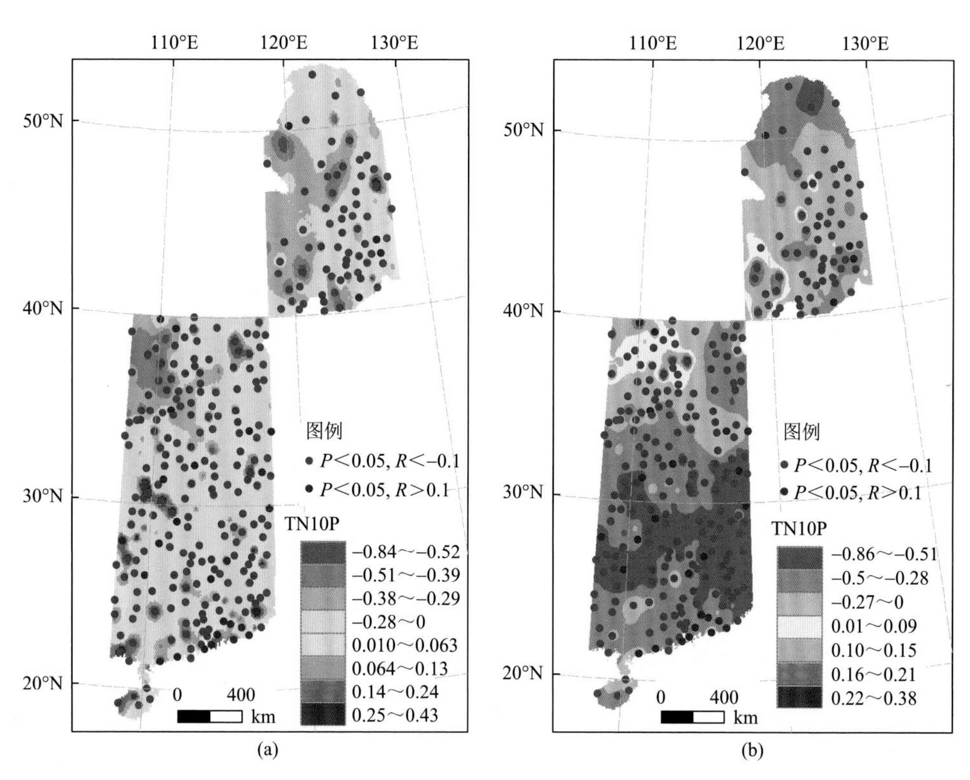

图 8-22　TN10P 与 NDVI、SIF 的相关性空间分布

（a）TN10P 与 NDVI；（b）TN10P 与 SIF

3. 极端高温强度对植被活动的影响

通过分析极端高温事件对植被活动的影响发现，约 76%的站点极端高温强度指数 TXX 与 NDVI 的相关性通过了显著性检验，其中，又有 75%的站点的 TXX 与 NDVI 呈现出明显的负相关，平均相关系数为−0.32。在空间上主要集中分布在黄土高原及以东区域、大兴安岭及东北平原西部地区等年降水量小于 600 mm 的

区域。TXX 与 SIF 的相关性也以负相关为主，有超过 78%的站点通过显著性检验，其中 81%的站点表现出负相关，平均相关系数为–0.35。对比 NDVI 与 SIF，SIF 可以更加敏锐地探测极端高温强度对植被活动的影响。

图 8-23 为极端高温强度与植被活动的相关性空间分布图，由图 8-23（a）展示的结果可知，极端高温事件与植被 NDVI 的相关性在样带以微弱负相关为主，在东北平原地区与黄土高原地区，呈现连片的显著负相关关系，在样带南方地区，相关性则呈现复杂特征，间以片状正相关与片状的负相关分布。由 TXX 与 SIF 的相关性分布可以看出，东北平原、大兴安岭及除北京以外的华北平原、黄土高原、罗霄山、鄱阳湖等地区呈现出显著的负相关，正相关地区以大兴安岭、小兴安岭北部地区、首都地区及长江中下游平原部分地区为主要分布地。

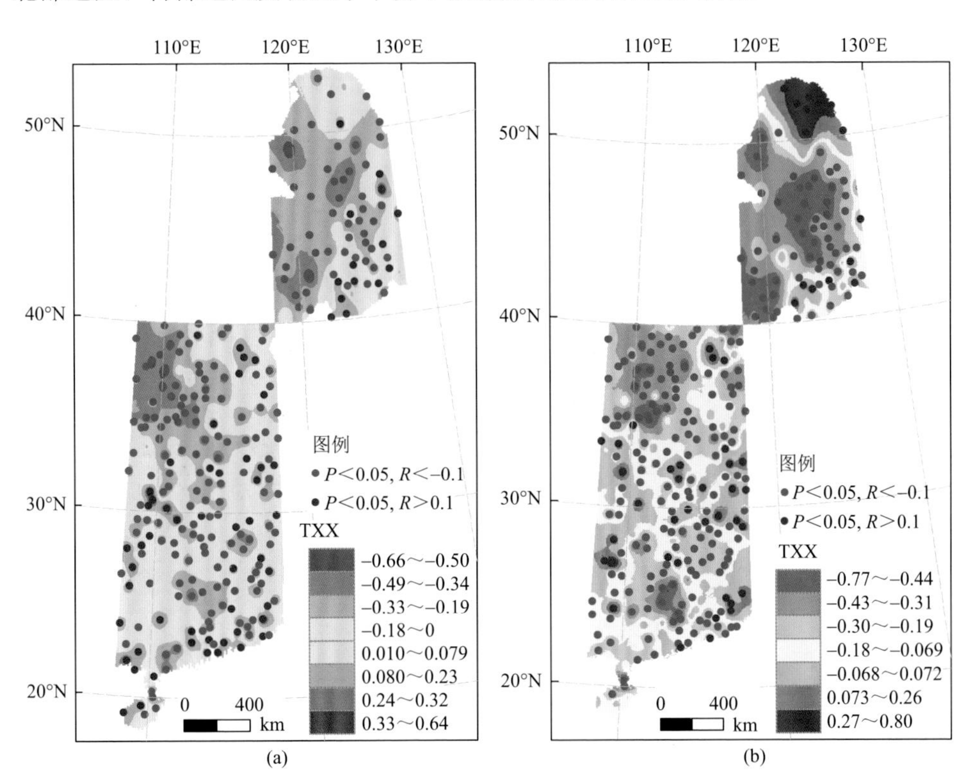

图 8-23　TXX 与 NDVI、SIF 的相关性空间分布

（a）TXX 和 NDVI；（b）TXX 和 SIF

4. 极端低温强度对植被活动的影响

极端低温强度与植被 NDVI、SIF 以正相关为主。根据 NDVI 与 TNN 的相关性分析结果，有近 72%的站点呈现统计显著的相关关系。其中，近 83%的站点呈

现出显著正相关，相关系数均值为 0.30。在 SIF 与 TNN 的相关性检验中，有近76%的站点数据通过显著性检验。其中，有近 87%的站点数据呈现出显著正相关，且相关系数的均值达到 0.37，表明极端低温强度对于植被活动有较大影响。

进一步从空间分布角度分析发现（图 8-24），NDVI 与 TNN 在样带内普遍呈现正相关。由于 1 月气温较低，当 TNN 数值升高时，此时植物的生长适宜性有所增强。因而，二者的相关关系呈现出普遍的正相关。SIF 数据在东北平原地区、黄土高原地区与 TNN 的相关性出现片状负相关分布，这可能与东北平原的冬季作物少及黄土高原地区的植被覆盖少有关系。在长江沿线尤其是鄱阳湖、洞庭湖附近地区，极端低温强度与植被活动的相关系数甚至可以达到 0.8，这可能与长江沿线水分供应充分、光照条件适宜有关。

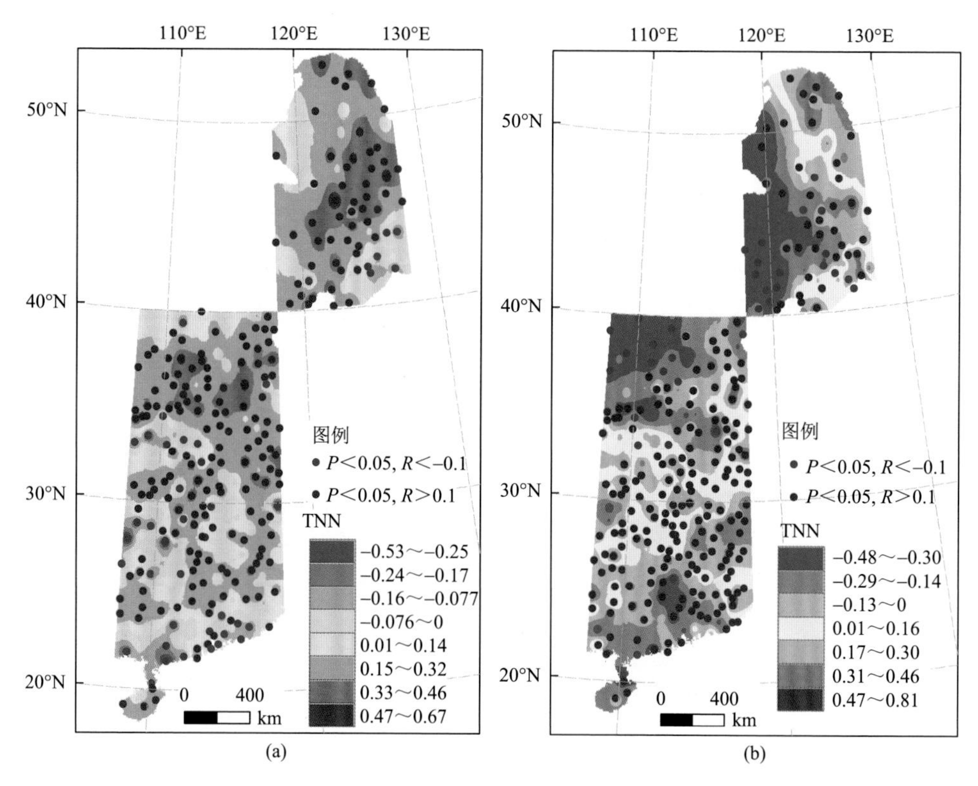

图 8-24　TNN 与 NDVI、SIF 的相关性空间分布

（a）TNN 和 NDVI；（b）TNN 和 SIF

8.5.2　不同水分条件下极端气候事件对植被活动的影响

由于水分空间分布有较大的差异性，我们分析了不同水分状态下各类极端气

候事件与植被活动的相关性差异。本节采用中国科学院地理科学与资源研究所资源环境科学与数据中心提供的干湿区域划分数据，采用 200 mm、400 mm 和 800 mm 年降水量作为划分依据，将中国划分为干旱区、半干旱区、半湿润区和湿润区。在 GIS 的支持下，获取采样站点所在分类属性，统计出不同类别下站点的数量。根据计算，湿润区，即年降水量在 800 mm 以上的站点有 210 个，占到总数的 61.4%；其次是半湿润区，站点数为 114 个，半干旱区和干旱区在样带内少有分布，分别占到总数的 4.7%和 0.6%。通过 95%显著性检验的 6 种极端气候指数与植被指数的相关系数均值如表 8-3 所示。

表 8-3　中国东部南北样带不同水分条件下极端气候指数与植被指数的相关系数

地区	指数	CSDI	TN10P	TNN	WSDI	TX90P	TXX
湿润区	NDVI	–0.21	–0.26	0.14	–0.15	–0.17	–0.11
	SIF	–0.40	–0.47	0.35	–0.05	0.00	–0.13
半湿润区	NDVI	–0.30	–0.33	0.32	–0.22	–0.29	–0.24
	SIF	–0.13	–0.22	0.19	–0.23	–0.23	–0.36
半干旱区	NDVI	–0.23	–0.23	0.17	–0.36	–0.38	–0.34
	SIF	–0.16	–0.12	0.09	–0.43	–0.46	–0.4
干旱区	NDVI	0.00	–0.04	0.00	–0.19	–0.36	–0.26
	SIF	0.30	0.21	–0.17	–0.44	–0.52	–0.32

结果显示：在湿润区，极端低温指数与 SIF 的相关系数高于 NDVI。例如，连续低温指数 TN10P 与 NDVI 的相关系数达到–0.26，而与 SIF 的相关系数则为–0.47。而当水分减少，半湿润区的 NDVI 与极端低温指数的相关系数高于 SIF。当水分进一步减少时，极端低温指数与 NDVI、SIF 的相关性均表现出相关系数降低的状况，此时 NDVI 与极端低温指数的相关性仍然高于 SIF，而在年降水量小于 200 mm 的区域，SIF 与极端低温指数的相关性开始反超 NDVI。相比较而言，NDVI 在降水适中的地区更容易监测植被活动的变化，而 SIF 则在水分条件表现极端的地区更容易捕获极端低温对植被活动的影响。

当极端高温事件发生时，NDVI 与 SIF 均表现出一致的负相关。在湿润区，极端高温指数与 NDVI 的相关性高于与 SIF 的相关性；在半湿润区，则 NDVI 与 SIF 有近似的相关系数；在半干旱-干旱区，SIF 相比 NDVI 对极端气候事件更具敏感性。

综上所述，极端温度事件对植被的影响是负面的。极端低温事件在频率和强度上的增强均导致植被指数（包括 NDVI 和 SIF）的下降。而极端高温事件对于植被的影响程度要普遍高于极端低温事件的影响。在湿润区和半湿润区，对植被产生不利影响的可能是极端低温事件，而在干旱-半干旱区，极端高温事件对于植被活动的影响更剧烈。

8.5.3　不同植被区划下极端气候事件对植被活动的影响

植被区划可清晰地指示不同植被在地理空间的分布，有助于揭示植被分布规律。中国东部南北样带地区面积广阔，所跨地区水热组合条件多样，各类植被广布，运用已有的植被区划将样带分为不同区域，有助于厘清极端气候事件对植被活动的空间分异。参考中国科学院地理科学与资源研究所中国植被区划，植被分类如下：①寒温带针叶林区域；②暖温带落叶阔叶林区域；③青藏高原高寒植被区域；④热带季风雨林、热带雨林区域；⑤温带草原区域；⑥温带荒漠区域；⑦温带针叶、落叶阔叶混交林区域；⑧亚热带常绿阔叶林区域。

在 GIS 的支持下获取采样站点位置的植被区划属性，统计出不同植被类别区划下站点的数量。中国东部南北样带内植被类型多样，包含除③与⑥的六大区域。其中，位于亚热带常绿阔叶林区域的站点数量为 160 个，占到总数的 46.8%。其次为暖温带落叶阔叶林区域，其中的站点数量为 91 个，温带草原区域有 48 个站点，温带针叶、落叶阔叶混交林区域有 19 个站点，寒温带针叶林区域有着最少数量的站点（7 个）。计算通过 95%显著性检验的 6 种极端气候指数与植被指数的相关性的均值，得到表 8-4 的结果。

表 8-4　中国东部南北样带不同植被区划极端气候指数与植被指数的相关系数

植被区划	指数	CSDI	TN10P	TNN	WSDI	TX90P	TXX
寒温带针叶林区域	NDVI	−0.16	−0.23	0.32	0.00	−0.25	−0.10
	SIF	−0.41	−0.47	0.41	0.12	0.29	0.34
暖温带落叶阔叶林区域	NDVI	−0.31	−0.30	0.30	−0.20	−0.27	−0.23
	SIF	−0.16	−0.24	0.21	−0.17	−0.22	−0.32
热带季风雨林、热带雨林区域	NDVI	−0.07	−0.12	0.02	−0.05	−0.14	0.05
	SIF	−0.32	−0.32	0.22	−0.18	−0.2	−0.22
温带草原区域	NDVI	−0.27	−0.34	0.32	−0.29	−0.35	−0.29
	SIF	−0.10	−0.14	0.06	−0.36	−0.32	−0.41
温带针叶、落叶阔叶混交林区域	NDVI	−0.21	−0.26	0.05	−0.20	−0.27	−0.12
	SIF	−0.33	−0.34	0.11	−0.17	0.15	−0.16
亚热带常绿阔叶林区域	NDVI	−0.21	−0.27	0.15	−0.17	−0.16	−0.13
	SIF	−0.42	−0.50	0.38	−0.03	−0.02	−0.14

结果表明，6 种极端气候指数与植被 NDVI、SIF 之间的相关性以负相关为主，且不同植被区划内 NDVI 与 SIF 对极端气候响应有较大差异。具体地，寒温带针叶林区域极端低温频率与 NDVI、SIF 的相关性为负相关，CSDI 与 NDVI、SIF 的相关系数分别达到–0.16 与–0.41，而极端低温发生频率与 NDVI、SIF 的相关系数稍高，月最低温指数与植被指数的相关系数大于 0，表明月最低温下降时，NDVI 与 SIF 也表现出下降的状况。然而，由于植被指数不同，这一地区的极端高温频率与植被活动的相关性出现差异性，表现在：NDVI 与极端高温频率和极端高温强度的相关性呈现出负相关关系。另外，SIF 与极端高温频率和强度的相关性表现出正相关，且相关系数高于 NDVI 相关系数的绝对值。以 WSDI 为例，有 7 个站点分布在寒温带针叶林区域，4 个站点的相关性通过 95%显著性检验，这 4 个站点的 NDVI 与 WSDI 相关系数分别为 0.144、–0.300、–0.146 与 0.293。尽管如此，由于不同站点相关系数的正负波动性，其区域均值呈现出总体变化趋近于 0 的特点。而对 SIF 的统计则有 5 个站点通过显著性检验，其相关系数分别为 0.136、–0.215、0.154、0.352 和 0.158，因而 SIF 与 WSDI 表现出微弱的正相关关系。

暖温带落叶阔叶林区域的极端温度频率、强度的增强均会对植被活动造成不利影响，其中，极端低温事件对这一区域内植被活动的影响稍高于极端高温事件的影响。例如，极端低温天气出现频率 TN10P 与 NDVI、SIF 的相关系数分别为–0.30 和–0.24，而极端高温天气出现频率 TX90P 对应的相关系数为–0.27 和–0.22。相比较而言，本地区极端低温、极端高温指数与 NDVI 的相关系数大于其与 SIF 指数的相关系数。

热带季风雨林、热带雨林区域植被 NDVI 与极端气候事件（包括极端高温、极端低温）的相关性系数处于低水平状态。这一现象是由这一地区水热条件复杂造成的，在广东珠海、汕尾、阳江和茂名地区，极端低温与 NDVI 的相关性为正值，对应 CSDI 系数分别为 0.501、0.313、0.220 和 0.204，而在同属热带季风雨林、热带雨林区域的广东中山、海南琼海，其 CSDI 与 NDVI 的相关系数分别为–0.425 与–0.654。在复杂条件下，其相关性特征表现不统一。而 SIF 在这一区域则表现出高度一致的相关性特征，在满足 95%显著性检验的站点均表现出一致的负相关特性。CSDI、TN10P 与 SIF 的相关系数峰值分别达到–0.521 和–0.520，均值同样为–0.32。这一情况在极端高温事件与植被指数相关性分析中同样出现，因而，在高温多雨的热带季风雨林、热带雨林区域，SIF 相比较 NDVI 更适宜监测植被活动与极端气候的相关性。

在温带草原地区，NDVI、SIF 与极端低温事件、极端高温事件的相关性呈现出一定的差异。具体地，NDVI 与极端低温事件的相关系数略高于 SIF 与其的相关系数。而在与极端高温指数的相关系数计算中，发现 SIF 比 NDVI 的相关系数略微高出一些，SIF 与 7 月最高温 TXX 的相关系数均值为–0.41，而 NDVI 与 TXX 的均值为–0.29。

温带针叶、落叶阔叶混交林区域 NDVI 与 SIF 对极端气候事件的相关性趋于一致，但不同类别极端气候事件间仍然存在一定的差距。具体表现为，极端低温事件与 SIF 的相关系数高于与 NDVI 的相关系数，在数值上，两者差距 0.06～0.12。极端高温事件发生频率与 SIF 的相关系数略低于与 NDVI 的相关系数，而极端高温强度指数，即 7 月日最高温与 NDVI 的相关系数要略低于 TXX 与 SIF 的相关系数。极端降水事件的相关性特征与极端高温频率较为一致。

在亚热带常绿阔叶林区域，极端低温事件与植被指数存在负相关关系，其与 SIF 的相关系数高于与 NDVI 的相关系数。例如，极端低温发生频率 TN10P 与 SIF 的相关系数为–0.50，而 TN10P 与 SIF 的相关系数为–0.27。极端低温发生强度与植被指数存在正相关关系，即极端低温的数值越低，植被活动受到低温胁迫，植被指数也出现下降。而在与极端高温事件发生频率和强度的相关性分析中，SIF 与 NDVI 虽然都表现出一致的负相关，但 NDVI 的相关系数普遍地高于与 SIF 的相关系数。这与亚热带常绿阔叶林区域覆盖范围广、地区水热分布不均产生的地区差异较大有关，该区域涉及我国的陕西、四川、江西、广东、福建等 13 个省（自治区、直辖市），水热组合在时间和空间上有较大差异。

综上所述，在中国东部南北样带地区，极端气候事件对植被活动以负面影响为主。具体地，极端高温事件的发生对植被活动的影响以负面为主，其中影响最严重的地区为温带草原区域，其次是暖温带落叶阔叶林区域和温带针叶、落叶阔叶混交林区域，而寒温带针叶林区域出现的极端高温事件可能对植被活动有促进作用；极端低温事件发生频率和强度增加均会抑制植被活动。

参 考 文 献

朴世龙，方精云. 2003. 1982-1999 年我国陆地植被活动对气候变化响应的季节差异. 地理学报，58（1）：119-125.

任国玉，徐铭志，初子莹，等. 2005. 近 54 年中国地面气温变化. 气候与环境研究，10（4）：717-727.

沈永平，王国亚. 2013. IPCC 第一工作组第五次评估报告对全球气候变化认知的最新科学要点. 冰川冻土，5（35）：1068-1076.

王植，刘世荣，孙鹏森，等. 2010. 基于 NOAA NDVI 研究中国东部南北样带植被春季物候变化. 光谱学与光谱分析，30（10）：2758-2761.

王植，刘世荣，周连第，等. 2011. 中国东部南北样带植被绿度期变化与降水关系研究. 中国农学通报，27（16）：46-51.

展小云，于贵瑞，盛文萍，等. 2012. 中国东部南北样带森林优势植物叶片的水分利用效率和氮素利用效率. 应用生态学报，23（3）：587-594.

Alexander L V，Zhang X，Peterson T C，et al. 2006. Global observed changes in daily climate extremes of temperature and precipitation. Journal of Geophysical Research：Atmospheres，111（D5）：D05109.

Babcock R C，Bustamante R H，Fulton E A，et al. 2019. Severe Continental-Scale Impacts of Climate Change Are Happening Now：Extreme Climate Events Impact Marine Habitat Forming Communities Along 45% of Australia's Coast. Frontiers in Marine Science，6：411.

CMA. 1979. Surface Meteorological Observation Standards. Beijing：China Meteorological Press.

Frank D，Reichstein M，Bahn M，et al. 2015. Effects of climate extremes on the terrestrial carbon cycle：Concepts，processes and potential future impacts. Global Change Biology，21（8）：2861-2880.

Kunkel K E，Pielke Jr R A，Changnon S A. 1999. Temporal fluctuations in weather and climate extremes that cause economic and human health impacts：A review. Bulletin of the American Meteorological Society，80（6）：1077-1098.

Li X，Xiao J. 2019. A global，0.05-degree product of solar-induced chlorophyll fluorescence derived from OCO-2，MODIS，and reanalysis data. Remote Sensing，11（5）：517.

Lu N，Sun G，Feng X，et al. 2013. Water yield responses to climate change and variability across the North-South Transect of Eastern China（NSTEC）. Journal of Hydrology，481：96-105.

Nie J，Dai P，Sobel A H. 2020. Dry and moist dynamics shape regional patterns of extreme precipitation sensitivity. Proceedings of the National Academy of Sciences of the United States of America，117（16）：8757-8763.

Reichstein M，Bahn M，Ciais P，et al. 2013.Climate extremes and the carbon cycle. Nature，500（7462）：287-295.

Siegmund J F，Wiedermann M，Donges J F，et al. 2016. Impact of temperature and precipitation extremes on the flowering dates of four German wildlife shrub species. Biogeosciences，13（19）：5541-5555.

Sun G，Mu M. 2017. Projections of soil carbon using the combination of the CNOP-P method and GCMs from CMIP5 under RCP4.5 in north-south transect of eastern China. Plant Soil，413：243-260.

Xu C，Mcdowell N G，Fisher R A，et al.2019. Increasing impacts of extreme droughts on vegetation productivity under climate change. Nature Climate Change，9（12）：948-953.

Zhou Y，Pei F S，Xia Y，et al. 2019. Assessing the impacts of extreme climate events on vegetation activity in the North South Transect of Eastern China（NSTEC）. Water，11（11）：1-19.

第 9 章　中国城市土地开发对陆地植被活动的影响

植被净初级生产力（NPP）是判定陆地生态系统碳源/碳汇功能，以及调节陆地生态过程的一个关键指标，是植被活动的重要指示因子。植被 NPP 受到气候变化、城市扩张、大气 CO_2 浓度变化、氮沉降等多种因素的影响（Imhoff et al.，2004；Mu et al.，2008；Devaraju et al.，2015）。国内外学者开展了大量城市扩张对 NPP 的影响相关研究。例如，Xu 等（2007）运用遥感资料和北方生态系统生产力模型（BEPS）估算了 1991 年、2002 年江苏省江阴市城市土地利用变化条件下植被生产力的变化；Yu 等（2009）以深圳市为例，研究了快速城市化条件下植被生产力的变化；Buyantuyev 和 Wu（2009）以美国凤凰城都市区作为典型研究区，分析了自然因素和人类活动影响下植被 NPP 的时空分异；Wu 等（2014）利用 DMSP/OLS 夜间灯光数据评估了 1999～2010 年长江三角洲城市扩张对植被 NPP 变化的相对贡献。以往研究多是针对单个典型城市开展的诊断分析，而在国家尺度上则较少关注。

随着工业化和城市化水平的不断提高，我国城市空间规模也在不断扩张，城市建成区面积从 1990 年的 12 856 km^2 增加到 2018 年的 58 455.7 km^2，增加了 3 倍多（国家统计局，2019），快速的城市用地扩张导致了大量农用地的损失（Liu et al.，2005）。然而，开展我国城市土地利用对植被活动，尤其是对植被 NPP 时空变化影响相关研究仍然较少，国家尺度上城市用地变化对植被 NPP 的影响具有较大的不确定性。因此，开展中国国家尺度城市土地开发对植被 NPP 影响的深入研究具有重要意义。遥感技术具有探测范围大、时间分辨率明显的优势。随着遥感及影像处理技术的快速发展，遥感数据、方法及模型在区域乃至全球植被的动态监测方面得到了广泛应用。因而，本章选用基于遥感的光能利用率模型（CASA）来估算中国陆地植被 NPP 大小的时空分布。在此基础上，分析城市土地开发前后植被 NPP 的变化。

9.1　研究区和数据

中国地形特征复杂多样。其中，山地、高原和丘陵等地形类型约占陆地面积的 67%，而盆地和平原约占陆地面积的 33%。此外，我国气候类型复杂。由于南北跨度大，各地接受太阳辐射能量多少不一。我国土壤类型繁多，在东部湿润、半湿润区域，从南向北呈现随温度带而变化的规律。受地形、气候条件等多种因素影响，我国植被种类丰富，分布交错混杂。在东部季风区分布有热带雨林、季雨林，亚热带常绿阔叶林，北亚热带落叶阔叶、常绿阔叶混交林，温带落叶阔叶林，寒温带针叶林，以及亚高山针叶林、温带森林草原等植被类型。在西北部和青藏高原地区，广泛分布着草原、灌丛、荒漠及高山草原草甸等植被类型。

本章使用的数据主要包括：气象数据、卫星遥感数据、土壤数据、植被数据和植被 NPP 数据等。气象数据主要包括平均气温、降水量和太阳总辐射等，数据来源于国家气象信息中心。其中，气温、降水数据来自全国 752 个气象站点。太阳辐射数据来源于全国 122 个太阳辐射观测站。原始数据中，气温相关数据的单位为 0.1℃，降水量相关数据的单位为 0.1 mm。为了保证数据质量及便于 CASA 模型估算，首先，进行数据的手工质量检查；其次，对于站点数据中的缺失记录部分，使用纬度和距离相近站点记录来代替；最后，在 GIS 的支持下，基于克里金插值算法将站点数据内插为空间连续的表面栅格数据，内插分辨率为 0.01°×0.01°。

卫星遥感数据主要包括 EOS MODIS 植被指数产品（MOD13A3）、MODIS 地表温度产品（MOD11A2）、TRMM 月降水产品（TRMM 3B43）和 SRTM DEM 数据等。另外，本章使用 2000 年和 2006 年两期土地利用数据。其中，2000 年中国的土地利用数据主要来源于 Landsat TM/ETM + 解译（Liu et al.，2005），数据比例尺为 1∶100 000。2006 年的全国土地利用数据主要来源于各省的土地利用/覆被更新调查结果。

中国土壤图数据来自联合国粮食及农业组织制作的 HWSD。其中，中国部分的土壤数据来源于中国科学院南京土壤研究所的 1∶1 000 000 土壤数据。该土壤数据主要包括中国土壤表层（0～30 cm）和土壤底层（30～70 cm）的土壤质地（砂质土、粉质土和黏质土）、土壤深度和土壤有机质等。

植被图数据主要来源于中国科学院中国植被图编辑委员会编写的《中华人民共和国植被图（1∶1 000 000）》，数据来源于李新等（2008）。在 GIS 的支持下对本数据进行投影转换和重采样处理，使其与其他数据具有相同的空间参考信息，以便于模型运算和空间分析。

本章所使用的植被 NPP 验证数据主要由站点实测的生物量和 NPP 数据处理计算得来，包括森林清查资料、灌木及草地实测数据等。森林 NPP 验证数据来源于罗天祥（1996）处理计算的全国 1266 块森林样地主要森林类型数据。该数据主要来源于 1989～1993 年林业部组织开展的第四次全国森林资源清查的森林生物量等观测数据，以及 1994 年以前多篇已发表文献的 NPP 实测数据。

9.2 研究方法

本章主要目的是探讨城市土地利用对植被 NPP 时空分布的影响。首先，利用 CASA 模型模拟了城市化后我国植被 NPP 的时空分布状况。其中，最大光能利用率的校正及 CASA 模型计算结果的验证参见第 6 章相关内容；其次，结合 CASA 模型估算结果和邻域代理方法，估算了城市化前植被 NPP；最后，在 GIS 的支持下，分析了城市土地利用前后中国植被 NPP 的变化状况，讨论了城市土地利用过程对中国植被 NPP 的影响。

邻域代理方法假设某一城市用地像元在转变为城市土地利用前的植被NPP由该像元周边一定范围内非城市自然植被像元（与城市像元植被类型一致）的均值来表示（Imhoff et al.，2004）。为了覆盖北京、上海、广州和深圳等特大城市的范围，通过开展敏感性分析，选取 100 km 半径范围内的非城市像元来进行城市像元植被 NPP 的计算（Pei et al.，2013）。

使用 2000 年和 2006 年两期城市土地利用数据，本章分别计算了两种城市土地利用开发前情景下（PRE-U2000 和 PRE-NOU）我国植被 NPP 的空间分布格局。其中，PRE-NOU 情景下的植被 NPP 主要基于 2006 年的城市用地范围来估算，它反映了在没有任何城市开发下陆地植被 NPP 的分布状况；而 PRE-U2000 情景下的植被 NPP 反映了在 2000 年城市用地范围下植被 NPP 的分布。

城市土地利用前后（pre- and post-urban）植被 NPP 变化的估算主要在 GIS 的支持下完成。在得到城市土地利用开发后（POST-U2006）和城市土地利用开发前（PRE-U2000 和 PRE-NOU）植被 NPP 时空分布的基础上，分别利用 GIS 进行求“差”运算，获取 2000 年和 2006 年城市土地利用前后植被 NPP 的分布状况。在此基础上，得到 2000 年到 2006 年我国由城市土地利用造成的植被 NPP 的变化，并分析了导致此 NPP 变化的可能原因。

9.3 土地利用/土地覆被分布分析

随着城市化的不断推进，我国城市用地面积也在持续增加。根据图 9-1，2006 年全国的城市用地主要集中在中东部和东南沿海地区，2006 年我国城市用地面积达到 44 431 km^2。

为弄清城市用地的来源，本章还对转换为城市用地的自然植被类型进行了分析。从图 9-2 可以看出，转换为城市用地的自然植被类型存在较大差异。其中，农用地是城市用地的主要来源，达到 32 664 km^2，占全部城市用地转换量的

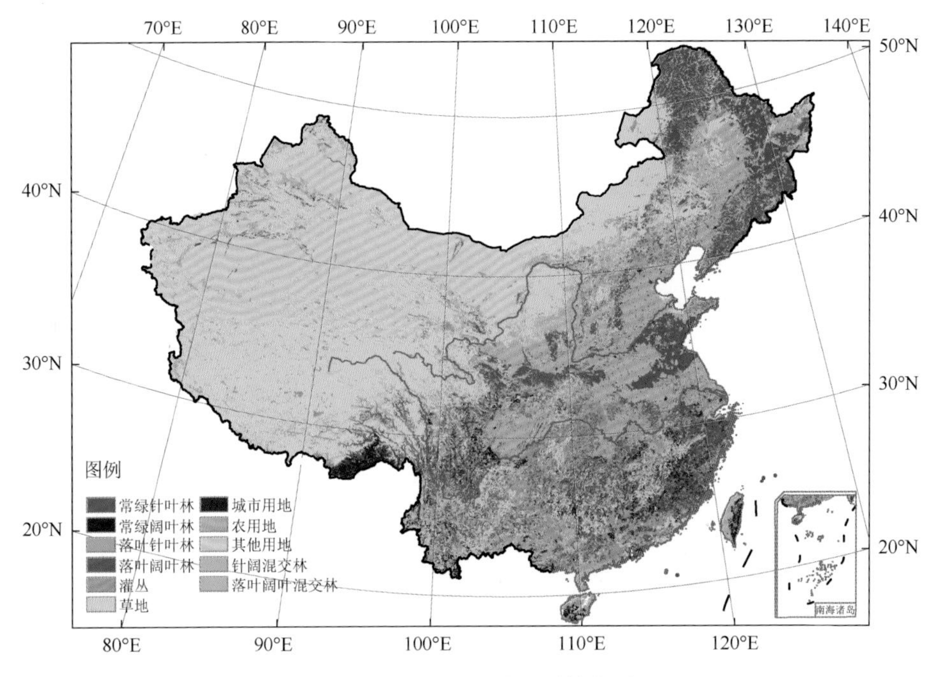

图 9-1　中国土地利用/覆被类型

73.60%，这说明中国的城市土地利用已经导致了大量农用地的损失，Liu 等（2005）的研究结论也证明了这一点。在城市用地开发过程中，除农用地外，源于常绿针叶林的转出也占了较大部分（11.79%），这主要与该植被类型在全国的广泛分布有关。此外，灌丛和草地类型分别占了 5.83%和 5.51%。

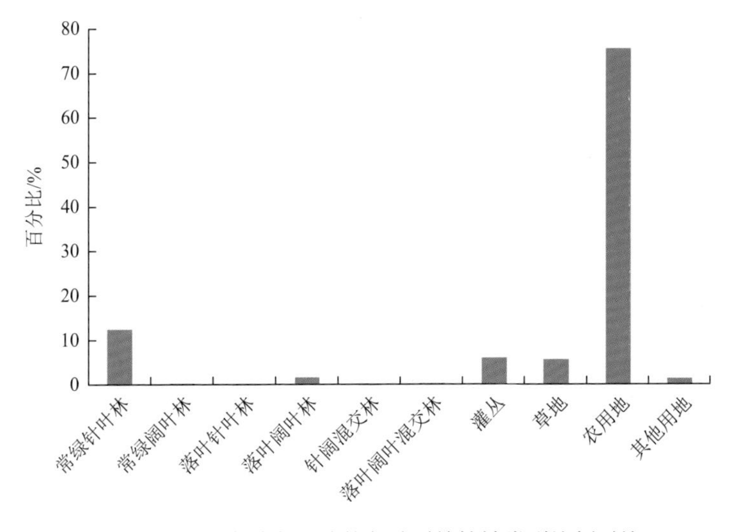

图 9-2　转换为城市用地的各种原始植被类型比例对比

9.4 中国陆地植被 NPP 的时空分布

9.4.1 植被 NPP 的空间分布

本章利用校正的 CASA 模型估算了植被 NPP 的分布。根据分析，2001～2010 年我国平均植被 NPP 为 2.54 Pg C·a^{-1}，且呈现从东南部向西北部地区逐渐递减趋势。为了深入分析城市土地利用变化对植被 NPP 的影响，我们按区域分别比较了城市与非城市地区的植被 NPP 差异。黄秉维（1958）按干湿条件不同将中国划分为 3 个区域：湿润地区（区域一）、半湿润半干旱地区（区域二）和干旱地区（区域三）（图 9-3）。根据黄秉维（1958）的干湿区划方案，我们分别计算了湿润、半干旱半湿润和干旱地区城市与非城市用地的平均植被 NPP。从图 9-4 可以看出，无论是城市还是非城市用地，从东南部向西北部地区（湿润-半湿润半干旱-干旱气候）过渡时，植被 NPP 呈现出降低趋势。这说明在我国国家尺度上，温度和降水等自然因素是影响植被 NPP 的主导因素。

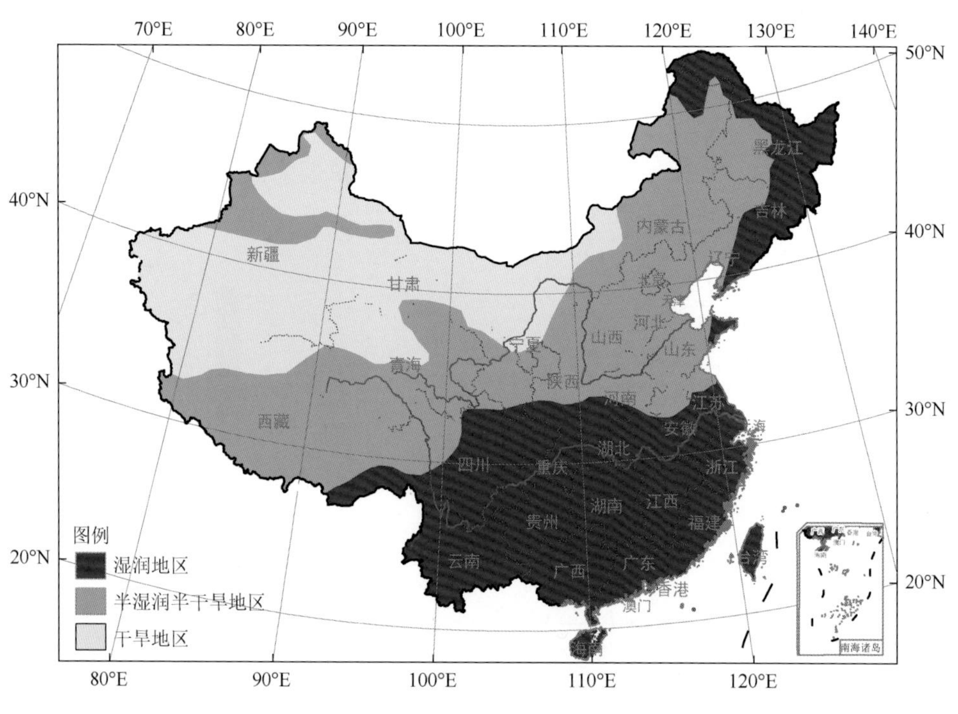

图 9-3 中国干湿空间分布

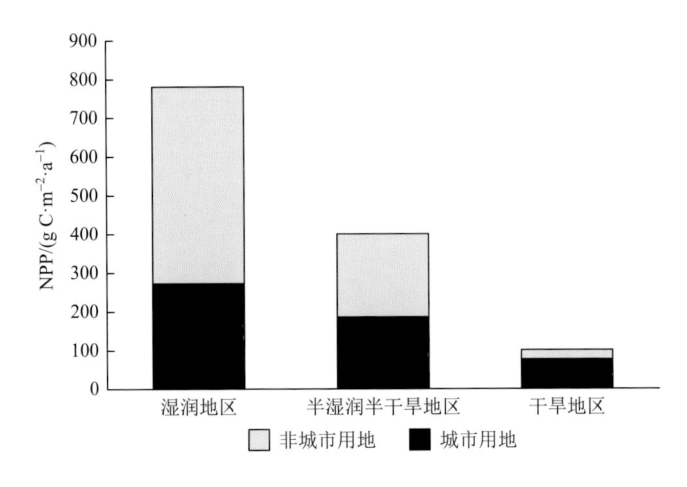

图 9-4　城市土地利用变化后城市与非城市地区植被 NPP 区域对比

如图 9-4 所示，东部湿润地区的城市和非城市用地的植被平均 NPP 分别为 270 g $C\cdot m^{-2}\cdot a^{-1}$ 和 516 g $C\cdot m^{-2}\cdot a^{-1}$，明显高于西北内陆的干旱地区，这主要是在东南和西南季风的影响下，雨热同期，有利于植被的生长和 NPP 的积累。另外，东部湿润地区城市用地的植被 NPP 小于非城市土地利用，这可能是城市土地利用导致大量的自然植被转化为不透水面，从而降低植被 NPP 的缘故。相反，在西北内陆地区，城市用地的植被平均 NPP（78 g $C\cdot m^{-2}\cdot a^{-1}$）则明显高于非城市用地（22 g $C\cdot m^{-2}\cdot a^{-1}$），这可能是：①西北内陆干旱地区非城市用地类型植被平均 NPP 非常小，局部地区甚至接近于零值，如塔克拉玛干沙漠地区；②西北内陆干旱地区城市用地类型面积较小（仅 1464 km^2），通常接近水源地（如绿洲），水分条件丰富，加上人工管理如灌溉等的影响，较适宜于植被 NPP 的积累。因而，西北内陆城市地区的植被 NPP 要高于非城市地区。由于过渡性的气候条件，半湿润半干旱地区的城市和非城市用地的植被平均 NPP 分别为 184 g $C\cdot m^{-2}\cdot a^{-1}$ 和 214 g $C\cdot m^{-2}\cdot a^{-1}$，介于湿润和干旱地区的植被 NPP 平均值之间。

9.4.2　植被 NPP 的季节变化

为了分析我国陆地植被 NPP 的季节变化，本章分别计算了湿润、半湿润半干旱和干旱地区城市与非城市用地的逐月植被 NPP（图 9-5～图 9-7）。总体来说，我国植被 NPP 呈现明显的季节变化。其中，冬季（12～2 月）的植被 NPP 较低，部分地区甚至接近于零，这主要是该时期较低的气温和降水不足造成的；从春季

（3～5 月）到夏季（6～8 月），随着气温的回升及降水的增多，北半球植被进入生长季节，植被 NPP 接续增加，在 7 月左右达到最高值；进入秋季（9～11 月），植被 NPP 又开始逐渐下降，到冬季达到最低值。

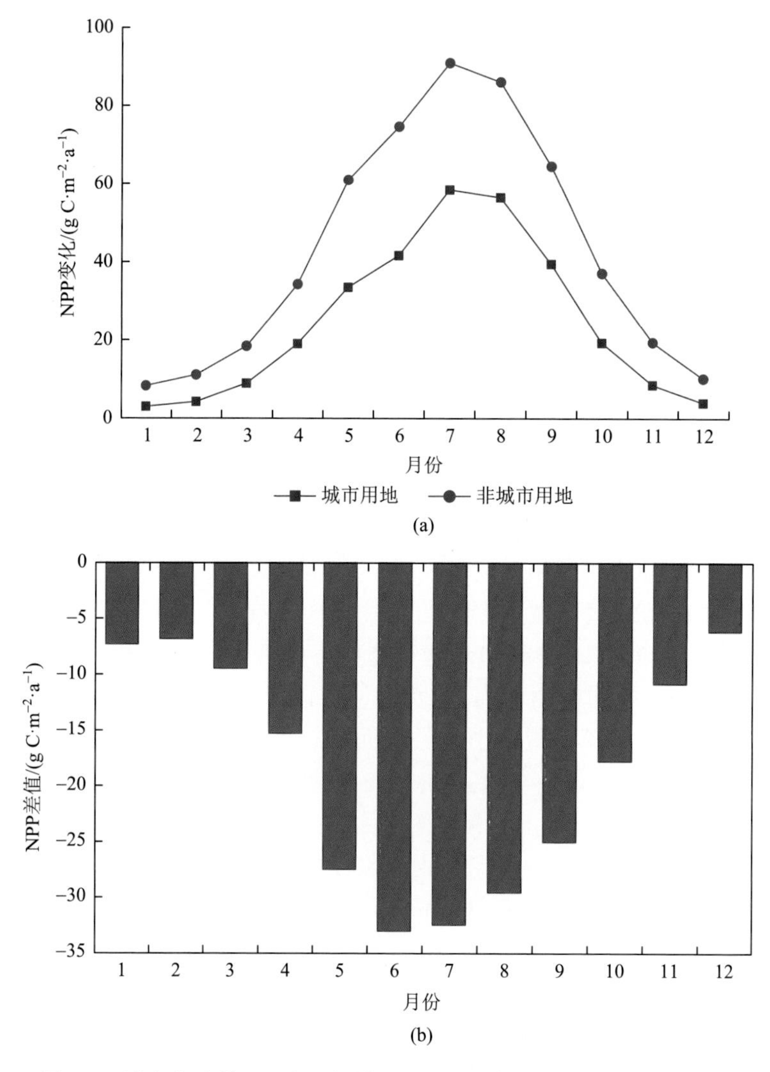

图 9-5 城市土地利用开发后植被 NPP 的季节动态变化（湿润地区）

（a）NPP 变化；（b）NPP 差值

本章不仅探讨了植被 NPP 的季节动态变化，还分析了城市和非城市用地的植被 NPP 差异。在东部湿润地区，全年各个月份城市用地的植被 NPP 均小于非城

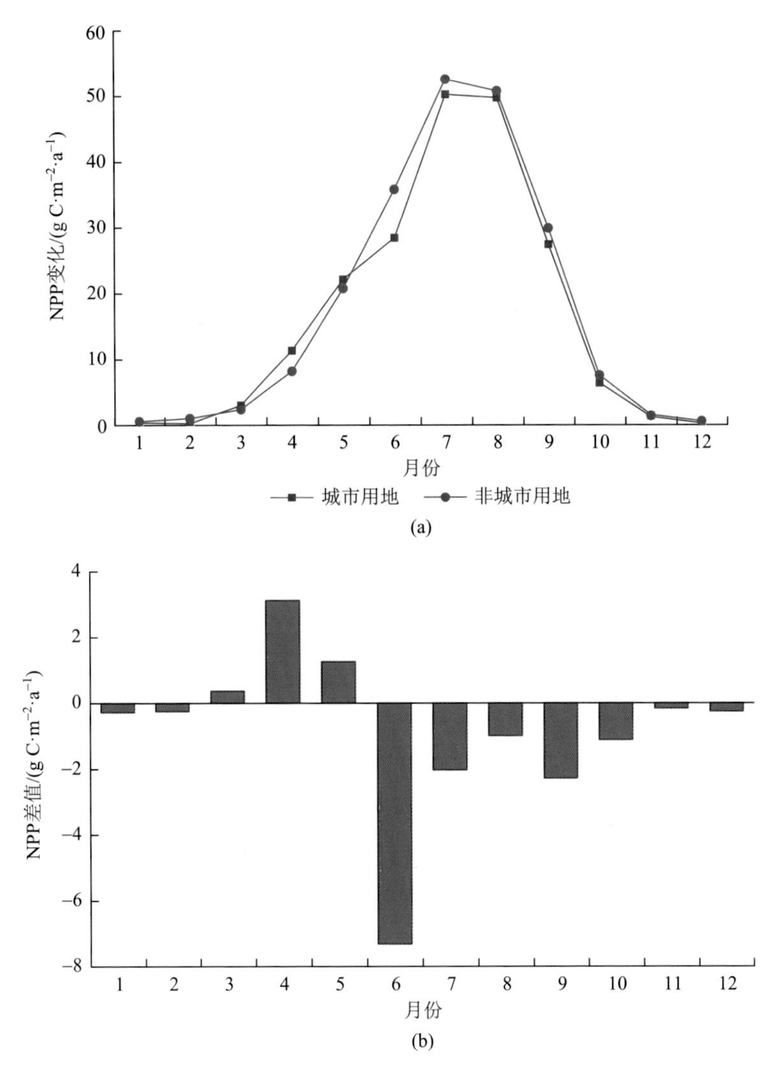

图 9-6　城市土地利用开发后植被 NPP 的季节动态变化（半湿润半干旱地区）

（a）NPP 变化；（b）NPP 差值

市用地的植被 NPP［图 9-5（a）］。特别地，当 7 月植被 NPP 达到最高值时，城市土地开发导致的植被 NPP 的损失也达到最大［图 9-5（b）］。这可能是在城市土地开发过程中，大量的自然植被被转化为水泥、沥青等不透水面；另外，城市地区的人工管理措施（如高生产力物种的引进、管理实践和灌溉等）不足以补偿自然植被覆盖降低的损失，从而降低了城市地区植被 NPP。

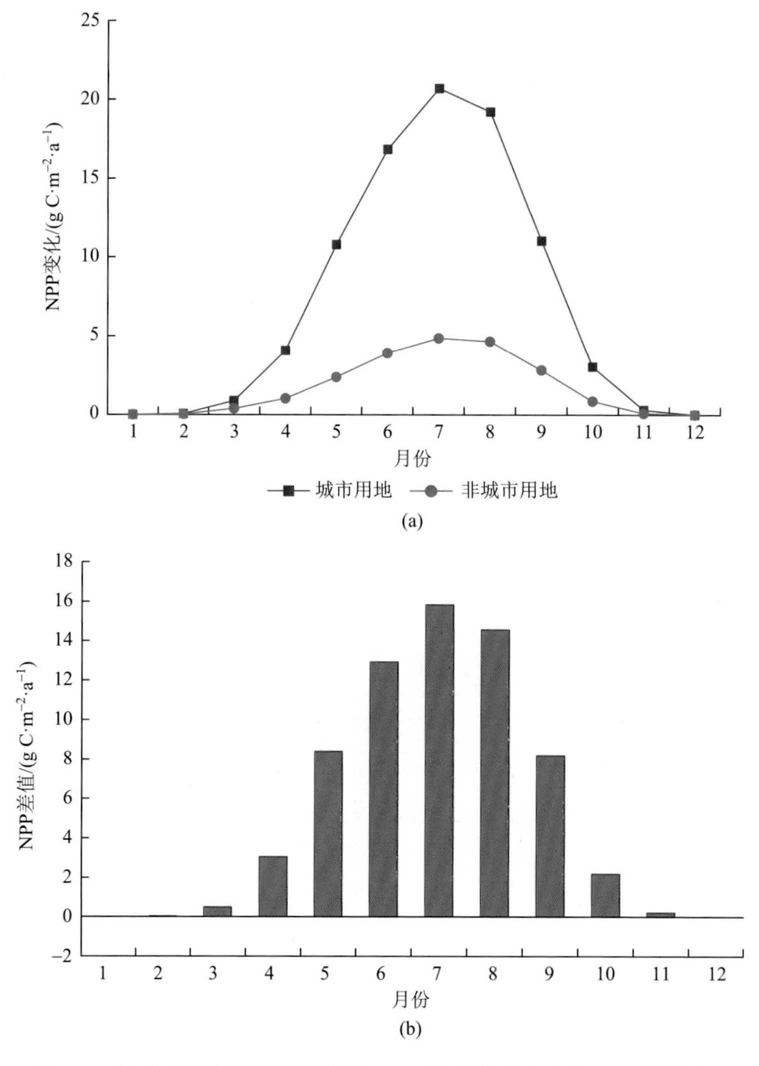

图 9-7　城市土地利用开发后植被 NPP 的季节动态变化（干旱地区）

（a）NPP 变化；（b）NPP 差值

在半干旱半湿润地区，大部分月份城市土地开发导致植被 NPP 表现为净损失（图 9-6）。然而，城市用地和非城市用地的植被 NPP 及植被 NPP 的损失量，均比湿润地区要低。这可能是与本地区水热资源不足及土地利用水平较低有关。

在干旱地区，相对于非城市用地，城市用地具有更高的植被 NPP（图 9-7）。这可能与城市地区相对适宜的水热条件，以及人类的生产管理（如灌溉、高生产力物种的引进等）有关。对于我国西北部大部分干旱地区，高山积雪融水是河流的主要补给来源，这对本地区的植被生长、工农业生产具有重要影响。因而，温度成为本区域植被 NPP 的关键影响因素。

总体来看，无论是城市用地还是非城市用地地区，其植被 NPP 都呈现出明显的季节变化。然而，不同干湿条件下各地区植被 NPP 的主导影响因子各有差异。在东部湿润区，季风性因素可能是影响植被 NPP 的关键因子。而在西北内陆的干旱地区，气温及其水分条件成为影响植被 NPP 的主导因子。

9.5　城市土地开发前后中国陆地植被 NPP 差异

改革开放以来，中国城市化进程快速发展，城市土地开发面积不断增加，这对植被 NPP 产生了重要的影响。为了研究城市土地利用的植被 NPP 效应，我们计算分析了不同城市化情景下城市化前后植被 NPP 的动态变化：PRE-NOU 和 PRE-U2000。

如图 9-8 所示，城市土地开发导致了显著的植被 NPP 损失，这主要集中在我国东部及东南部的大中城市，部分地区最大损失量达到 500 g $C \cdot m^{-2} \cdot a^{-1}$。然而，在快速城市化地区（如长江三角洲和珠江三角洲）周围的城市边缘地区，植被 NPP 呈现出少量的增加。为深入分析其形成的原因，本书计算了长江三角洲和珠江三角洲地区城市用地及非城市用地的地表温度、降水量的变化（表 9-1）。从表 9-1 可以看出，2001～2010 年，珠江三角洲出现了明显的热岛效应，城市用地平均地表温度比非城市用地高 3.2℃；其降水量仅相差 14.3 mm，雨岛效应不明显。然而，长江三角洲城市用地的雨岛效应则比较明显，年平均降水量与非城市用地地区相差 44.0 mm；而其地表温度则相差不大（1.0℃），说明其热岛效应不明显，这与 Chen（2006）和丁瑾佳等（2010）等的研究结果一致。因而，上述植被 NPP 的增加可能与该地区城市的热岛及雨岛效应有关。此外，城市地区的人工管理措施（如高生产力物种的引进、灌溉等）也会导致此现象的发生。除了快速城市化地区边缘，在西北内陆的干旱地区，也有植被 NPP 增加的现象出现，这可能主要是城市地区的人工管理措施（如高生产力物种的引进、灌溉等）导致的（Buyantuyev and Wu，2009）。

在 GIS 的支持下，我们进一步对中国城市土地利用导致的植被 NPP 损失量做了核算估计。通过计算 POST-U2006 与 PRE-NOU 的 NPP 差值发现，2006 年全国城市用地共计造成 5.27×10^{-3} Pg C 的损失量，大约占总 NPP 的 0.21%。另外，损失的 NPP 大约占全国平均年碳汇总量的 4.97%（Fang et al.，2007）。以 2000 年的土地利用数据为基础，我们还计算了 POST-U2006 与 PRE-U2000 的 NPP 差值。2000 年，全国城市用地造成的 NPP 损失量为 3.08×10^{-3} Pg C。综合对比发现，2000～2006 年，我国城市土地利用造成的 NPP 损失按每年 0.31×10^{-3} Pg C

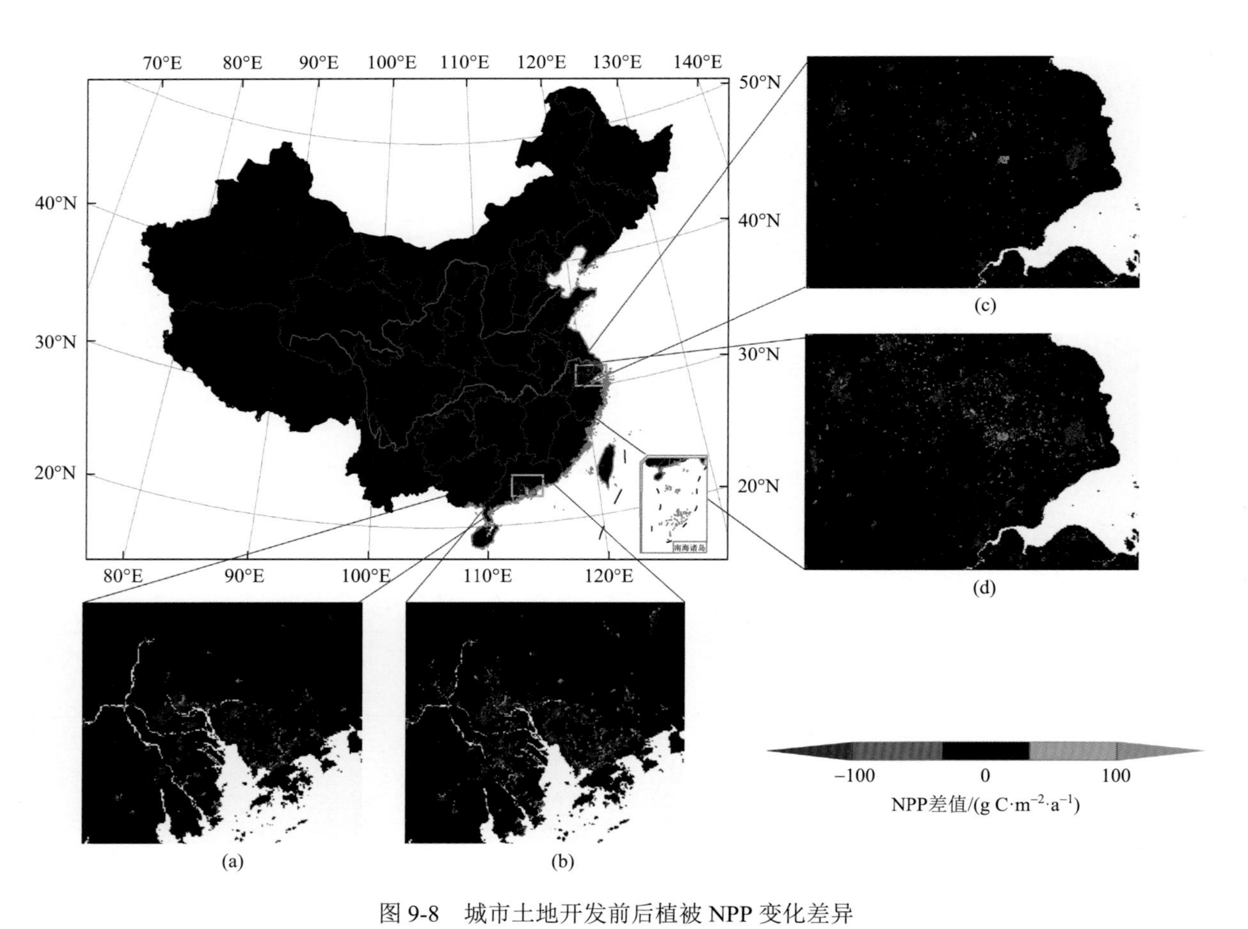

图 9-8　城市土地开发前后植被 NPP 变化差异

（a）珠江三角洲地区 POST-U2006 和 PRE-U2000 NPP 之差；（b）珠江三角洲地区 POST-U2006 和 PRE-NOU NPP 之差；（c）和（d）计算方法与（a）、（b）相似，但针对长江三角洲地区

表 9-1　长江三角洲和珠江三角洲的热岛及雨岛效应对比分析

区域	地表温度/K			降水量/(mm·a^{-1})		
	城市	非城市用地	城市–非城市用地	城市	非城市用地	城市–非城市用地
长江三角洲	289.1	288.1	1.0	1214.0	1170.0	44.0
珠江三角洲	305.4	302.2	3.2	1912.9	1898.6	14.3

的速度递增，大约占年 NPP 损失量的 5.88%。因此，为了减少土地利用变化过程中的碳排放，城市土地利用的合理调控成为当前政府决策者的迫切需要解决的问题。

为了深入分析城市土地开发前后植被 NPP 的动态变化，依次对湿润地区、半湿润半干旱地区和干旱地区进行计算分析。如图 9-9 所示，受城市土地利用影响，植被 NPP 变化主要表现为净损失。在湿润地区，2000 年和 2006 年植被 NPP 的损失量分别达到 72.11 g C·m^{-2}·a^{-1} 和 132.89 g C·m^{-2}·a^{-1}，而植被 NPP 的增加量仅为 3.00 g C·m^{-2}·a^{-1} 和 11.63 g C·m^{-2}·a^{-1}；而在干旱地区，2000 年和 2006 年植被 NPP 的损失量分别为 16.14 g C·m^{-2}·a^{-1} 和 31.37 g C·m^{-2}·a^{-1}，植被 NPP 的增加量分别为 5.54 g C·m^{-2}·a^{-1} 和 14.12 g C·m^{-2}·a^{-1}。这说明：从 2000 年到 2006 年，随着城市土地开发面积的增加，我国植被 NPP 的损失量在不断增加，这可能是由于城市用地地区的沥青、水泥地面取代自然植被而产生的植被 NPP 降低作用；另外，植被 NPP 的增加量也在增加，这可能与人类的管理实践（如外来高生产力物种的引入、灌溉等）、城市热岛及雨岛效应有关。

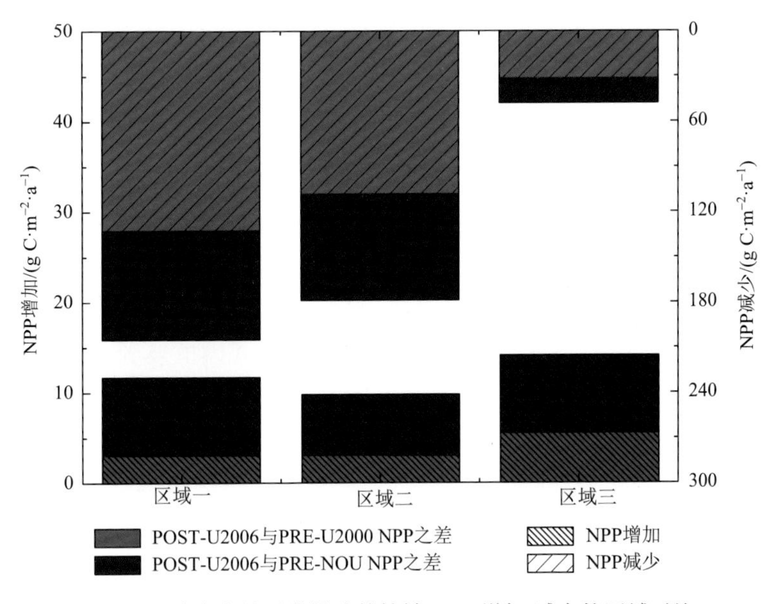

图 9-9　城市土地开发导致的植被 NPP 增加/减少的区域对比

除了按干湿分区，我们还按原始植被类型分析了城市土地利用前后植被 NPP 的差异（图 9-10）。在各种植被类型中，农用地占了城市用地总量的大部分，由此导致的 2000 年和 2006 年植被 NPP 的损失量分别为 2.37 Tg C 和 3.99 Tg C（1 Tg C = 10^{12} g C），这可能与城市扩张导致的大量耕地的流失有关（Li，1998；Weng，2002；Liu et al.，2005），并对粮食安全产生威胁（Liu et al.，2005；Gong，2011）。

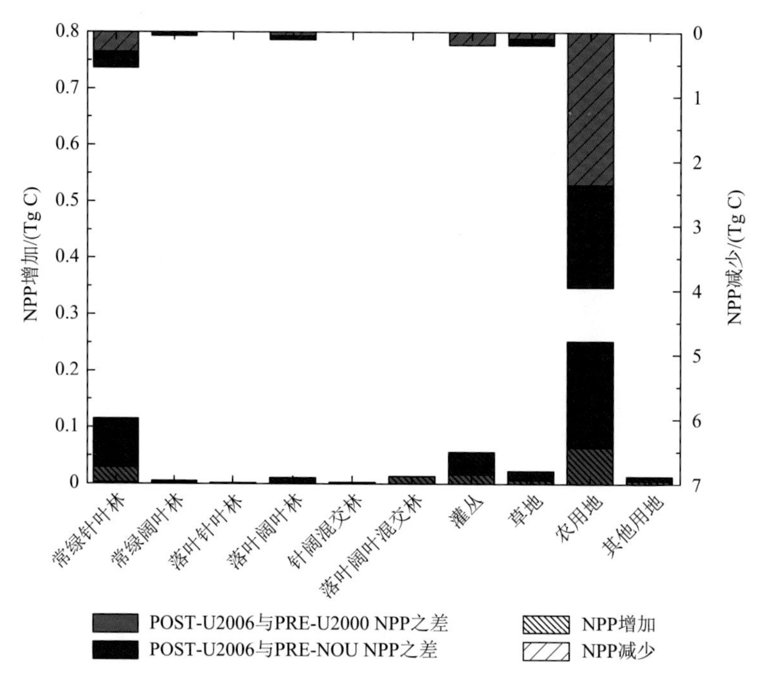

图 9-10　按原始植被类型统计的城市土地开发导致的植被 NPP 增加/减少对比

过去几十年，工业化和城市化进程呈现加速发展趋势，产生了大量的城市土地开发现象（Angel et al.，2005；Davies et al.，2011）。城市扩张是近些年我国土地利用/覆被变化的一个典型特征，对陆地碳循环也产生了显著影响。探讨城市扩张对陆地碳循环，特别是对植被 NPP 的影响至关重要。本章通过模拟 3 种不同情景下（即 POST-U2006、PRE-NOU 和 PRE-U2000）我国植被 NPP 的时空分布，研究了我国城市土地开发导致的植被 NPP 的时空变化及其机制。

尽管研究者在土地利用/覆被变化（尤其是城市扩张）方面取得了大量的成果，但在城市扩张对植被 NPP 的影响方面的相关研究仍然有限，尤其是在我国国家尺度上（Verburg et al.，2002；Li et al.，2011a）。本章利用基于卫星数据的碳循环模型（CASA 模型）定量分析了我国城市/自然用地变化前后植被 NPP 的变化。然而，植被 NPP 受到城市扩张、气候变化、氮沉降等多种因素的综合影响。因而，开展气候变化和土地利用变化的时空演变及其对植被 NPP 的综合影响研究十分重要。科学界迫切需要耦合气候模型（如 HADCM3 模式）、基于过程的生态系统碳循环模型（Cramer et al.，1999）与城市扩张模型如 CLUE-S 模型（Verburg et al.，2002）、ANN-CA（Li and Yeh，2002）或 GeoSOS（Li et al.，2011a，2011b），深入开展城市扩张及气候变化对植被 NPP 的影响研究。

参考文献

丁瑾佳，许有鹏，潘光波. 2010. 苏锡常地区城市发展对降雨的影响. 长江流域资源与环境，19（8）：873.

国家统计局. 2019. 中国统计年鉴. 北京：中国统计出版社.

黄秉维. 1958. 中国综合自然区划的初步草案. 地理学报，24（4）：348-363.

李新，南卓铜，吴立宗，等. 2008. 中国西部环境与生态科学数据中心：面向西部环境与生态科学的数据集成与共享. 地球科学进展，23（6）：628-637.

罗天祥. 1996. 中国主要森林类型生物生产力格局及其数学模型. 北京：中国科学院.

Angel S，Sheppard S，Civco D L，et al. 2005. The dynamics of global urban expansion. Transport and Urban Development Department，The World Bank，Washington.

Buyantuyev A，Wu J G. 2009. Urbanization alters spatiotemporal patterns of ecosystem primary production：A case study of the Phoenix metropolitan region，USA. Journal of Arid Environments，73（4-5）：512-520.

Chen X L，Zhao H M，Li P X，et al. 2006. Remote sensing image-based analysis of the relationship between urban heat island and land use/cover changes. Remote Sensing of Environment，104（2）：133-146.

Cramer W，Kicklighter D W，Bondeau A，et al. 1999. Comparing global models of terrestrial net primary productivity（NPP）：overview and key results. Global Change Biology，5（S1）：1-15.

Davies Z G，Edmondson J L，Heinemeyer A，et al. 2011. Mapping an urban ecosystem service：Quantifying above-ground carbon storage at a city-wide scale. Journal of Applied Ecology，48（5）：1125-1134.

Devaraju N，Bala G，Caldeira K，et al. 2015. A model based investigation of the relative importance of CO_2-fertilization，climate warming，nitrogen deposition and land use change on the global terrestrial carbon uptake in the historical period. Climate Dynamics，47（1-2）：173-190.

Fang J Y，Guo Z D，Piao S L，et al. 2007. Terrestrial vegetation carbon sinks in China，1981-2000. Science in China Series D：Earth Sciences，50（9）：1341-1350.

Gong P. 2011. China needs no foreign help to feed itself. Nature，474（7349）：7.

Imhoff M L，Bounoua L，DeFries R，et al. 2004. The consequences of urban land transformation on net primary productivity in the United States. Remote Sensing of Environment，89（4）：434-443.

Li X. 1998. Measurement of rapid agricultural land loss in the Pearl River Delta with the integration of remote sensing and GIS. Environment and Planning B：Planning and Design，25：447-461.

Li X，Chen Y M，Liu X P，et al. 2011a. Concepts，methodologies，and tools of an integrated geographical simulation and optimization system. International Journal of Geographical Information Science，25（4）：633-655.

Li X，Shi X，He J Q，et al. 2011b. Coupling simulation and optimization to solve planning problems in a fast-developing area. Annals of the Association of American Geographers，101（5）：1032-1048.

Li X，Yeh A G O. 2002. Neural-network-based cellular automata for simulating multiple land use changes using GIS. International Journal of Geographical Information Science，16（4）：323-343.

Liu J Y，Liu M L，Tian H Q，et al. 2005. Spatial and temporal patterns of China's cropland during 1990-2000：An analysis based on Landsat TM data. Remote Sensing of Environment，98（4）：442-456.

Mu Q Z，Zhao M S，Running S W，et al. 2008. Contribution of increasing CO_2 and climate change to the carbon cycle in China's ecosystems. Journal of Geophysical Research：Biogeosciences，113：G01018.

Pei F S，Li X，Liu X P，et al. 2013. Assessing the differences in net primary productivity between pre-and post-urban land development in China. Agricultural and Forest Meteorology，171：174-186.

Potter C S，Randerson J T，Field C B，et al. 1993. Terrestrial ecosystem production：A process model based on global satellite and surface data. Global Biogeochemical Cycles，7（4）：811-841.

Running S W，Thornton P E，Nemani R，et al. 2000. Global terrestrial gross and net primary productivity from the earth observing system. Methods in Ecosystem Science：44-57.

Verburg P H，Soepboer W，Veldkamp A，et al. 2002. Modeling the spatial dynamics of regional land use：The CLUE-S model. Environmental Management，30（3）：391-405.

Weng Q. 2002. Land use change analysis in the Zhujiang Delta of China using satellite remote sensing，GIS and stochastic modelling. Journal of Environmental Management，64：273-284.

Wu S H，Zhou S L，Chen D X，et al. 2014. Determining the contributions of urbanisation and climate change to NPP variations over the last decade in the Yangtze River Delta，China. Science of the Total Environment，472：397-406.

Xu C，Liu M，An S，et al. 2007. Assessing the impact of urbanization on regional net primary productivity in Jiangyin County，China. Journal of Environmental Management，85（3）：597-606.

Yu D Y，Shao H B，Shi P J，et al. 2009. How does the conversion of land cover to urban use affect net primary productivity？A case study in Shenzhen city，China. Agricultural and Forest Meteorology，149（11）：2054-2060.

第 10 章　城市扩张及气候变化对植被活动影响的情景分析

10.1　概　　述

根据仪器观测记录，1906～2005 年全球地表平均温度升高了 0.74℃，未来几十年预计会继续加速变暖（IPCC，2007b）。以气候变暖为主要特征的全球气候变化已引起了世界各国政府、国际组织和研究者的高度重视。气候变化不仅改变了植物的光合作用、呼吸作用及土壤有机碳的分解过程，对生态系统碳循环也产生了重要的影响（高志强等，2004）。

作为一种重要的土地利用变化方式，城市扩张不仅深刻改变了地表景观，对陆地生态系统的物质和能量循环的影响更具有明显的复杂性。一方面，城市植被吸收大气中的 CO_2，从而直接对陆地生态系统的生物地球化学循环产生重要影响（温家石等，2010；赵荣钦等，2012）；另一方面，城市地区还是人为温室气体的主要排放源。其中，大约 97%的人类排放 CO_2 来自城市地区（Svirejeva-Hopkins et al.，2004），这对区域甚至全球气候都产生了显著的影响。

植被 NPP 反映了植物群落在自然环境条件下的生产能力，是植被活动的重要指示因子（Field et al.，1998；朴世龙等，2001）。气候变化和城市扩张因素对陆地植物 NPP 具有显著影响。在气候变化的植被 NPP 效应方面，当前研究多集中于历史时期的气候变化对植被 NPP 的影响（Pei et al.，2013a）；然而，未来的气候变化趋势及其植被 NPP 效应在减缓气候变化及辅助政府决策方面更具有参考价值。对于城市扩张的植被 NPP 效应，以往研究对少数典型城市进行了诊断分析，而针对大尺度城市扩张的植被 NPP 效应的认识仍然较为不足。有关气候变化和城市扩张对植被 NPP 影响的耦合分析，当前研究主要集中于当前气候和城市土地利用条件下植被 NPP 的时空分布诊断分析，而在未来气候变化及城市用地动态扩张对植被 NPP 的影响方面则明显不足，这成为区域乃至全球碳循环研究中的一个关键瓶颈（Kaye et al.，2005）。

因而，开展未来城市扩张及气候变化条件下植被 NPP 的时空响应研究具有重要意义。本章所使用的数据来源及处理参见第 6 章相关内容。结合未来城市扩张假设及 IPCC 排放情景特别报告（SRES）中 B2 温室气体排放情景，本章设计了 4 种未来发展情景，以分析气候变化和城市发展的不确定性。在此基础上，以广东省为例，分析未来城市扩张及气候变化条件对植被 NPP 时空分布的影响（Pei et al.，2015），以期为科学应对气候变化及城市发展调控提供参考。

10.2 基于情景方法的未来植被 NPP 模拟

10.2.1 基于 BIOME-BGC 模型的未来植被 NPP 估算方法

由于直接使用卫星观测数据作为输入，典型的参数模型如 CASA 模型在模拟植被 NPP 时具有较好的可靠性。作为一种重要的遥感模型，CASA 模型在不同地区得到了广泛应用（Potter et al.，1993；朴世龙等，2001；Yu et al.，2009）。然而，由于基于遥感的植被生产力参数模型在未来植被生理生态演变方面的预测功能有限，CASA 模型难以模拟未来植被 NPP 的时空分布，这制约了它在未来植被 NPP 估算中的应用潜力。

BIOME-BGC 模型在模拟未来植被 NPP 方面具有一定的优势。BIOME-BGC 模型需要提供最高气温（T_{max}）、最低气温（T_{min}）、总降水量（P_{rcp}）、平均白天气温（T_{day}）、水汽压亏缺（VPD）、白天平均短波辐射能量密度（S_{rad}）和昼长（D_{aylen}）等输入数据（Running et al.，2000）。在应用 BIOME-BGC 模型进行植被 NPP 模拟时，最高气温、最低气温和总降水量数据由基于观测的气象站数据，以及基于降尺度技术模拟的输出数据来提供。由于水汽压亏缺数据较少观测，因此人们通常使用模型法计算产生。本章研究中，水汽压亏缺及未来的太阳辐射等因子主要由 MTCLIM 模型来计算获取。

为综合反映气候变化、土地利用/覆被变化等因素对植被 NPP 的影响，本章提出结合 BIOME-BGC 模型和植被 NPP 比例因子方法来估算未来植被 NPP 的时空分布。假设遥感参数模型（如 CASA 模型、C-Fix 模型）能够较好地模拟人类影响的植被 NPP 的时空分布。首先，利用 CASA 模型估算过去时间城市化后的植被 NPP 分布；其次，城市化前的植被 NPP 由该城市单元周围一定范围内相同植被类型的平均 NPP 来确定（即邻域代理方法）；再次，根据计算的城市化前后的植被 NPP 大小计算“NPP-PROP”比例；最后，在此基础上，结合 BIOME-BGC 模型模拟结果计算未来植被 NPP 的大小。

10.2.2 基于情景方法的植被 NPP 模拟

情景（scenario）一词的描述最早出现于 *The Year 2000：A Framework for Speculation on the Next Thirty-Three Years* 一书，由 Kahn 等（1967）在 1967 年提出。他们认为：未来具有不确定性，可能会出现多种潜在的结果。另外，实现

这些潜在结果的途径也不是唯一的，对可能出现的未来潜在结果及实现这种结果途径的描述构成一个情景（左玉辉等，2008）。情景分析（scenario analysis，SA），作为一种辅助决策方法，主要通过设计未来可能的情景来实现，它是解决“what-if”问题、探讨各种不确定性影响的有力工具之一（Peterson et al.，2003；Duinker and Greig，2007）。情景分析方法在全球变化及其水文、生态响应研究等方面得到了广泛的应用（Zaehle et al.，2007；Mu et al.，2008；Tatarinov et al.，2011）。

本章利用情景分析方法探讨了气候变化及城市扩张对广东省植被NPP的相对影响。气候演变过程复杂多样，它同时受自然、人为因素等若干因素的综合影响。根据温室气体排放特征，IPCC 分别设计了 A2、B2 等多种 SRES 情景。其中，SRES B2 情景反映了中低温室气体排放下的未来世界情形。为了反映气候变化的不确定性，本章设计了两种未来气候变化情景下的气候变化过程（2010～2039 年），即气候不变情景和 IPCC SRES B2 温室气体排放下气候变化情景，用以反映一定的温室气体（主要是 CO_2 气体）排放及其相应的气候变化特征（图 10-1 和表 10-1）。除了未来气候变化因素，我们还探讨了城市扩张的影响，这主要是基于 CA 模型的土地利用模拟来实现。在进行广东省城市土地利用的变化模拟时，未来城市用地的模拟主要依据 2000～2005 年的城市扩张趋势外推来实现。为此，本章设计了 4 组情景：情景一，气候不变-城市用地不变情景；情景二，气候变化-城市用地不变情景；情景三，气候不变-城市用地扩张情景；情景四，气候变化-城市用地扩张情景（图 10-1）。本章所讨论的气候变化主要包括 CO_2 浓度变化，以及气温、降水等气候因子的变化（表 10-1）。

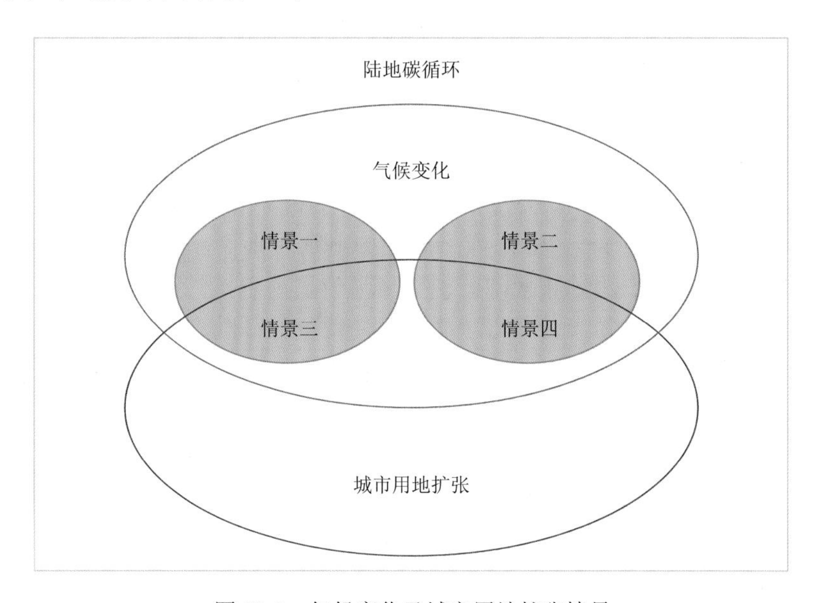

图 10-1　气候变化及城市用地扩张情景

表 10-1 气候变化及城市用地扩张情景设置

情景	CO_2浓度		气候变化		城市土地利用
	当前气候	未来气候	当前气候	未来气候	
情景一	372 ppm	372 ppm	1980～2009 年	1980～2009 年	2006 年
情景二	观测值，动态变化	动态变化，根据 SRES B2 情景计算	1980～2009 年	HADCM3 输出的降尺度结果	2006 年
情景三	372 ppm	372 ppm	1980～2009 年	1980～2009 年	CA 模拟，2020 年
情景四	观测值，动态变化	动态变化，根据 SRES B2 情景计算	1980～2009 年	HADCM3 输出的降尺度结果	CA 模拟，2020 年

注：气候变化情景下 CO_2浓度的变化根据 Johns 等（2003）的 CO_2结果内插得到。

考虑到气候模式的空间分辨率较低，难以对区域气候情景做出有效预估，本章运用降尺度技术对气候模式输出数据进行处理。为了克服降尺度技术的不确定性，本章分别应用两种降尺度方法（SDSM 降尺度和 CF 降尺度）来模拟表示未来中低排放情景（SRES B2 情景）下的气候变化状况，随后探讨了两种方法模拟的气候变化条件下植被 NPP 的时空分布及其变化情况。

为了探讨城市用地扩张及气候变化下广东省未来植被 NPP 的时空演变过程，在进行植被 NPP 模拟时，情景一和情景二两种气候变化情景仅考虑了 CO_2 浓度的变化及气温、降水等气候因子的作用，而没有关注土地利用变化过程及其影响。对于两种气候变化-城市用地扩张情景（气候不变情景-城市用地扩张情景和 SRES B2 排放下气候变化-城市用地扩张情景），其不仅分析了温室气体排放（主要是 CO_2浓度）及气候变化的作用，还耦合了城市土地利用扩张因素对植被 NPP 的影响。根据 Pei 等（2013b）的研究，在城市土地利用过程中，大量的自然植被被人工转化为城市水泥建筑、沥青等不透水面。在城市地区，由于人工管理（如高生产力物种引入、人工灌溉等），以及“城市热岛”“城市雨岛”等因素的影响，局部地区的植被 NPP 呈现出增加的趋势。然而，城市土地利用对植被 NPP 的影响主要表现为降低作用。

10.3 Logistic-CA 模型及土地利用模拟

10.3.1 实验设计

本章基于 Logistic-CA 模型，结合 2000 年和 2005 年土地利用数据，模拟了 2008 年和 2020 年的广东省城市用地时空分布（图 10-2）。其主要步骤：①在 GIS

的支持下，计算 Logistic-CA 模型的各空间要素数据，主要包括：离道路的距离、离高速公路的距离、离铁路的距离、离城市行政中心的距离等空间变量，两期城市土地利用数据，以及其他约束因子变量等（图 10-2）；②使用 GIS 进行各变量数据的随机采样，获得训练模型需要的样本数据；③使用 Logistic-CA 模型进行样本的训练和测试，获取 CA 模型的参数；④基于 2000 年和 2005 年两期土地利用数据，运用 Logistic-CA 模型对广东省城市用地的时空变化进行模拟，使用 2008 年土地利用数据评价模拟的精度和可靠性；⑤运用建立的模型模拟 2020 年广东省城市用地时空分布。

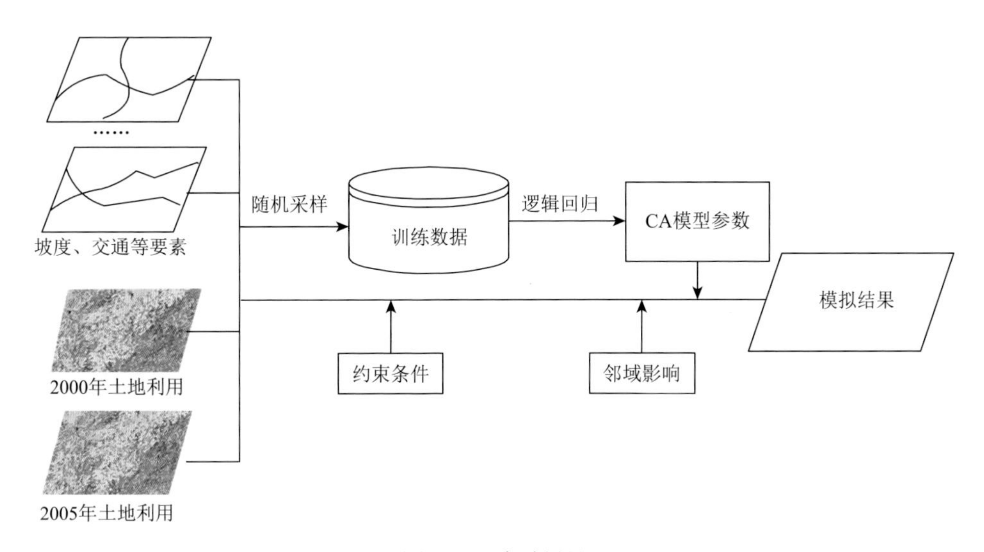

图 10-2　实验设计

10.3.2　Logistic-CA 模型参数化

本章使用逻辑回归方法来获取 Logistic-CA 模型的转换规则。训练得到的逻辑回归参数见表 10-2。

表 10-2　Logistic-CA 模型校正结果

空间变量	常量因子	离行政中心的距离	离道路的距离
系数	2.744	–5.229	–0.953
空间变量	离铁路的距离	离高速公路的距离	地形坡度
系数	–2.336	–2.179	–14.796

10.3.3　广东省城市扩张模拟

城市土地利用演化过程具有高度复杂性，它受到许多具有不确定因素的影响。将 Logistic-CA 模型应用于城市扩张过程时，进行模型精度的检验是十分必要的。评价 Logistic-CA 模拟精度的方法主要包括：基于点对点对比的检验方法和基于整体格局的对比检验方法（黎夏等，2007）。本章使用国际上通用的混淆矩阵法和 Kappa 系数来进行模型精度的检验（表 10-3）。

表 10-3　广东省城市扩张 Logistic-CA 模型模拟误差评价

项目	2005 年			2008 年		
	模拟城市用地像元数	模拟非城市用地像元数	正确率/%	模拟城市用地像元数	模拟非城市用地像元数	正确率/%
实际城市用地	13 862	3 881	78.13	18 283	7 032	72.22
实际非城市用地	4 124	688 734	99.40	1 454	682 859	99.79
Kappa 系数		0.77			0.78	

本章中 Logistic-CA 模型模拟的 2005 年和 2008 年的城市土地利用分布如图 10-3 和图 10-4 所示。我们对 2005 年和 2008 年的土地利用模拟结果分别进行了验证。根据计算，基于 Logistic-CA 模型的 2005 年广东省城市用地模拟正确率为 78.13%，Kappa 系数为 0.77，模拟效果较好。另外，2008 年广东省城市用地模拟的正确率为 72.22%，Kappa 系数为 0.78，这表明 Logistic-CA 模型能够较好地模拟广东城市用地的动态变化。

土地利用模型模拟技术通过对城市用地时空分布格局进行模拟分析，可以直接反映当前和未来城市土地利用/覆被的时空分布规律，进而为政府土地相关部门

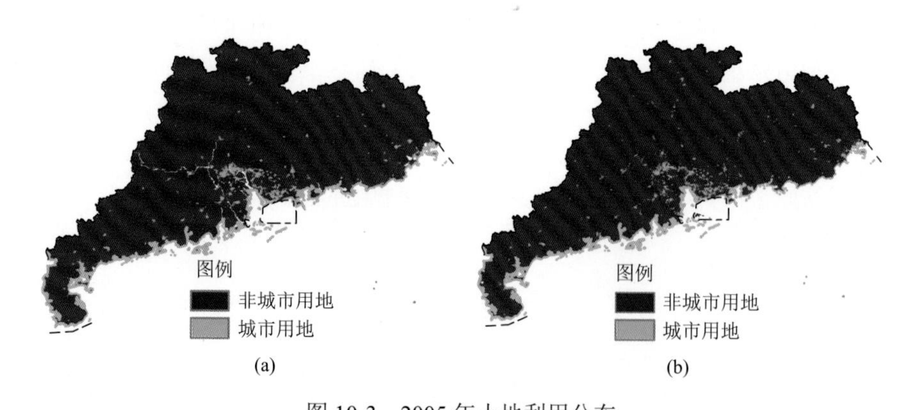

图 10-3　2005 年土地利用分布

（a）Logistic-CA 模型模拟土地利用；（b）真实土地利用

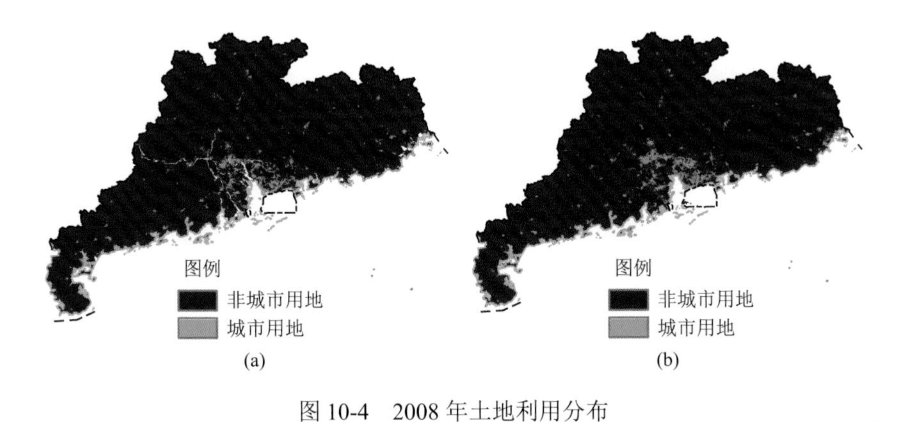

图 10-4　2008 年土地利用分布

（a）Logistic-CA 模型模拟土地利用；（b）真实土地利用

的方案制定提供决策依据，其已成为探讨实现城市可持续发展的重要手段之一。本节分别以 2000 年和 2005 年广东省城市土地利用/覆被分布为初始值和目标值，在 Logistic-CA 模型的支持下，模拟广东省城市土地利用/覆被时空分布的动态变化。具体来说，以地形坡度、离行政中心的距离、离道路的距离等空间变量及水域等作为适宜性输入，利用经过校正和精度检验的 Logistic-CA 模型为基础，进行广东省城市用地扩张模拟，辅以 2008 年广东省土地利用时空分布数据作为验证，以模拟广东省 2020 年城市土地利用时空分布（参见第 2 章）。

按 2000～2005 年广东省城市扩张趋势，模拟得到 2020 年广东省城市用地的时空分布特征（图 10-5）。另外，本章对城市用地的来源按其原始植被类型进行了深入分析。根据计算，由农用地转化而来的城市用地约占全部城市用地的 67%。

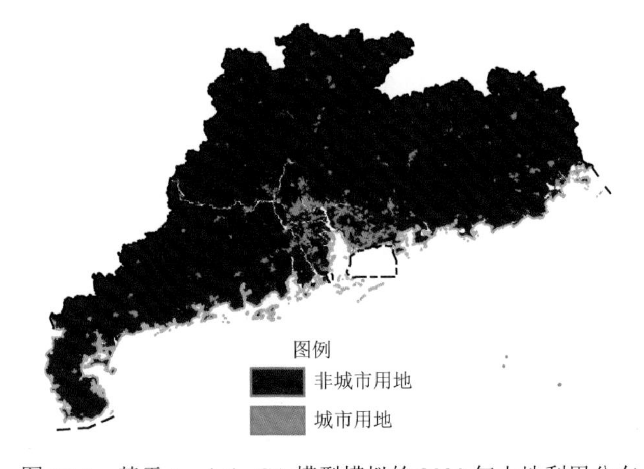

图 10-5　基于 Logistic-CA 模型模拟的 2020 年土地利用分布

这说明，实现城市用地的合理规划及严格保护耕地对于促进粮食安全，实现社会经济的可持续发展具有重要意义。

10.4 降尺度技术及气候变化分析

气候变化是受多尺度扰动（如天气尺度、中尺度、行星尺度扰动）和多圈层系统（如大气圈、生物圈、水圈、生物圈）相互作用的结果，未来气候变化还具有较大的不确定性。因此，气候变化是全球变化领域的热门话题，已引起国际社会和科学界的密切关注。气候变化研究还面临着很多挑战。近年来，作为一种重要的气候变化趋势预测工具，GCM 模式越来越受到研究者的重视。尽管该模式对大尺度环流特征模拟较好，但其对于区域温度、降水等预测能力较低，而降尺度技术为 GCM 模式的区域应用提供了基础。

广东省位于 20°09′N～25°31′N、109°45′E～117°20′E，地处东亚季风区。全省由北向南穿越 3 个温度带：中亚热带、南亚热带和热带。广东省平均气温为 22.3℃，降水量在 1300～2500 mm，是我国光、热量和水资源极为丰富的地区之一。另外，广东省洪涝和干旱灾害经常发生，受到台风的影响较为频繁。

以往学者对广东省气候变化开展了一些研究。例如，利用 1961～2000 年气象站资料，汤海燕（2003）研究指出广东省气温呈上升趋势，降水量也有所增加且降水强度加大；胡建华等（2010）利用 1962～2006 年降雨量站点资料分析指出：广东省降雨量的年际变幅增大，汛期雨量及暴雨频数亦呈现出增加趋势。然而，目前的研究多是对广东省历史气候变化的分析，而对于未来气候变化的预测则较为少见，而这对于广东省未来时期社会经济及资源环境的可持续发展决策更为重要。

本章选取在中国模拟效果较好的 HADCM3 模式输出数据来反映广东省未来气候变化特征（徐影等，2002；施小英等，2005）。在 HADCM3 模式基础上，分别运用统计降尺度（SDSM）和变化因子（CF）降尺度技术，模拟预测广东省气候变化特征，为开展后续的未来植被 NPP 动态变化研究提供前提和基础（Pei et al.，2015）。

10.4.1 全球气候变化模式

1. GCM 模式

气候变化研究可分为 3 类：经验资料分析、形成理论研究及数值模拟实验（王绍武，1982）。大气环流模式的数值模拟实验是通过对大气动力学及热力学方程进行长时期的数值积分，模拟大气环流与气候的变化。近几十年来，气候模式的发展经历了从简单的能量平衡模式（EBM），到辐射对流模式（RCM）及一般环流模式（GCM）的过程。目前，世界各国研究机构设计开发了多个不同的 GCM 模式。IPCC 第四次评估报告分析了基于 24 个典型的全球气候系统模式在 9 种不同排放情景下的预估结果。IPCC 选取的这些全球气候模式能够较好地重建 20 世纪以来全球气候的主要特征，被广泛用于对未来气候变化进行预估。表 10-4 给出了这 24 个 GCM 模式的基本信息。徐影等（2002）和施小英等（2005）通过利用中国的站点观测气象数据对 IPCC 做气候变化预估应用的几个环流模式进行了检验，他们认为 HADCM3 模式对中国模拟效果较好。因此，本书选用 HADCM3 模式对广东省未来气候变化进行评估。

表 10-4　常用的 GCM 模式及其分辨率（IPCC，2007a）

模式名称	模式机构、国家（模式别名）	模式分辨率
CM1	Beijing Climate Centre，China（BCC）	1.9°×1.9°
BCM2.0	Bjerknes Centre for Climate Research，Norway（BCCR）	2.8°×2.8°
CGCM3（T47 resolution）	Canadian Centre for Climate Modelling and Analysis，Canada（CCCma）	2.8°×2.8°
CGCM3（T63 resolution）		1.9°×1.9°
CM3	Centre National de Recherches Meteorologiques，France（CNRM）	2.8°×2.8°
MK3.0	Australia's Commonwealth Scientific and Industrial Research Organisation，Australia（CSIRO）	1.88°×1.88°
ECHAM5-OM	Max Planck Institute for Meteorology，Germany（MPI-M）	1.88°×1.88°
ECHO-G	Meteorological Institute，University of Bonn，Germany（MIUB） Meteorological Research Institute of KMA，Korea（METRI） Model and Data Group at MPI-M，Germany（M&D）	3.9°×3.9°
FGOALS-g1.0	State Key Laboratory of Numerical Modeling for Atmospheric Sciences and Geophysical Fluid Dynamics，China（LASG）	2.8°×2.8°
CM2.0	Geophysical Fluid Dynamics Laboratory，USA（GFDL）	2.5°×2.0°
CM2.1		2.5°×2.0°
AOM	Goddard Institute for Space Studies，USA（GISS）	4°×3°
E-H		5°×4°
E-R		5°×4°
CM3.0	Institute of Numerical Mathematics，Russia（INM）	5°×4°
CM4	Institut Pierre-Simon Laplace，France（IPSL）	3.75°×2.5°
MIROC3.2 hires	National Institute for Environmental Studies，Japan（NIES）	1.125°×1.125°
MIROC3.2 medres		2.8°×2.8°
CGCM2.3.2	Meteorological Research Institute，Japan（MRI）	2.8°×2.8°

续表

模式名称	模式机构、国家（模式别名）	模式分辨率
PCM	National Center for Atmospheric Research，USA（NCAR）	2.8°×2.8°
CCSM3		1.4°×1.4°
HADCM3	UK Met Office，UK（UKMO）	3.75°×2.5°
HADGEM1		1.875°×1.25°
SXG 2005	National Institute of Geophysics and Volcanology，Italy（INGV）	1.125°×1.125°

2. HADCM3 模式

HADCM3 模式是 1999 年由英国气象局 Hadley 气候预测和研究中心开发的一种典型海气耦合的 GCM 模式，它是 IPCC 第三次和第四次评估报告的主要应用模型之一。HADCM3 模式具有模拟自然和人类驱动下的气候变化的能力（Stott et al.，2000）；另外，它的一个重要优点是能够较好地模拟当前气候，而不要求进行通量调整以防止模型出现非真实的气候漂移（Reichler and Kim，2008）。因此，HADCM3 模式被广泛用于气候预测、检测和归因，以及其他气候敏感性的研究。

HADCM3 模式由大气模式（HADAM3）和海洋模式（HADOM3，包括海冰模型）两部分组成。HADAM3 模式属于一种典型的格点模式，格网大小为 3.75°×2.5°，产生全球 96×73 的格网分布；HADAM3 模式的水平分辨率在赤道地区约为 417 km×278 km，而在南北纬 45°位置处约为 295 km×278 km；HADAM3 模式在垂直方向上分为 19 层，模拟的时间步长为 30 min。HADOM3 模式的水平分辨率为 1.25°×1.25°，每 6 个大气格点对应一个海洋格点，它在垂直方向上分为 20 层，模拟时间步长为 1 h（Gordon et al.，2000；Abdo et al.，2009）。

3. HADCM3 模式输出变量的反距离加权插值

HADCM3 模式的分辨率在 300 km 左右，分辨率较低，若直接应用该数据进行降尺度势必会影响降尺度模型的精度。广东省范围覆盖了 7 个 HADCM3 网格，运用反距离加权插值方法将模型环流数据内插到广东省各气象站点上。

反距离加权插值方法被学者成功应用于 GCM 模型数据的平滑（郑粉莉等，2009；Li et al.，2011），以计算对应各个目标站点的环流数据。Li 等（2011）通过反距离加权插值方法将 GCM 模型输出数据内插到各站点上。首先，计算从目标站点到 HADCM3 模式格网中心的距离 d_i，这主要根据站点所在位置或邻近的 HADCM3 模式格点来计算（图 10-6 和图 10-7），具体如式（10-1）：

$$d_i = \cos^{-1}[\sin(d_{\text{lat}})\sin(s_{\text{lat}}) + \cos(d_{\text{lat}})\cos(s_{\text{lat}})\cos(d_{\text{long}} - s_{\text{long}})] \tag{10-1}$$

式中，d_{lat} 和 d_{long} 为 HADCM3 模式输出的格网数据；s_{lat} 和 s_{long} 为目标站点输出的格网数据；根据目标站点到 HADCM3 模式格网的距离 d_i，各个格网的权重 w_i 用式（10-2）计算：

$$w_i = \frac{(d_i + \varepsilon)^{-1}}{\sum_{i=1}^{n}(d_i + \varepsilon)^{-1}} \tag{10-2}$$

式中，ε 为一个极小的数，以防止除数为零。

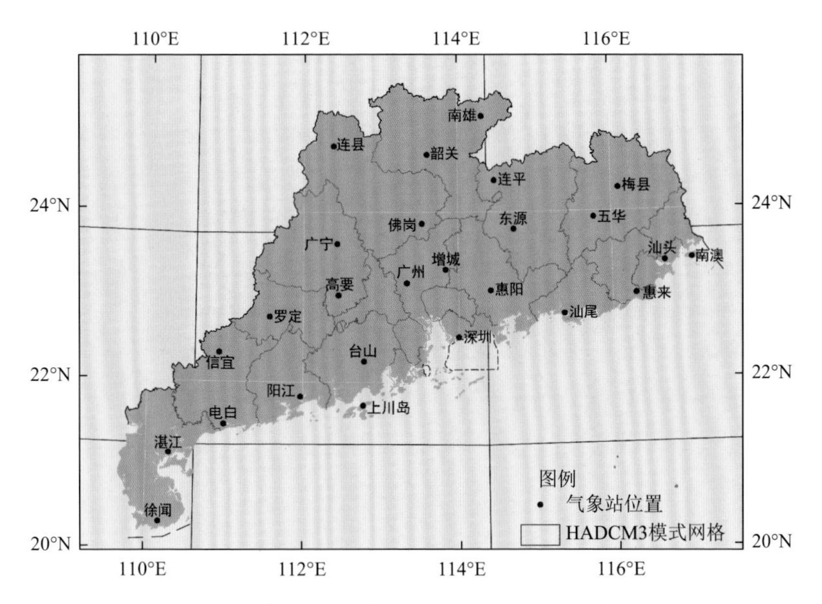

图 10-6　气象站位置及 HADCM3 模式格网分布

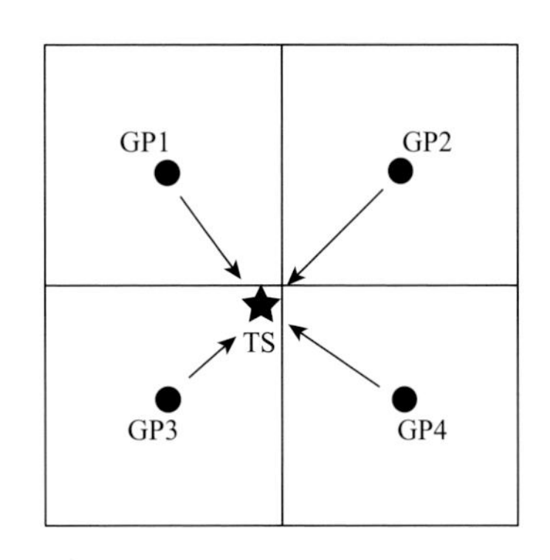

图 10-7　反距离加权插值过程

GP 为 HADCM3 模式格网点；TS 为目标站点

最后，各目标站点的内插结果计算如式（10-3）所示：

$$\text{data} = \sum_{i=1}^{n} w_i \times \text{data}_i \tag{10-3}$$

10.4.2 基于降尺度技术的未来气候变化模拟

1. 降尺度模型

GCM 是全球气候变化研究的重要工具之一。GCM 对大尺度（如大陆尺度甚至行星尺度）气候变化的平均特征模拟较好，尤其是能够较好地模拟近地面温度、高空大气场和大气环流状况（图 10-8）。然而，由于其分辨率比较低（如 50 000 km^2 左右），往往不能够满足区域尺度的应用。如果将 GCM 的模拟结果直接用作区域气候背景，这势必会大大降低未来气候预测结果的可靠性。相对 GCM，区域气候模型（RCM）的模拟精度得到了较大的提高。而降尺度方法的出现为 GCM 的较细尺度应用提供了有效途径（图 10-8）。降尺度方法的出现为 GCM 的较细尺度应用提供了有效途径。过去几十年里发展了多种降尺度方法，如统计降尺度法（SDS）和动力降尺度法。其中，统计降尺度方法由于使用灵活而且计算量小，经常被用于气候变化的水文、生态环境评价研究（Abdo et al.，2009；Combalicer et al.，

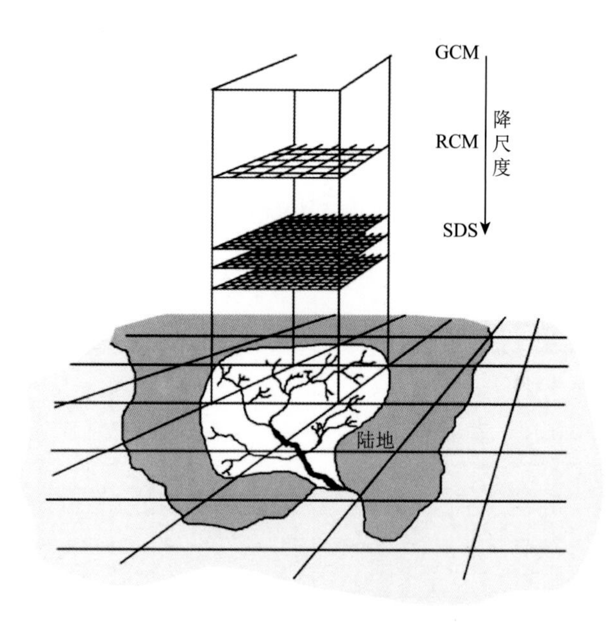

图 10-8　降尺度原理

根据 Wilby 和 Dawson，2007 修改

2010；Li et al.，2011）。按照使用技术的不同，统计降尺度方法又可分为变换因子法、回归方法、环流分型法和天气发生器等几种类型（范丽军等，2005；Fowler et al.，2007）。

SDSM 是一种多元回归和天气发生器相耦合的降尺度方法，在欧洲、北美等地得到了广泛的应用（Diaz-Nieto and Wilby，2005；Dibike et al.，2008）。近年来，SDSM 在国内逐渐得到重视，并已成功应用于黄河源区、华北和西北地区等（范丽军等，2007；赵芳芳和徐宗学，2007）。

地球未来的气候变化具有高度不确定性。除气候模式本身外，降尺度方法对未来区域气候变化的预测具有重要影响。为了更好地模拟未来气候变化趋势，我们基于 HADCM3 模式输出数据，选择两种降尺度方法（SDSM 和 CF）进行未来气候变化的降尺度研究。

2. SDSM 降尺度原理

统计降尺度技术是一种运用多种统计方法，从 GCM 输出的大尺度气候因子中获取区域尺度气候特征的方法（Wilby et al.，2002；Wilby and Dawson，2007，2012）。具体是依据区域气候尺度的气象观测资料与 GCM 输出气候因子（或大尺度地面观测资料）建立定量的统计函数关系进行尺度转换（图 10-8）。SDSM 通过建立大尺度预报因子和局地气候条件的统计函数关系最终实现尺度转换（Wilby and Dawson，2007）。基于 SDSM，Wilby 等（2002）在 Windows 平台下利用 Visual Basic 开发了 SDSM 软件，它是用来研究气候变化及其影响的一个有力决策支持工具。经过多次的改进和更新，到目前作者已经发布了多个不同的 SDSM 版本。

SDSM 的降尺度过程有两种：无条件过程和条件过程。对于无条件过程，预报量与 GCM 大尺度预报因子之间存在着直接的联系，此时可以通过直接建立预报量与大尺度预报因子之间的统计关系来对预报量进行预估。例如，当预报量为气温或风速因子时的降尺度过程即为无条件过程。对于第 j 个预报量，无条件过程的 SDSM 降尺度可以用式（10-4）表示（Wilby et al.，1999；Wilby and Dawson，2012）：

$$U_i = a_0 + \sum_{j=1}^{n} a_j X_{ij} + e_i \tag{10-4}$$

式中，U_i 和 X_{ij} 分别为预报量、第 i 个预报因子；e_i 为模型误差，假设其为符合高斯分布的白噪声；$a_0, a_1, \cdots, a_j$ 为降尺度参数，通过最小二乘回归方法进行校正获取。

一个典型的条件过程是降水因子的降尺度。对于降水过程，因其与 GCM 大尺度预报因子（如湿度和气压等）之间需要通过中间变量（如干/湿日发生概率）建立联系，所以当预报量为降水量因子时，SDSM 的降尺度模型为条件过程。对

于第 j 个预报量，条件过程可以描述如下（Wilby et al.，1999；Wilby and Dawson，2012）：

$$W_i = \beta_0 + \sum_{j=1}^{n} \beta_j X_{ij} \tag{10-5}$$

式中，W_i 为湿日发生的概率（$W_i \in (0,1)$）；X_{ij} 为第 i 个预报因子；$\beta_0, \beta_1, \cdots, \beta_j$ 为降尺度参数，通过最小二乘回归方法进行校正获取。对于特定的站点和日期，产生均匀分布的随机数 r（$r \in [0,1]$），当 $r \leqslant W_i$ 时，该天返回湿日；否则，返回降水量为 0。若该时间为湿日，则降水量按照式（10-6）计算：

$$P_i^k = \gamma_0 + \sum_{j=1}^{n} \gamma_j X_{ij} + e_i \tag{10-6}$$

式中，P_i^k 为该天的降水量；X_{ij} 为第 i 个预报因子；e_i 为模型误差，假设其为符合高斯分布的白噪声；$\gamma_0, \gamma_1, \cdots, \gamma_j$ 为降尺度参数，通过最小二乘回归方法校正获取。

无论是无条件过程还是条件过程，计算前都需要把大尺度预报因子（v_{ij}）按照其气候均值（$\bar{V}_j$）进行标准化，如式（10-7）所示：

$$X_{ij} = \frac{v_{ij} - \bar{V}_j}{\sigma_j} \tag{10-7}$$

式中，σ_j 为大尺度预报因子 v_{ij} 的标准差。

3. CF 方法

CF 方法，又称 Delta 方法，它通过计算 GCM 在未来时期与基准期输出的气温、降水量等气候因子变化量（比例）作为变化因子，结合基准期内气象站实测的气温、降水量，以计算各站点未来不同时期气象因子的方法。CF 方法是一种常用并相对简单的降尺度方法之一（Hay et al.，2000；Chen et al.，2011）。CF 方法广泛应用于气候变化研究，在我国淮河流域、黄河源等地区得到了广泛的应用（赵芳芳和徐宗学，2007；黎敏等，2012）。CF 方法主要计算过程如下：①获取 GCM 模拟的参考时段（1961～1990 年）和未来时段（如 2010～2039 年）的月平均最高气温、月最低气温和月降水量数据，计算其变化关系；②根据参考时段的观测气象数据，利用第①步中根据 GCM 输出确定的变化关系，计算出各站点未来时段（2010～2039 年）的逐日平均最高、最低气温和降水量大小。具体地，未来的气温、降水量计算如下（Chen et al.，2011）：

$$T_{\max}^{2020s,d} = T_{\max}^{obs,d} + (\overline{T}_{\max}^{hadcm,2020s,m} - \overline{T}_{\max}^{hadcm,ref,m}) \quad (10\text{-}8)$$

$$T_{\min}^{2020s,d} = T_{\min}^{obs,d} + (\overline{T}_{\min}^{hadcm,2020s,m} - \overline{T}_{\min}^{hadcm,ref,m}) \quad (10\text{-}9)$$

$$P_{2020s,d} = P_{obs,d} \times \frac{\overline{P}_{hadcm,2020s,m}}{\overline{P}_{hadcm,ref,m}} \quad (10\text{-}10)$$

式中，$T_{\max}^{2020s,d}$、$T_{\min}^{2020s,d}$ 和 $P_{2020s,d}$ 为 2010～2039 年利用降尺度方法得到的逐日最高气温、逐日最低气温和逐日降水量因子；$T_{\max}^{obs,d}$、$T_{\min}^{obs,d}$ 和 $P_{obs,d}$ 为站点观测的逐日最高气温、逐日最低气温和逐日降水量变量；$\overline{T}_{\max}^{hadcm,ref,m}$、$\overline{T}_{\min}^{hadcm,ref,m}$ 为参考时段（1961～1990 年）HADCM3 模式输出的月尺度最高、最低气温平均值；$\overline{T}_{\max}^{hadcm,2020s,m}$、$\overline{T}_{\min}^{hadcm,2020s,m}$ 为未来时段（2010～2039 年）HADCM3 模式输出的月尺度最高、最低气温平均值；$\overline{P}_{hadcm,2020s,m}$ 和 $\overline{P}_{hadcm,ref,m}$ 为未来时段（2010～2039 年）和参考时段（1961～1990 年）HADCM3 模式输出的月尺度降水量平均值。

4. 基于降尺度技术的气候变化实验设计

Kahn（1967）认为，未来具有不确定性，可能会出现多种潜在的结果。另外，实现这些潜在结果的途径也不是唯一的。对可能出现的未来潜在结果，以及实现这种结果途径的描述构成一个情景（左玉辉等，2008）。情景分析法是解决 what-if 问题、探讨各种不确定性影响的一个有力工具（Peterson et al.，2003；Duinker and Greig，2007）。气候变化情景反映了未来气候变化的可能景象，对于理解气候系统的作用过程及其演化具有重要作用，是用来对气候变化进行科学评估、辅助政策制定的有效工具之一。

IPCC 设计了未来温室气体和气溶胶排放情景，即《IPCC 排放情景特别报告》中所描述的 SRES 情景（SRES 2000）。SRES 情景代表没有任何政策干预情形下的温室气体排放过程，主要通过 6 种模型方法计算：AIM 模型（Morita et al.，1994）、ASF 模型（Pepper et al.，1992；Sankovski et al.，2000）、IMAGE 模型（De Vries et al.，2000）、MARIA 模型（Mori and Takahashi，1999）、MESSAGE 模型（Riahi and Roehrl，2000）和 MiniCAM 模型（Edmonds et al.，1994）。在以上 6 种模型的基础上，应用 40 种不同的 SRES 情景来反映气候变化规律，以及人口、社会经济和技术进步等因素给排放带来的不确定性。SRES 情景分别被 IPCC 第三次和第四次评估报告沿用（Watson and Team，2001；IPCC，2007a）。

IPCC 排放情景特别报告中定义了 4 个情景族（图 10-9）：A1、A2、B1 和 B2，分别反映了将来一系列的人口、经济及技术驱动力变化，以及由此产生的温室气体排放特征。其中，A1 情景假设经济增长非常快，人口保持低速增长，世界人口数量峰值时间出现在 21 世纪中叶。同时，新的和更高效的技术被迅速引进；A2

情景描述了一个不均衡的未来世界，与其他情景相比，本情景中世界人口快速增长，而经济发展和技术进步较为缓慢；B1 情景则描述了一个趋同的未来世界，本情景下世界人口增长与 A1 情景相同，其主要区别在于经济结构向服务和信息经济方面更加迅速地调整，该情景主要强调了经济、社会和环境的可持续性；B2 情景描述了一个世界人口和经济增长速度处于中等水平的未来世界，本情景更强调经济、社会和环境可持续发展的局地解决方案，具有面向环境保护和社会公平特征，与 A1 和 B1 情景相比，B2 情景技术引进缓慢、技术种类多样化（Nakicenovic et al.，2000；IPCC，2007a）。

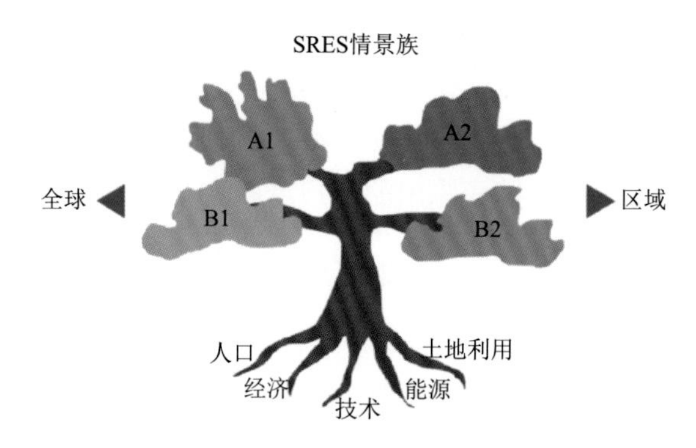

图 10-9　IPCC 情景过程（Nakicenovic et al.，2000）

本章分别应用 SDSM 方法和 CF 方法对 SRES B2 排放情景下 HADCM3 模式输出的大尺度数据进行降尺度，以研究广东省的区域气候变化特征。CF 方法通过计算 GCM 在未来时期与基准期输出的气温、降水量等气候因子变化量（比例）作为变化因子，结合基准期内气象站实测的气温、降水量，以得到各站点未来不同时期气象因子的方法（Hay et al.，2000；Chen et al.，2011）。在进行未来气候变化情景分析时，采用世界气象组织（World Meteorological Organization，WMO）推荐的方法，即选用 1961～1990 年为标准参考时段，分析 SRES B2 情景下 2010～2039 年广东省气温、降水等的变化情况。

10.4.3　广东省气候变化情景模拟

1. 基于 CF 方法的降尺度模拟

使用 CF 方法进行降尺度时，根据 HADCM3 模式输出的参考时段（1961～1990 年）和未来时段（2010～2039 年）的月平均最高气温、最低气温和降水量数据，分别计算出各因子的比例缩放关系（表 10-5～表 10-7）。

表 10-5　基于 HADCM3 模式数据的广东省最高气温 CF 方法降尺度缩放因子

站点	1 月	2 月	3 月	4 月	5 月	6 月	7 月	8 月	9 月	10 月	11 月	12 月
电白	1.732	0.927	1.167	0.993	0.856	0.973	0.509	0.642	1.083	0.862	1.525	1.415
东源	1.627	0.653	0.856	0.833	0.917	0.917	0.623	0.459	1.273	0.897	1.410	1.361
佛岗	1.526	0.677	0.886	0.863	0.921	0.927	0.632	0.498	1.272	0.903	1.418	1.308
高要	1.631	0.821	1.051	1.010	0.894	0.906	0.545	0.586	1.182	0.895	1.439	1.248
广宁	1.477	0.731	1.005	0.879	0.919	0.993	0.587	0.587	1.212	0.958	1.434	1.309
广州	1.625	0.753	0.944	0.963	0.902	0.877	0.592	0.516	1.239	0.869	1.424	1.260
惠来	1.688	0.644	0.842	0.821	0.913	0.908	0.616	0.438	1.272	0.892	1.406	1.388
惠阳	1.629	0.698	0.895	0.891	0.910	0.898	0.609	0.484	1.257	0.884	1.416	1.317
连平	1.590	0.636	0.844	0.810	0.922	0.931	0.635	0.459	1.281	0.907	1.410	1.368
连州	1.156	0.571	0.854	0.699	0.966	1.077	0.709	0.550	1.316	1.009	1.422	1.336
罗定	1.580	0.789	1.056	0.935	0.902	0.969	0.550	0.601	1.175	0.937	1.444	1.311
梅县	1.777	0.617	0.816	0.787	0.915	0.912	0.620	0.415	1.279	0.895	1.401	1.424
南澳	1.714	0.626	0.824	0.798	0.914	0.910	0.618	0.422	1.276	0.894	1.402	1.413
南雄	1.379	0.517	0.687	0.756	1.012	1.006	0.802	0.572	1.557	1.161	1.345	1.524
汕头	1.71	0.63	0.83	0.80	0.91	0.91	0.62	0.42	1.28	0.89	1.40	1.41
汕尾	1.658	0.672	0.869	0.858	0.912	0.903	0.612	0.462	1.264	0.888	1.411	1.351
上川岛	1.705	0.817	0.993	1.048	0.887	0.835	0.559	0.532	1.211	0.841	1.429	1.218
韶关	1.430	0.623	0.846	0.790	0.936	0.969	0.665	0.491	1.297	0.931	1.415	1.336
深圳	1.651	0.743	0.933	0.950	0.902	0.876	0.591	0.504	1.240	0.869	1.421	1.278
台山	1.752	0.867	1.032	1.113	0.876	0.805	0.536	0.548	1.191	0.821	1.434	1.182
五华	1.720	0.617	0.816	0.787	0.915	0.912	0.620	0.415	1.279	0.895	1.401	1.424
信宜	1.734	0.927	1.165	0.996	0.856	0.970	0.508	0.641	1.085	0.861	1.524	1.411
徐闻	1.704	0.924	1.188	0.932	0.855	1.033	0.511	0.663	1.062	0.883	1.549	1.496
阳江	1.781	0.934	1.128	1.101	0.858	0.867	0.504	0.606	1.122	0.826	1.483	1.273
增城	1.602	0.711	0.909	0.908	0.910	0.898	0.609	0.498	1.255	0.884	1.419	1.296
湛江	1.740	0.928	1.160	1.011	0.856	0.956	0.508	0.636	1.090	0.856	1.518	1.392

表 10-6　基于 HADCM3 模式数据的广东省最低气温 CF 方法降尺度缩放因子

站点	1 月	2 月	3 月	4 月	5 月	6 月	7 月	8 月	9 月	10 月	11 月	12 月
电白	2.105	0.547	1.242	0.848	1.306	1.274	0.796	0.945	1.117	0.957	1.613	1.651
东源	1.556	0.671	0.950	0.900	1.242	1.387	0.781	0.840	1.218	0.891	1.066	1.556
佛岗	1.546	0.683	0.972	0.886	1.254	1.377	0.787	0.857	1.215	0.909	1.099	1.508
高要	1.806	0.658	1.113	0.895	1.287	1.297	0.789	0.901	1.132	0.936	1.338	1.518

续表

站点	1月	2月	3月	4月	5月	6月	7月	8月	9月	10月	11月	12月
广宁	1.613	0.610	1.093	0.861	1.287	1.358	0.784	0.903	1.198	0.949	1.262	1.421
广州	1.697	0.705	1.011	0.906	1.261	1.328	0.790	0.865	1.163	0.907	1.185	1.557
惠来	1.570	0.665	0.940	0.909	1.236	1.390	0.778	0.832	1.217	0.881	1.053	1.586
惠阳	1.620	0.686	0.977	0.903	1.250	1.361	0.785	0.851	1.193	0.898	1.119	1.558
连平	1.516	0.667	0.942	0.893	1.242	1.398	0.781	0.840	1.231	0.893	1.047	1.538
连州	1.235	0.624	0.969	0.814	1.270	1.459	0.786	0.881	1.313	0.953	1.025	1.296
罗定	1.750	0.602	1.136	0.872	1.293	1.325	0.784	0.911	1.162	0.949	1.351	1.472
梅县	1.537	0.655	0.921	0.912	1.229	1.404	0.775	0.822	1.229	0.872	1.019	1.600
南澳	1.556	0.658	0.927	0.912	1.231	1.399	0.776	0.824	1.225	0.874	1.030	1.597
南雄	1.207	0.678	0.797	0.918	1.260	1.471	0.831	0.815	1.403	0.936	0.889	1.335
汕头	1.56	0.66	0.93	0.91	1.23	1.40	0.78	0.83	1.22	0.87	1.03	1.60
汕尾	1.596	0.676	0.959	0.906	1.243	1.374	0.782	0.842	1.205	0.889	1.087	1.572
上川岛	1.822	0.724	1.044	0.923	1.267	1.287	0.793	0.873	1.120	0.907	1.259	1.597
韶关	1.427	0.669	0.945	0.867	1.251	1.413	0.785	0.854	1.254	0.913	1.037	1.461
深圳	1.693	0.701	1.003	0.909	1.257	1.333	0.788	0.860	1.166	0.902	1.172	1.569
台山	1.913	0.738	1.071	0.933	1.272	1.256	0.796	0.880	1.088	0.909	1.316	1.621
五华	1.546	0.655	0.921	0.912	1.229	1.404	0.775	0.822	1.229	0.872	1.019	1.600
信宜	2.105	0.550	1.240	0.849	1.305	1.273	0.796	0.945	1.115	0.956	1.610	1.652
徐闻	2.121	0.487	1.279	0.819	1.313	1.292	0.795	0.961	1.138	0.970	1.673	1.649
阳江	2.078	0.653	1.176	0.899	1.293	1.242	0.798	0.918	1.078	0.934	1.507	1.656
增城	1.627	0.692	0.987	0.900	1.255	1.354	0.787	0.858	1.189	0.904	1.136	1.545
湛江	2.101	0.564	1.231	0.856	1.303	1.269	0.796	0.941	1.110	0.953	1.596	1.652

表 10-7 基于 HADCM3 模式数据的广东省降水量 CF 方法降尺度缩放因子

站点	1月	2月	3月	4月	5月	6月	7月	8月	9月	10月	11月	12月
电白	1.174	0.804	0.937	0.966	1.159	1.069	1.134	1.131	1.023	0.881	0.907	0.872
东源	1.132	0.932	1.022	0.991	1.075	1.184	1.047	1.200	0.999	0.965	0.856	0.976
佛岗	1.165	0.903	1.012	0.979	1.090	1.185	1.046	1.203	0.998	0.999	0.859	0.964
高要	1.122	0.830	0.966	0.953	1.133	1.131	1.095	1.177	1.018	0.957	0.880	0.946
广宁	1.218	0.846	0.988	0.962	1.110	1.162	1.070	1.178	1.010	0.967	0.870	0.897
广州	1.106	0.879	0.991	0.968	1.111	1.159	1.069	1.198	1.006	0.987	0.868	0.987
惠来	1.110	0.947	1.027	0.997	1.067	1.181	1.049	1.198	1.000	0.945	0.854	0.983

续表

站点	1月	2月	3月	4月	5月	6月	7月	8月	9月	10月	11月	12月
惠阳	1.119	0.909	1.008	0.981	1.091	1.173	1.057	1.199	1.002	0.974	0.861	0.981
连平	1.151	0.935	1.026	0.992	1.071	1.191	1.041	1.202	0.997	0.972	0.854	0.969
连州	1.357	0.891	1.032	0.978	1.074	1.235	1.005	1.209	0.985	1.059	0.848	0.872
罗定	1.178	0.831	0.973	0.959	1.123	1.136	1.092	1.166	1.018	0.937	0.879	0.902
梅县	1.089	0.966	1.036	1.005	1.055	1.185	1.046	1.197	0.999	0.931	0.851	0.985
南澳	1.105	0.960	1.033	1.003	1.059	1.184	1.047	1.197	0.999	0.934	0.852	0.985
南雄	1.286	0.989	1.072	0.990	1.011	1.257	0.963	1.133	0.988	1.027	0.843	0.970
汕头	1.11	0.96	1.03	1.00	1.06	1.18	1.05	1.20	1.00	0.94	0.85	0.98
汕尾	1.115	0.927	1.017	0.989	1.079	1.177	1.053	1.198	1.001	0.960	0.858	0.982
上川岛	1.058	0.858	0.973	0.959	1.129	1.137	1.088	1.194	1.013	0.977	0.875	1.006
韶关	1.217	0.917	1.026	0.985	1.076	1.206	1.028	1.208	0.991	1.015	0.852	0.944
深圳	1.099	0.888	0.995	0.972	1.106	1.160	1.068	1.198	1.006	0.977	0.866	0.989
台山	1.026	0.839	0.959	0.950	1.144	1.121	1.102	1.192	1.018	0.974	0.881	1.018
五华	1.105	0.966	1.036	1.005	1.055	1.185	1.046	1.197	0.999	0.931	0.851	0.985
信宜	1.171	0.804	0.937	0.965	1.159	1.069	1.133	1.132	1.023	0.882	0.907	0.874
徐闻	1.230	0.801	0.937	0.974	1.158	1.061	1.137	1.116	1.022	0.856	0.911	0.825
阳江	1.076	0.808	0.938	0.952	1.162	1.083	1.128	1.159	1.024	0.924	0.898	0.954
增城	1.126	0.897	1.003	0.976	1.097	1.171	1.058	1.200	1.003	0.985	0.863	0.979
湛江	1.158	0.805	0.937	0.964	1.160	1.071	1.133	1.136	1.023	0.888	0.905	0.885

2. 基于SDSM的降尺度模拟

基于SDSM的广东省气候变化统计降尺度模拟主要包括如下步骤：①HADCM3模式输出变量的反距离加权插值处理；②大尺度环流因子选择，本过程主要通过借助SDSM的Screening工具，从26个候选变量中筛选出各预报量对应的预报因子，选择的依据主要包括相关系数、偏相关系数和解释方差等，同时参考降尺度变量的物理意义；③SDSM参数的标定，这主要通过应用SDSM的Calibrate工具，基于模型校正算法得出的解释方差（R^2）和标准误差（SE），参考观测的气候数据来确定各因子的降尺度参数；④SDSM降尺度结果验证。SDSM统计关系标定后，还需要对模型进行可靠性检验。本章主要应用1961～1990年的气候数据来标定SDSM，而基于1991～2000年气候数据来验证模型的可靠性；⑤广东省气候变化情景模拟。应用建立的统计降尺度模型模拟得到广东省未来情景（SRES B2）下最高气温、最低气温和降水量的时间序列数据，从而分析广东省气候的季节变化和空间差异。

3. 大尺度环流因子选择

本章中的 SDSM 统计降尺度主要基于 HADCM3 模式输出因子来确定。用作筛选的环流因子及其含义见表 10-8。

表 10-8 HADCM3 模式输出的环流因子及其含义

因子名称	含义	因子名称	含义
mslp	平均海平面气压	p8_f	850 hPa 高度气流强度
p_f	地表气流强度	p8_u	850 hPa 高度纬向风速
p_u	地表纬向风速	p8_v	850 hPa 高度经向风速
p_v	地表经向风速	p8_z	850 hPa 高度涡度
p_z	地表涡度	p8th	850 hPa 高度风向
p_th	地表风向	p8zh	850 hPa 高度散度
p_zh	地表表面散度	p500	500 hPa 位势高度场
p5_f	500 hPa 高度气流强度	p850	850 hPa 位势高度场
p5_u	500 hPa 高度纬向风速	r500	500 hPa 高度的相对湿度
p5_v	500 hPa 高度经向风速	r850	850 hPa 高度的相对湿度
p5_z	500 hPa 高度涡度	rhum	近地表相对湿度
p5th	500 hPa 高度风向	shum	地表比湿
p5zh	500 hPa 高度散度	temp	2 m 高度的平均气温

对各环流因子与气温、降水量等变量作相关分析，最终确定的各站点降尺度环流因子见表 10-9。

表 10-9 降尺度环流因子选择

站点	最高气温	最低气温	降水量
电白	mslp，p850，rhum，shum，temp	mslp，p500，temp	p5_z，p8_z，r500
东源	p_u，p5_u，temp	shum，temp	p5_z，p8_z，r500
佛岗	p5_u，shum，temp	shum，temp	mslp，p8_z，r500
高要	mslp，temp	mslp，shum，temp	p5_z，p8_z，r500
广宁	p5_u，shum，temp	mslp，shum，temp	p5_z，p8_z，r500

续表

站点	最高气温	最低气温	降水量
广州	p5_u，temp	shum，temp	p5_z，p8_z，r500
惠来	mslp，p5_u，temp	mslp，p500，temp	mslp，p5_z，p8_z
惠阳	p_u，p5_u，temp	shum，temp	p5_z，p_z，p8_z
连平	p_u，p5_u，temp	shum，temp	mslp，p5_z，p8_z，rhum
连州	p_u，temp	shum，temp	p5_z，p8_z，r500，temp
罗定	p_u，rhum，temp	mslp，p500，shum，temp	p5_z，p8_z，r500
梅县	p_u，p5_u，temp	mslp，shum，temp	p5_z，p8_z，r500
南澳	p5_u，rhum，temp	mslp，p500，temp	p5_z，p8_z
南雄	mslp，shum，temp	mslp，shum，temp	p_z，p8_z，r500
汕头	mslp，p500，temp	mslp，p500，temp	mslp，p5_z，p8_z，shum
汕尾	p500，rhum，temp	mslp，shum，temp	mslp，p5_z，p_z
上川岛	mslp，p500，shum，temp	p5_u，p500，rhum，temp	p5_z，p8_z，r500
韶关	shum，temp	mslp，shum，temp	p5_z，p8_z，r500
深圳	p500，temp	shum，temp	mslp，p_u，p8_z
台山	p5_u，shum，temp	mslp，p500，shum，temp	p_z，p8_z，r500
五华	p_u，temp	shum，temp	p5_z，p8_z，r500
信宜	p5_u，rhum，shum，temp	mslp，p500，shum，temp	p5_z，p8_z，r500
徐闻	mslp，p850，shum，temp	mslp，p500，temp	p5_z，p8_z，shum
阳江	rhum，shum，temp	mslp，p500，shum，temp	p5_z，p8_z，r500
增城	p5_u，temp	shum，temp	p5_z，p8_z，r500
湛江	rhum，shum，temp	mslp，p500，shum，temp	p5_z，p8_z，r500

4. SDSM 参数的标定

本章中 SDSM 参数的校正依据主要包括 Calibrate 工具计算的解释方差（R^2）和标准误差（SE），以及 1961～1990 年站点降尺度结果与同时期站点观测数据的差异两个方面。模型校正期的解释方差和标准误差见表 10-10。

表 10-10　模型校正（1961 ~ 1990 年）期的解释方差和标准误差

站点	最高气温		最低气温		降水量	
	R^2	SE/℃	R^2	SE/℃	R^2	SE/mm
电白	0.631	1.418	0.704	1.211	0.311	0.393
东源	0.635	2.118	0.702	1.408	0.409	0.353
佛岗	0.631	2.092	0.673	1.579	0.347	0.369

续表

站点	最高气温		最低气温		降水量	
	R^2	SE/℃	R^2	SE/℃	R^2	SE/mm
高要	0.609	2.039	0.700	1.307	0.329	0.381
广宁	0.609	2.135	0.714	1.494	0.338	0.380
广州	0.621	1.888	0.690	1.361	0.324	0.385
惠来	0.574	1.750	0.669	1.211	0.347	0.378
惠阳	0.643	1.982	0.706	1.286	0.289	0.389
连平	0.638	2.229	0.708	2.083	0.392	0.361
连州	0.638	2.413	0.692	1.647	0.309	0.390
罗定	0.650	2.046	0.722	1.339	0.345	0.384
梅县	0.634	2.167	0.707	1.470	0.376	0.371
南澳	0.630	1.395	0.636	1.171	0.337	0.383
南雄	0.687	2.203	0.835	2.093	0.329	0.400
汕头	0.595	1.729	0.692	1.255	0.315	0.392
汕尾	0.587	1.537	0.693	1.226	0.301	0.388
上川岛	0.664	1.453	0.680	1.209	0.293	0.392
韶关	0.637	2.356	0.691	1.626	0.388	0.370
深圳	0.592	1.849	0.703	1.253	0.304	0.387
台山	0.638	1.907	0.700	1.258	0.324	0.380
五华	0.655	2.151	0.736	1.307	0.334	0.383
信宜	0.640	1.944	0.699	1.316	0.293	0.386
徐闻	0.695	1.642	0.687	1.135	0.266	0.417
阳江	0.626	1.664	0.669	1.294	0.303	0.382
增城	0.610	1.885	0.694	1.343	0.315	0.379
湛江	0.656	1.553	0.720	1.163	0.285	0.408

根据计算，最高气温和最低气温的验证期内的解释方差在0.574～0.835。相对气温因子，降水量因子在降尺度时具有一些不确定性（Wilby and Dawson，2007；Wilks，2010），其解释方差一般低于40%（赵芳芳和徐宗学，2007）。本章中，降水量的解释方差在0.266～0.409；另外，SDSM模拟的各变量标准误差较小，这说明模型标定期内各区域环流因子可以较好地解释日最高气温、日最低气温和日降水量的变化。

5. SDSM降尺度结果验证

在进行SDSM降尺度过程中，模型结果的验证是至关重要的一步。模型验证过程中，使用1991～2000年实际观测的气象数据与降尺度结果对比来完成。由于1993～2000年南澳站数据缺失，本研究仅对其他的25个站点进行验证（图10-10～图10-14）。

根据对最高气温的模拟值（SDSM）和站点观测值（OBS）的对比分析，其差值在–0.74～0.76℃（平均值–0.14℃），标准差则在 0.29～0.47℃（图 10-10）。对于最低气温，模拟值和观测值的均值差异在–1.26～0.59℃（平均值–0.36℃），而标准差差异在 0.09～0.42℃（图 10-11）。对于降水量的降尺度结果，我们分别从均值、湿日概率及相关性三个方面对比（图 10-12～图 10-14）。SDSM 对降水量数据的模拟值与观测值相比，均值差异在–1.436～0.686 mm，湿日概率在–0.014～0.062。另外，模拟值和观测值的相关系数在 0.65～0.98，平均相关系数为 0.87。综上说明，SDSM 降尺度的最高气温、最低气温和降水量均具有较好的一致性。

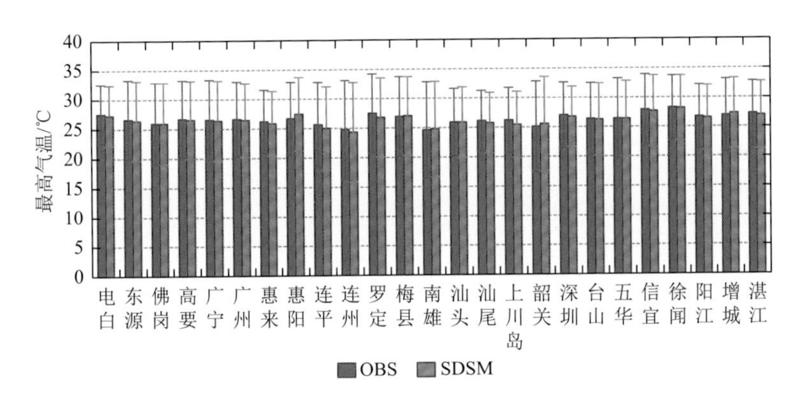

图 10-10　1991～2000 年广东省最高气温站点 SDSM 降尺度结果均值、标准差验证

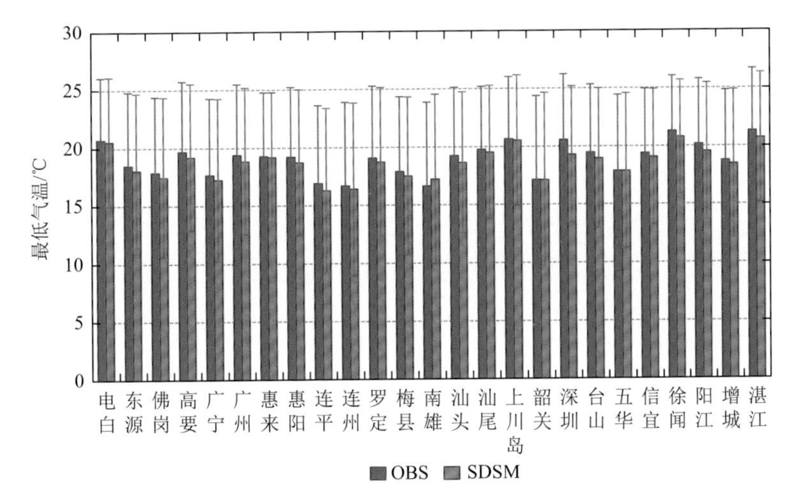

图 10-11　1991～2000 年广东省最低气温站点 SDSM 降尺度结果均值、标准差验证

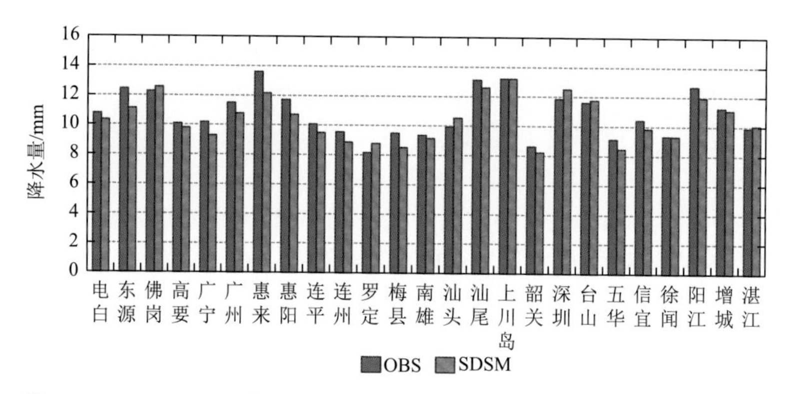

图 10-12　1991～2000 年广东省降水量的站点 SDSM 降尺度结果均值验证

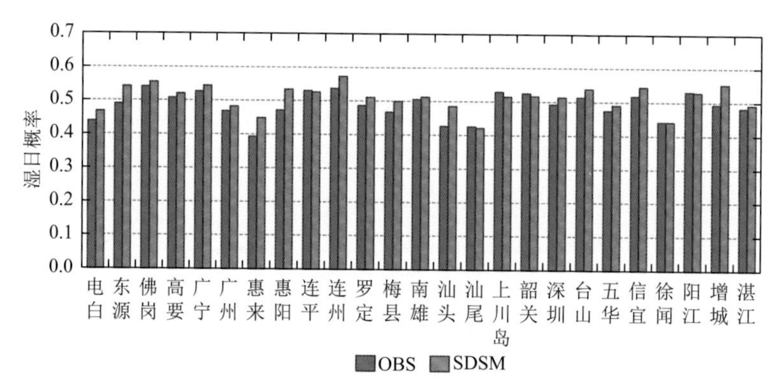

图 10-13　1991～2000 年广东省湿日概率的站点 SDSM 降尺度结果评价

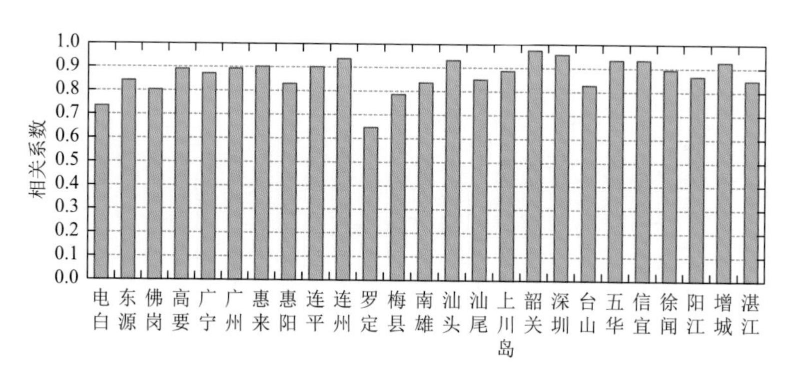

图 10-14　1991～2000 年广东省降水量 OBS-SDSM 降尺度输出相关性分析

除了与观测值直接对比外，本章还将降尺度的结果与其他相关研究进行了横向对比（表 10-11）。研究发现，相比基准期（1961～1990 年），利用 CF 方法和 SDSM 降尺度得到的最高气温升高 0.96～1.47℃，最低气温可能升高 0.77～1.09℃，均略低于刘兆飞和徐宗学（2009）、赵芳芳和徐宗学（2007）对渭河流域、黄河流域的研究结果。另外，两种极端温度指标的变化介于刘智勇等（2011）对广东省的模拟结果之间，而低于徐影等（2003）对西北地区的 2000～2099 年分析结果。另外，本章研究中降尺度得到的降水量呈现一定的增加，比基准期增加 111.46～137.83 mm，介于徐影等（2003）和刘智勇等（2011）的研究结果。从降水变化率来看，本章研究的降水变化率（5.30%～6.47%）介于赵芳芳和徐宗学（2007）的黄河源区分析结果之间。尽管研究时段不完全一致，相关分析表明本章研究降尺度结果与其他相关研究具有一定的一致性。

表 10-11　本章降尺度结果与其他研究的比较

地区	模型方法	时间	变化范围（与基准期相比）					文献出处
			T_{max}	T_{min}	T_{mean}	降水量变化	降水变化率/%	
渭河流域	HADCM3 B2 SDSM	2010～2099 年	1.48	1.44	—	—	—	刘兆飞和徐宗学，2009
黄河源区	HADCM3 B2 Delta	2006～2095 年	1.41	1.49	—	—	8.75	赵芳芳和徐宗学，2007
黄河源区	HADCM3 B2 SDSM	2006～2095 年	1.34	0.87	—	—	3.47	赵芳芳和徐宗学，2007
西北地区	7 个 GCM	2000～2099 年	—	—	2.7	120～180	—	徐影等，2003
西北地区	7 个 GCM	2000～2099 年	—	—	1.9	120～180	—	徐影等，2003
全球范围	GCM（SRES B2）	2000～2099 年	—	—	0～2.4	—	—	IPCC，2007a
广东省	CCSM3（SRES B1）	2011～2099 年	—	—	0.82～2.07	132.15～185.81	—	刘智勇等，2011
广东省	HADCM3 B2	2010～2039 年	0.96～1.47	0.77～1.09	—	111.46～137.83	5.30～6.47	本章研究结果

10.4.4　广东省未来气候变化特征

1. 季节变化

本章结合 HADCM3 模式输出的未来气候要素数据，以及 SDSM 和 CF 方法，模拟了未来时期（2010～2039 年）广东省各个气象站点的最高气温、最低气温和降水量变化；在计算出各站点最高气温、最低气温和降水量的基础上，运用 GIS 对各站点气象数据进行 Kriging 内插，从而生成逐月的各气象要素变量广东省空间化数据；进一步对比未来时期（2010～2039 年）与基准期（1961～1990 年）的最高气温、最低气温和降水量等气候要素的差异。根据图 10-15～图 10-17 的结果，两种降尺度方法得到的广东省的最高气温、最低气温在各个月份均呈现出增加的趋势；而降水的季节变化差异则较大，主要表现为夏季（6～8 月）降水量呈现增加趋势。

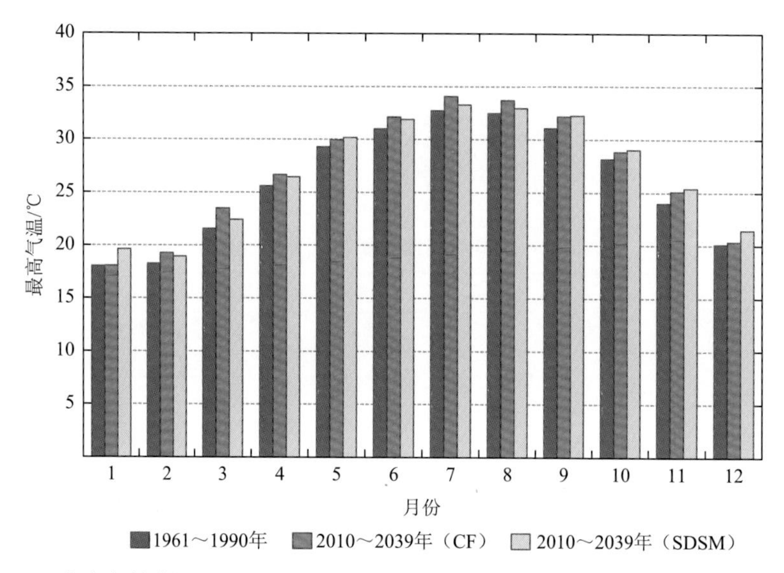

图 10-15　广东省基准期（1961～1990 年）和未来时期（2010～2039 年）最高气温对比

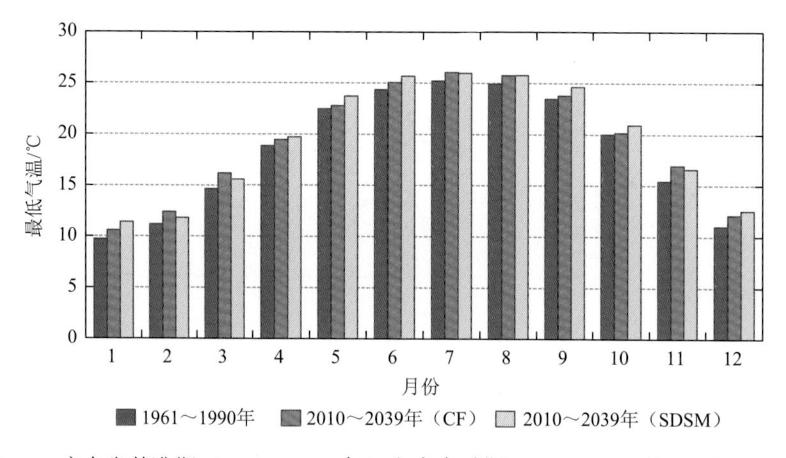

图 10-16　广东省基准期（1961～1990 年）和未来时期（2010～2039 年）最低气温对比

2. 空间差异

除了季节变化差异，我们还分析了广东省气候变化的空间差异。在 GIS 支持下，计算得出广东省未来时期（2010～2039 年）和基准期（1961～1990 年）最高气温、最低气温和降水量变化的空间分布（图 10-18～图 10-20）。不论是 SDSM 输出结果，还是应用 CF 方法来降尺度，广东省的最高气温、最低气温和降水量均

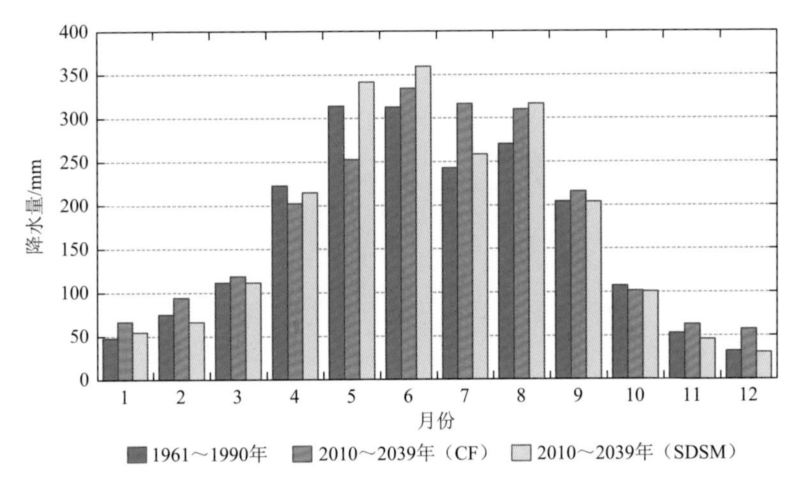

图 10-17　广东省基准期（1961～1990 年）和未来时期（2010～2039 年）降水量对比

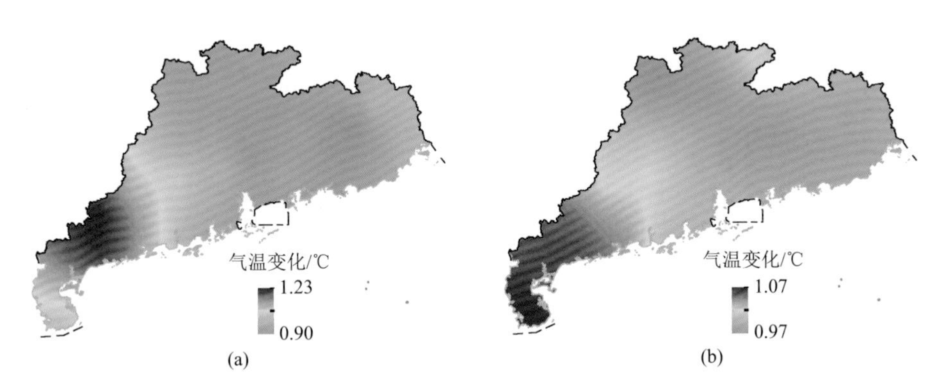

图 10-18　广东省最高气温变化趋势

（a）SDSM；（b）CF 方法

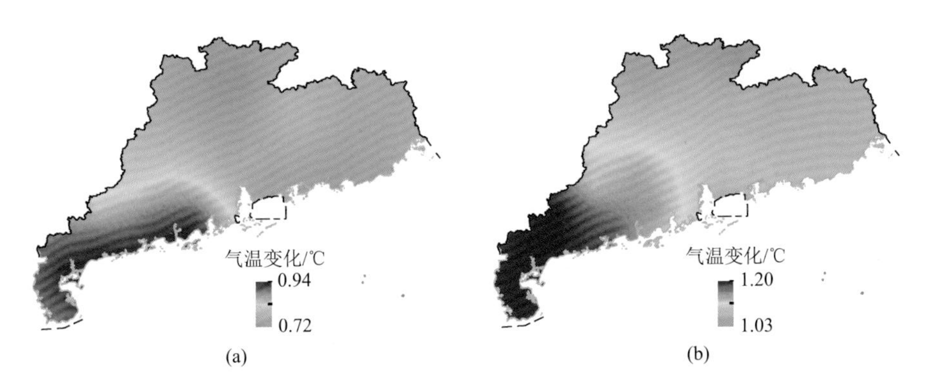

图 10-19　广东省最低气温变化趋势

（a）SDSM；（b）CF 方法

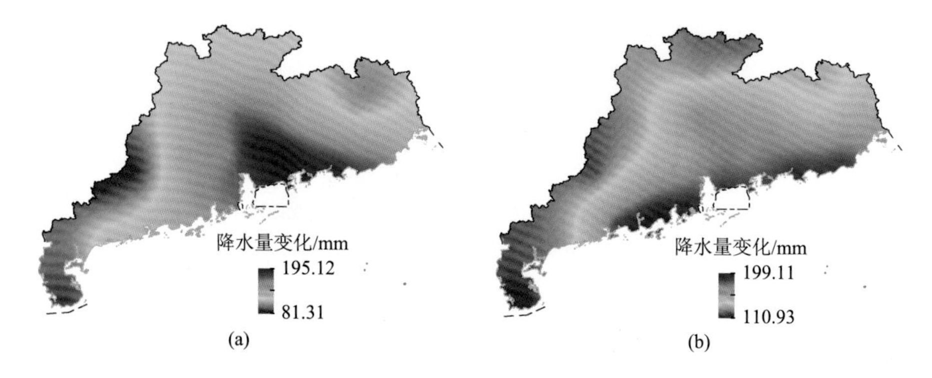

图 10-20　广东省降水量变化趋势

（a）SDSM；（b）CF 方法

呈现出一致的变化趋势：空间分布上均有一定的增加。我们的研究结果与广东省气候变化评估报告编制课题组（2007）的研究较为一致。根据计算，相比基准期（1961～1990 年），广东省 2010～2039 年平均最高气温上升了 0.79～1.12℃，平均最低气温上升了 0.72～1.20℃，而平均年降水量增加 53.63～198.82 mm。

从空间分布上看，广东省西南部气温增加幅度大于北部山区，这主要受大气环流、海温和人类活动等因素的综合影响（陈新光等，2006）。广东省降水量的变化亦呈现一定的规律。大体上来说，广东省南部区域，尤其是珠江三角洲地区，其降水增加量要大于其他地区。

在 HADCM3 模式模拟结果基础上，本章通过运用 SDSM 和 CF 方法分析了 2010～2039 年广东省的气候变化特征。总体上来说，广东省最高气温、最低气温和降水量均呈现出增加的趋势。具体地，与标准参考期（1980～2009 年）相比，广东省 2010～2039 年平均最高气温升高了 0.79～1.12℃，平均最低气温升高 0.72～1.20℃，平均年降水量增加 53.63～198.82 mm。本章对于考察降尺度模型的区域适用性也有一定的参考价值；同时，对于开展气候变化对陆地生态系统的生物地球化学过程的影响研究提供基础和支撑。

10.5　气候变化及城市扩张对植被 NPP 影响的情景分析

10.5.1　气候不变-城市用地不变情景下植被 NPP 模拟

气候不变-城市用地不变情景（情景一）主要是指 2010～2039 年气候特征与 1980～2009 年相接近及城市用地不变的情形，它反映了历史气候条件和城市用地分布在未来时期的一种延续。在应用 BIOME-BGC 模型作该情景下植被 NPP 时空分布模拟时，历史气候变化特征由 1980～2009 年的气候要素数据来反映。通过循环输入 1980～2009 年的气候要素驱动到 BIOME-BGC 模型，实现设定 2010～2039 年气候特征与历史气候条件（1980～2009 年）相接近。另外，假设大气 CO_2 浓度在 2010～2039 年保持稳定水平不变，即使用 2000 年大气 CO_2 浓度（372 ppm）作为 BIOME-BGC 模型的驱动输入（IPCC，2001）。另外，城市用地分布采用的是 2006 年广东省城市土地利用数据。

本情景利用 1980～2009 年的广东省气象站点观测数据，基于 BIOME-BGC 模型，模拟了广东省常绿针叶林、常绿阔叶林等自然植被 NPP 的时空分布（图 10-21）。其主要计算过程如下：①计算 BIOME-BGC 模型各个库在输入气候条件下的平衡状态。在准备好模型的初始化文件（初始化文件、气象文件和植被生理学文件）后，对广东省所有 1108 个植被斑块逐一运行 BIOME-BGC 模型的 spin up 过程，保存运行输出的所有 restart 结果文件。②达到模型库平衡状态后，在 restart 输出结果的基础上，从 1980 年重新开始，继续运行 BIOME-BGC 模型 60 年，以模拟 1980～2039 年植被 NPP 的时空变化状况。③在 GIS 的支持下，通过应用转换投影、取整运算等处理，计算得出广东省未来植被 NPP 的时空分布。

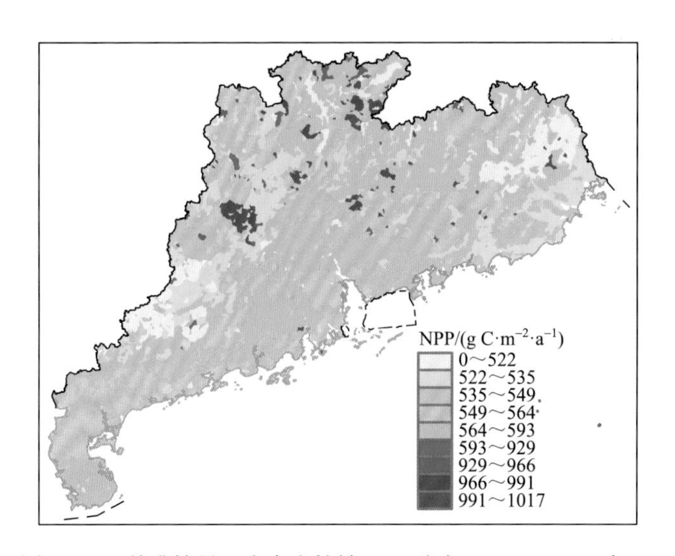

图 10-21　基准情景下广东省植被 NPP 分布（2010～2039 年）

利用 BIOME-BGC 模型计算出气候不变条件下植被 NPP 的时空分布，探讨历史气候延续条件（即气候不变）下广东省植被 NPP 的时空变化。根据第 6 章的结果，植被 NPP 总量上，广东省 2000～2009 年平均植被 NPP 量为 94.77 Tg C。在气候条件和城市用地不变条件下，2010～2039 年广东省平均植被 NPP 为 97.71 Tg C（图 10-21）。相对当前情况，植被 NPP 呈现出一些增加，这可能与该地区森林林龄比较小有关（戴铭等，2011；Wang et al.，2011）。

10.5.2　气候变化-城市用地不变情景下植被 NPP 模拟

SRES B2 排放气候变化情景（情景二）反映了 IPCC SRES B2 中-低温室气体排放和城市用地不变的情景。本情景下对植被 NPP 的模拟计算方法与气候不变情景相似。然而，两种气候变化情景下的 BIOME-BGC 模型输入数据有所差别。

本情景下的未来气候变化数据不使用历史气候数据，而代之以 IPCC SRES B2 排放情景下的气候变化特征数据，即当前气候下（1980～2009 年）的气候要素数据使用基于观测的气象站气象数据（最高气温、最低气温和降水量等），而 2010～2039 年的气候要素数据是在 GCM（HADCM3 模式）输出的环流数据基础上，应用降尺度方法（SDSM 和 CF 方法）来计算获取。另外，CO_2 浓度数据使用 SRES B2 排放情景下的动态变化值。具体地，大气 CO_2 浓度数据主要根据 Johns 等（2003）的 SRES B2 情景下 CO_2 浓度变化数据作线性内插得到。同气候不变情景一致，城市用地分布是采用 2006 年广东省城市土地利用数据。

本情景下的植被 NPP 具体计算步骤如下：①使用 BIOME-BGC 模型的 spin up 方法计算模型的初始状态。在进行 spin up 设置时，CO_2 浓度采用基于模型提供的 1980～2009 年动态变化历史数据，气候因子数据采用近 30 年（1980～2009 年）的气候要素数据。在此基础上，逐斑块计算 BIOME-BGC 模型各库的均衡状态，并生成 restart 文件；②根据 restart 文件，重新设置模型自 1980 年开始，继续向前模拟 60 年，至 2039 年结束。BIOME-BGC 模型模拟时，CO_2 浓度数据采用动态变化数据（1980～2009 年），以及 SRES B2 排放情景下 2010～2039 年的 CO_2 浓度数据。气候要素数据采用历史数据（1980～2009 年），以及由降尺度技术生成的 2010～2039 年气候因子数据。本章以历史观测气候数据，以及通过 SDSM 和 CF 方法降尺度输出的未来气候数据为基础，结合 BIOME-BGC 模型，估算出广东省当前及未来情景下植被 NPP 的时空分布（图 10-22）。

根据计算，2010～2039 年广东省多年平均植被 NPP 为 100.28～100.80 Tg C。与气候不变情景相比，IPCC SRES B2 排放情景下的气候变化导致广东省植被 NPP 呈现出少量的增加，达到 2.57～3.09 Tg C a^{-1}。这说明在 IPCC SRES B2 中-低温室气体排放情景下气候变化条件对广东省植被 NPP 的变化具有正向促进作用，有助于增加植被 NPP 的吸收。

10.5.3　气候不变-城市用地扩张情景下植被 NPP 模拟

不仅气候变化，城市土地利用开发对植被 NPP 的时空动态变化也产生重要影响。气候不变-城市用地扩张情景（情景三）下的植被 NPP 计算主要是在前述气候

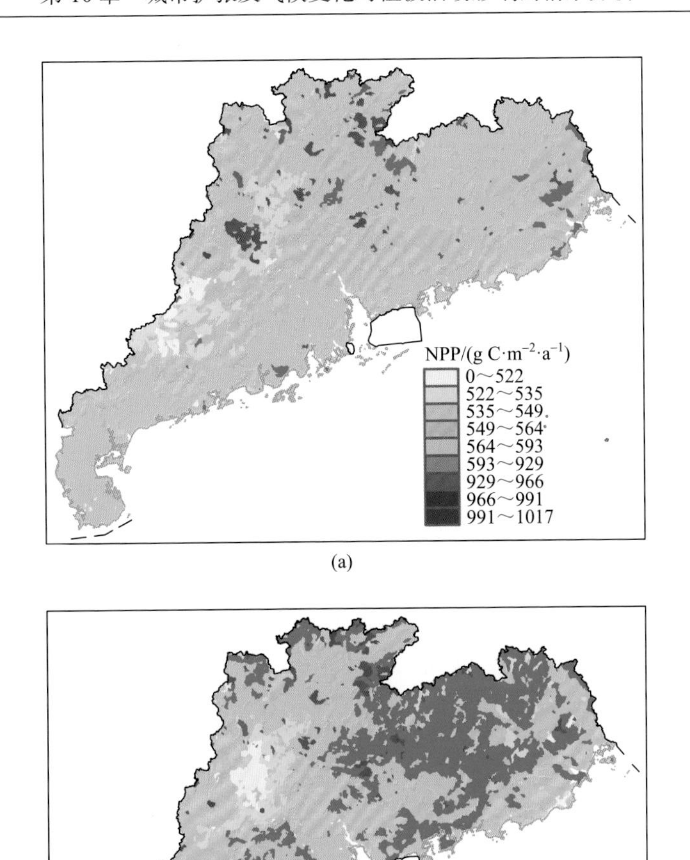

(a)

(b)

图 10-22　气候变化（IPCC SRES B2）影响下广东省植被 NPP 分布（2010～2039 年）

（a）基于 CF 方法降尺度计算；（b）基于 SDSM 降尺度计算

不变情景下进行的植被NPP时空变化模拟基础上，结合城市扩张模型模拟来进行。本章研究中，未来的城市土地利用时空演变过程主要基于 Logistic-CA 模型来模拟实现。

首先，运用 Logistic-CA 模型模拟出广东省 2020 年的城市土地利用时空分布。具体地，根据 2000 年和 2005 年两期土地利用数据，以及各种空间距离变量（如离铁路的距离、离高速公路的距离等）、地形坡度等数据，校正 Logistic-CA

模型以获取城市用地的转换规则，最终模拟输出 2020 年城市土地利用时空分布数据。

另外，植被 NPP 的估算通过 BIOME-BGC 模型来完成。通过耦合 BIOME-BGC 模型输出和城市土地利用分布，获取气候不变-城市用地扩张情景下未来植被 NPP 的时空分布；在此基础上，城市地区的植被 NPP 模拟主要应用 NPP 比例因子方法来完成。本章中，城市地区的植被 NPP 比例值设置为 0.55。

城市扩张对植被 NPP 的时空动态变化产生重要影响。城市用地扩张情景下植被 NPP 的空间分布如图 10-23 所示。若考虑城市用地扩张的影响，广东省平均植被 NPP 为 95.96 Tg C。相比气候不变条件，因城市用地扩张导致植被 NPP 减少了 1.75 Tg C，约占广东省植被 NPP 总量的 1.79%。这反映了城市开发过程中大量的自然植被被转化为城市水泥、沥青等不透水面，导致植被 NPP 呈现为降低的特点。因而，引导合理的城市用地扩张，对于促进区域乃至全球碳平衡具有重要作用。

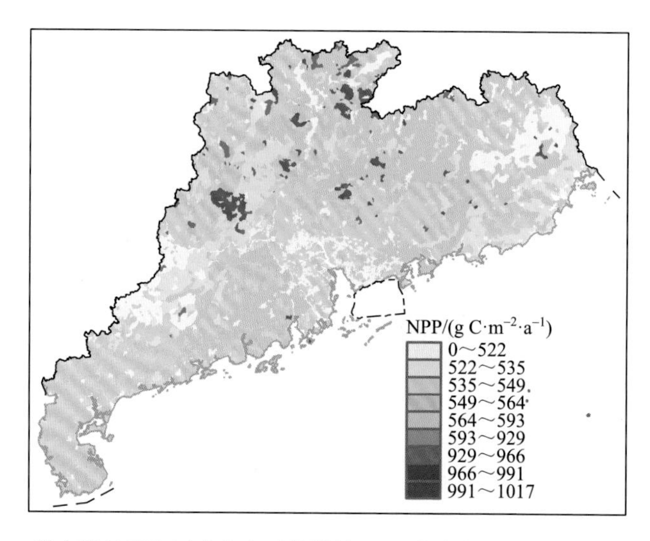

图 10-23　城市用地扩张下广东省平均植被 NPP 的空间分布（2010～2039 年）

10.5.4　气候变化-城市用地扩张情景下植被 NPP 模拟

情景四综合反映了气候变化和城市用地扩张双重因素共同作用下的广东省未来发展情形。具体地，基于前述 IPCC SRES B2 温室气体排放下气候变化要素驱动结果，利用 BIOME-BGC 模型模拟出 2010～2039 年广东省植被 NPP 的时空分布；结合 CA 模型模拟的未来城市扩张情形下广东省 2020 年的城市用地分布，分析气候变化-城市用地扩张情景下广东省植被 NPP 的时空分布。

根据 SDSM 和 CF 方法降尺度的气候结果，在 IPCC SRES B2 排放气候变化及城市用地扩张情景下，计算出的广东省植被 NPP 为 98.49～98.99 Tg C·a^{-1}（图 10-24）。与基准情景（即 2006 年城市土地利用及当前气候条件）下植被 NPP 相比，植被 NPP 呈现出一些增加，增加的部分达到 0.78～1.28 Tg C·a^{-1}，这说明了城市土地利用对植被 NPP 的降低及气候变化（包括 CO_2 浓度的变化）的增加作用。

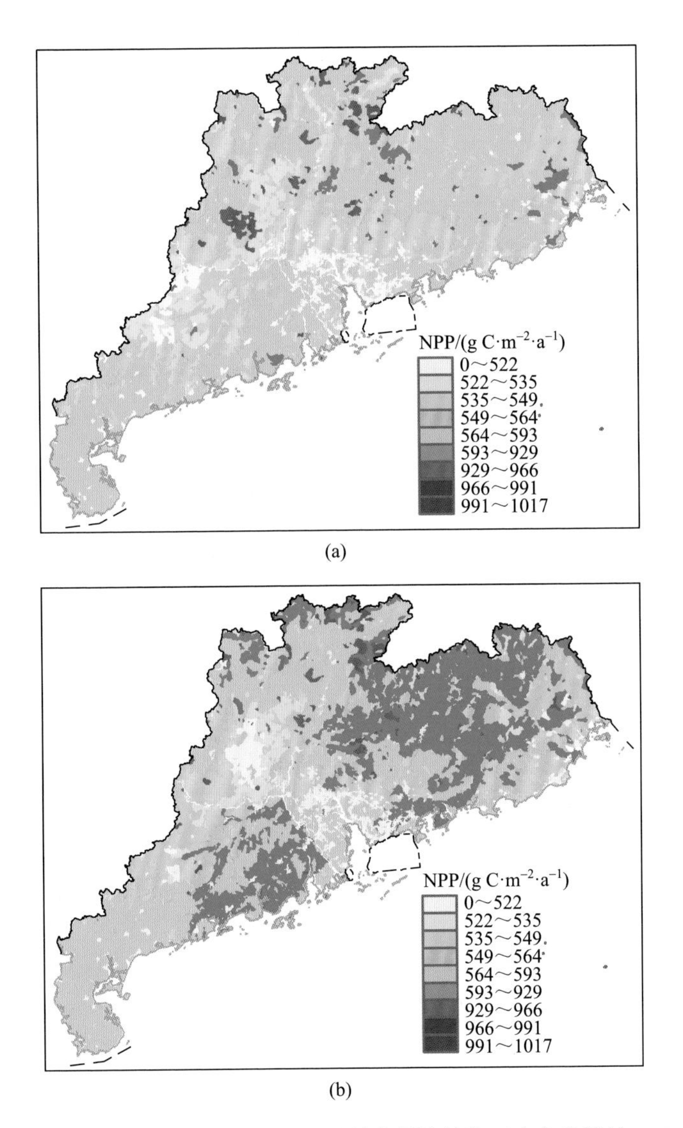

图 10-24　气候变化情景（IPCC SRES B2）及城市用地扩张下广东省植被 NPP 的空间分布（2010～2039 年）

（a）基于 CF 方法降尺度计算；（b）基于 SDSM 降尺度计算

为了分析气候变化和城市用地扩张对植被 NPP 的影响，各情景下的植被 NPP 计算总结见表 10-12。

表 10-12　各情景下植被 NPP 的变化

项目	情景一	情景二		情景三	情景四	
	历史数据	CF 方法降尺度	SDSM 降尺度	历史数据	CF 方法降尺度	SDSM 降尺度
植被 NPP /(Tg C·a^{-1})	97.71	100.28	100.80	95.96	98.49	98.99

另外，在获取各情景植被 NPP 大小的基础上，分别计算相关情景下植被 NPP 差值（表 10-13），以反映气候变化因素、城市用地扩张因素，及城市用地扩张/气候变化耦合要素对广东省植被 NPP 的影响。

表 10-13　植被 NPP 变化的影响因子分析

项目	基准情景	仅气候变化（情景二-情景一）		仅城市用地扩张（情景三-情景一）	城市用地扩张/气候变化（情景四-情景一）	
数据及模型选择	历史数据	CF 方法	SDSM	历史数据	CF 方法	SDSM
植被 NPP /(Tg C·a^{-1})	97.71	2.57	3.09	−1.75	0.78	1.28

首先，我们计算了情景二输出的植被 NPP 与情景一下的植被 NPP 结果的差，以反映相对于当前气候条件，IPCC SRES B2 温室气体排放条件下未来气候变化对广东省植被 NPP 的影响。根据表 10-13，2010～2039 年气候变化条件可能导致广东省植被 NPP 呈现增加趋势（2.57～3.09 Tg C·a^{-1}），这与 Ju 等（2007）的研究结果一致。另外，结合气候不变-城市用地不变情景和气候不变-城市用地扩张情景下植被 NPP 计算基础上，本章分析了城市用地扩张因素对广东省植被 NPP 的影响。通过计算情景一和情景三下广东省植被 NPP 之差可以发现，在气候条件不变的情况下，到 2020 年，广东省的城市土地利用将导致其植被 NPP 降低 1.75 Tg C·a^{-1}，少于由气候变化因素导致的植被 NPP 的增加部分。除了单独的气候变化和城市用地扩张因素，本章还分析了广东省植被 NPP 对城市用地扩张/气候变化条件的综合响应。通过计算 IPCC SRES B2 排放气候变化情景及城市用地扩张因素（情景四）与气候不变情景（情景一）下广东省植被 NPP 之差值发现，到 2020 年，广东省植被 NPP 呈现出少量的增加（0.78～1.28 Tg C·a^{-1}），这体现了气候变化的正向影响与城市土地利用的负向影响下的复合效果。

探讨各个影响因子对植被 NPP 的贡献，对于维持碳平衡、应对气候变化具有重要意义（Wu et al.，2014）。本章利用情景分析方法，以广东省为例，分析了未来气候变化和城市用地扩张条件下植被 NPP 的时空分布。研究发现，IPCC SRES B2 温室气体排放情景下的未来气候变化使广东省植被 NPP 呈现增加的趋势；另外，城市用地扩张因素主要表现为降低植被 NPP 的作用。到 2020 年，气候变化导致的植被 NPP 的增加作用大于城市用地扩张造成的植被 NPP 的降低作用。本章研究可以为合理有效地进行城市用地扩张调控及应对气候变化提供参考。

本章研究对于深入理解陆地碳循环的作用机制具有重要意义。然而，本章仅开展了广东省的案例分析，受限于分析尺度，本章仍然难以解释全球碳失汇现象（Schimel et al.，2001；方精云等，2001；Popkin，2015）。下一步迫切需要开展全球尺度下陆地碳循环（尤其是植被 NPP）变化的归因研究（Liang et al.，2015；Liu et al.，2019）。

参 考 文 献

陈新光，钱光明，陈特固，等. 2006. 广东气候变暖若干特征及其对气候带变化的影响. 热带气象学报，22（6）：547-552.

戴铭，周涛，杨玲玲，等. 2011. 基于森林详查与遥感数据降尺度技术估算中国林龄的空间分布. 地理研究，30（1）：172-184.

范丽军，符淙斌，陈德亮. 2005. 统计降尺度法对未来区域气候变化情景预估的研究进展. 地球科学进展，20（3）：320-329.

范丽军，符淙斌，陈德亮. 2007. 统计降尺度法对华北地区未来区域气温变化情景的预估. 大气科学，31(5)：887-897.

方精云，朴世龙，赵淑清. 2001. CO_2 失汇与北半球中高纬度陆地生态系统的碳汇. 植物生态学报，25（5）：9.

高志强，刘纪远，曹明奎，等. 2004. 土地利用和气候变化对农牧过渡区生态系统生产力和碳循环的影响. 中国科学 D 辑，34（10）：946-957.

广东省气候变化评估报告编制课题组. 2007. 广东气候变化评估报告（节选）. 广东气象，29（3）：1-14.

胡建华，刘利平，卢伶俊. 2010. 40 年来广东省雨量、暴雨随气候变化趋势分析. 水文，30（6）：85-87.

黎敏，吕海深，欧阳芬. 2012. 基于 Delta 方法的淮河流域气候变化预测分析. 人民长江，43（7）：11-14.

黎夏，叶嘉安，刘小平，等. 2007. 地理模拟系统：元胞自动机和多智能体. 北京：科学出版社.

刘兆飞，徐宗学. 2009. 基于统计降尺度的渭河流域未来日极端气温变化趋势分析. 资源科学，31（9）：1573-1580.

刘智勇，张鑫，周平. 2011. 广东省未来温度、降水及陆地生态系统 NPP 预测分析. 广东林业科技，27（1）：59-65.

朴世龙，方精云，郭庆华. 2001. 利用 CASA 模型估算我国植被净第一性生产力. 植物生态学报，25（5）：603-608.

施小英，徐祥德，徐影. 2005. 中国 600 个站气温和 IPCC 模式产品气温的比较. 气象，31（7）：49-53.

汤海燕. 2003. 广东省近 40 年来气候变化初探. 广东气象，（1）：31-34.

徐影，丁一汇，赵宗慈. 2002. 近 30 年人类活动对东亚地区气候变化影响的检测与评估. 应用气象学报，13（5）：513-525.

徐影，丁一汇，赵宗慈. 2003. 人类活动引起的我国西北地区 21 世纪温度和降水变化情景分析. 冰川冻土，25（3）：327-330.

赵芳芳，徐宗学. 2007. 统计降尺度方法和 Delta 方法建立黄河源区气候情景的比较分析. 气象学报，65(4)：653-662.

王绍武. 1982. 气候变化的数值实验研究. 地理研究，1（2）：78-86.

温家石，葛滢，焦荔，等. 2010. 城市土地利用是否会降低区域碳吸收能力？——台州市案例研究. 植物生态学报，34（6）：651-660.

赵荣钦，黄贤金，彭补拙. 2012. 南京城市系统碳循环与碳平衡分析. 地理学报，67（6）：758-770.

郑粉莉，王建勋，Zhang X J，等. 2009. 基于 CLIGEN 和 GCM 模型预测未来 40 年黄土丘陵沟壑区的气候变化——以安塞为例. 中国水土保持科学，7（5）：25-31.

左玉辉，邓艳，柏益尧. 2008. 人口环境调控. 北京：科学出版社.

Abdo K S，Fiseha B M，Rientjes T H M，et al. 2009. Assessment of climate change impacts on the hydrology of Gilgel Abay catchment in Lake Tana basin，Ethiopia. Hydrological Processes，23（26）：3661-3669.

Chen J，Brissette F P，Leconte，Robert. et al. 2011. Uncertainty of downscaling method in quantifying the impact of climate change on hydrology. Journal of Hydrology，401（3-4）：190-202.

Combalicer E A，Cruz R V O，Lee S，et al. 2010. Assessing climate change impacts on water balance in the Mount Makiling forest，Philippines. Journal of Earth System Science，119（3）：265-283.

De Vries B，Bollen J，Bouwman Lex. et al. 2000. Greenhouse gas emissions in an equity-，environment-and service-oriented world：An IMAGE-based scenario for the 21st century. Technological Forecasting and Social Change，63（2-3）：137-174.

Diaz-Nieto J，Wilby R L. 2005. A comparison of statistical downscaling and climate change factor methods：Impacts on low flows in the River Thames，United Kingdom. Climatic Change，69（2-3）：245-268.

Dibike Y B，Gachon P，St-Hilaire A，et al. 2008. Uncertainty analysis of statistically downscaled temperature and precipitation regimes in Northern Canada. Theoretical and Applied Climatology，91（1-4）：149-170.

Duinker P N，Greig L A. 2007. Scenario analysis in environmental impact assessment：Improving explorations of the future. Environmental Impact Assessment Review，27（3）：206-219.

Edmonds J A，Wise M A，MacCracken C N. 1994. Advanced Energy Technologies and Climate Change：An Analysis Using the Global Change Assessment Model（GCAM）. Pacific Northwest National Lab.（PNNL），Richland，WA（United States）.

Field C B，Behrenfeld M J，Randerson J T，et al. 1998. Primary production of the biosphere：Integrating terrestrial and oceanic components. Science，281（5374）：237.

Fowler H J，Blenkinsop S，Tebaldi C. 2007. Linking climate change modelling to impacts studies：Recent advances in downscaling techniques for hydrological modelling. International Journal of Climatology，27（12）：1547-1578.

Gordon C，Cooper C，Senior C A，et al. 2000. The simulation of SST，sea ice extents and ocean heat transports in a version of the Hadley Centre coupled model without flux adjustments. Climate Dynamics，16（2-3）：147-168.

Hay L E，Wilby R L，Leavesley G H. 2000. A comparison of delta change and downscaled GCM scenarios for three mountainous basins in the United States. Journal of the American Water Resources Association，36（2）：387-397.

IPCC. 2001. Climate Change 2001：The Scientific Basis. Contribution of Working Group I to the Third Assessment Report of the Intergovernmental Panel on Climate Change. Cambridge：Cambridge University Press.

IPCC. 2007a. Climate Change 2007：Synthesis Report. Contribution of Working Groups Ⅰ，Ⅱ and Ⅲ to the Fourth Assessment Report of the Intergovernmental Panel on Climate Change. IPCC，Geneva，Switzerland：53.

IPCC. 2007b. Summary for Policymakers//Climate Change 2007：The Physical Science Basis. Contribution of Working Group I to the Fourth Assessment Report of the Intergovernmental Panel on Climate Change. Cambridge：Cambridge University Press.

IPCC. 2019. Summary for Policymakers//Shukla P R，Skea J，Calvo Buendia E，et al. Climate Change and Land：An IPCC

Special Report on Climate Change，Desertification，Land Degradation，Sustainable Land Management，Food Security，and Greenhouse Gas Fluxes in Terrestrial Ecosystems. Cambridge：Cambridge University Press.

Johns T C，Gregory J M，Ingram W J，et al. 2003. Anthropogenic climate change for 1860 to 2100 simulated with the HadCM3 model under updated emissions scenarios. Climate Dynamics，20（6）：583-612.

Ju W M，Chen J M，Harvey D，et al. 2007. Future carbon balance of China's forests under climate change and increasing CO_2. Journal of environmental management，85（3）：538.

Kahn H R C. 1967. The year 2000：A framework for speculation on the next thirty-three years. Political Science Quarterly，83（4）：663.

Kaye J P，McCulley R L，Burke I C. 2005. Carbon fluxes，nitrogen cycling，and soil microbial communities in adjacent urban，native and agricultural ecosystems. Global Change Biology，11（4）：575-587.

Li Z，Liu W Z，Zhang X C，et al. 2011. Assessing the site-specific impacts of climate change on hydrology，soil erosion and crop yields in the Loess Plateau of China Climatic Change，105：223-242.

Liang W，Yang Y，Fan D，et al. 2015. Analysis of spatial and temporal patterns of net primary production and their climate controls in China from 1982 to 2010. Agricultural and Forest Meteorology，204：22-36.

Liu X P，Pei F S，Wen Y Y，et al. 2019. Global urban expansion offsets climate-driven increases in terrestrial net primary productivity. Nature Communications，10（1）：5558.

Mori S，Takahashi M. 1999. An integrated assessment model for the evaluation of new energy technologies and food productivity. International Journal of Global Energy Issues，11（1-4）：1-18.

Morita T，Matsuoka Y，Penna I，et al. 1994. Global Carbon Dioxide Emission Scenarios and their Basic Assumptions：1994 Survey. CGER-1011-94，Center for Global Environmental Research，National Institute for Environmental Studies，Tsukuba，Japan.

Mu Q Z，Zhao M S，Running S W，et al. 2008. Contribution of increasing CO_2 and climate change to the carbon cycle in China's ecosystems. Journal of Geophysical Research：Biogeosciences，113：G01018.

Nakicenovic N，Alcamo J，Grubler A，et al. 2000. Special Report on Emissions Scenarios（SRES），A Special Report of Working Group Ⅲ of the Intergovernmental Panel on Climate Change. Cambridge：Cambridge University Press.

Pei F S，Li X，Liu X P，et al. 2013a. Assessing the differences in net primary productivity between pre-and post-urban land development in China. Agricultural and Forest Meteorology，171：174-186.

Pei F S，Li X，Liu X P，et al. 2013b. Assessing the impacts of droughts on net primary productivity in China. Journal of Environmental Management，114：362-371.

Pei F S，Li X，Liu X P，et al. 2015. Exploring the response of net primary productivity variations to urban expansion and climate change：A scenario analysis for Guangdong Province in China. Journal of Environmental Management，150：92-102.

Pepper W J，Leggett J，Swart R，et al. 1992. Emissions scenarios for the IPCC. An update：Assumptions，methodology，and results：Support Document for Chapter A3//Houghton J T，Callandar B A，Varney S K. Climate Change 1992：Supplementary Report to the IPCC Scientific Assessment. Cambridge：Cambridge University Press.

Peterson G D，Cumming G S，Carpenter S R. 2003. Scenario planning：A tool for conservation in an uncertain world. Conservation Biology，17（2）：358-366.

Popkin G. 2015. The hunt for the world's missing carbon. Nature，523（7558）：20-22.

Potter C S，Randerson J T，Field C B，et al. 1993. Terrestrial ecosystem production：A process model based on global satellite and surface data. Global Biogeochemical Cycles，7（4）：811-841.

Reichler T，Kim J. 2008. How well do coupled models simulate today's climate？Bulletin of the American Meteorological

Society，89（3）：303-312.

Riahi K，Roehrl R A. 2000. Greenhouse gas emissions in a dynamics-as-usual scenario of economic and energy development. Technological Forecasting and Social Change，63（2-3）：175-205.

Running S W，Thornton P E，Nemani R，et al. 2000. Global terrestrial gross and net primary productivity from the earth observing system. Methods in Ecosystem Science：44-57.

Sankovski A，Barbour W，Pepper W. 2000. Quantification of the IS99 emission scenario storylines using the atmospheric stabilization framework. Technological Forecasting and Social Change，63（2）：263-287.

Schimel D S，House J I，Hibbard K A，et al. 2001. Recent patterns and mechanisms of carbon exchange by terrestrial ecosystems. Nature，414（6860）：169-172.

Stott P A，Tett S F B，Jones G S，et al. 2000. External control of 20th century temperature by natural and anthropogenic forcings. Science，290（5499）：2133-2137.

Svirejeva-Hopkins A，Schellnhuber H J，Pomaz V L. 2004. Urbanised territories as a specific component of the Global Carbon Cycle. Ecological Modeling，173（2-3）：295-312.

Tatarinov F A，Cienciala E，Vopenka P，et al. 2011. Effect of climate change and nitrogen deposition on central-European forests：Regional-scale simulation for South Bohemia. Forest Ecology and Management，262（10）：1919-1927.

Wang S Q，Zhou L，Chen J M，et al. 2011. Relationships between net primary productivity and stand age for several forest types and their influence on China's carbon balance. Journal of Environmental Management，92：1651-1662.

Watson R T，Team C W. 2001. Climate change 2001：Synthesis Report. Contributions of Working Group I，II，and III to the Third Assessment Report of the Intergovernmental Panel on Climate Change. Cambridge：Cambridge University Press.

Wilby R L，Dawson C W. 2007. SDSM 4.2-A Decision Support Tool for the Assessment of Regional Climate Change Impacts，Version 4.2 User Manual. Lancaster University，Lancaster/Environment Agency of England and Wales，Lancaster：1-94.

Wilby R L，Dawson C W. 2012. The Statistical DownScaling Model：Insights from one decade of application. International Journal of Climatology，33（7）：1707-1719.

Wilby R L，Dawson C W，Barrow E M. 2002. SDSM—a decision support tool for the assessment of regional climate change impacts. Environmental Modelling and Software，17（2）：145-157.

Wilby R L，Hay L E，Leavesley G H. 1999. A comparison of downscaled and raw GCM output：Implications for climate change scenarios in the San Juan River basin，Colorado. Journal of Hydrology，225（1-2）：67-91.

Wilks D S. 2010. Use of stochastic weathergenerators for precipitation downscaling. Wiley Interdisciplinary Reviews：Climate Change，1（6）：898-907.

Wu S H，Zhou S L，Chen D X，et al. 2014. Determining the contributions of urbanisation and climate change to NPP variations over the last decade in the Yangtze River Delta，China. Science of the Total Environment，472：397-406.

Xu C，Liu M，An S，et al. 2007. Assessing the impact of urbanization on regional net primary productivity in Jiangyin County，China. Journal of Environmental Management，85（3）：597-606.

Yu D R，Shao H B，Shi P J，et al. 2009. How does the conversion of land cover to urban use affect net primary productivity? A case study in Shenzhen city，China. Agricultural and Forest Meteorology，149（11）：2054-2060.

Zaehle S，Bondeau A，Carter T R，et al. 2007. Projected changes in terrestrial carbon storage in Europe under climate and land-use change，1990-2100. Ecosystems，10（3）：380-401.